化学工业出版社
· 北京 ·

李培中　米兰　闫晓俊　秦德丰　等著

场地环境精准调查技术与应用

CHANGDI HUANJING
JINGZHUN DIAOCHA JISHU
YU YINGYONG

内 容 简 介

《场地环境精准调查技术与应用》分为三部分：首先，通过梳理国内外污染场地调查发展概况，探讨了基于场地概念模型的污染场地精准调查技术的应用场景；其次，重点介绍了污染修复前和修复中的一些新型调查技术和监测方法，尤其注重通过图例等直观的表达方式，突出这些新方法的基本工作原理、适用条件、国内外应用情况等引导性内容；最后，针对污染识别、现场测试、场地概念模型和过程监测等重点内容，分别给出实际应用案例。本书力图向读者全面介绍污染场地精准调查理念和实用技术，并推广应用到合适的污染场地或场景下，提高场地环境调查效率，降低调查的不确定性，进而为推动国内污染场地调查持续健康发展汇聚点滴力量。

本书对于具有一定污染场地调查、评价和修复治理工作经验的工程师、科研人员和环境管理技术官员具有一定的参考价值，也可作为土壤和地下水环境保护领域研究生的学习参考图书。

图书在版编目（CIP）数据

场地环境精准调查技术与应用/李培中等编著． —北京：
化学工业出版社，2021.3
ISBN 978-7-122-38242-9

Ⅰ．①场… Ⅱ．①李… Ⅲ．①场地-环境污染-调查研究
Ⅳ．①X8

中国版本图书馆CIP数据核字（2020）第257549号

责任编辑：袁海燕　　　　　　　　　　　文字编辑：林 丹　郭 伟
责任校对：刘 颖　　　　　　　　　　　装帧设计：王晓宇

出版发行：化学工业出版社（北京市东城区青年湖南街 13 号　邮政编码 100011）
印　　装：北京瑞禾彩色印刷有限公司
710mm×1000mm　1/16　印张 21¼　字数 377 千字　2021 年 6 月北京第 1 版第 1 次印刷

购书咨询：010-64518888　　　　　　　　售后服务：010-64518899
网　　址：http://www.cip.com.cn
凡购买本书，如有缺损质量问题，本社销售中心负责调换。

定　　价：168.00元　　　　　　　　　　　　　　　版权所有　违者必究

序

　　自 2005 年开始对北京吉普汽车、化工三厂等工业搬迁场地开展场地环境调查工作以来，我单位在污染场地环境保护领域的工作已经持续进行了 15 年，在丰富单位工作成果的同时也见证了国内污染场地环保工作的快速发展。曾记得 2006 年，我们会同国家环境保护总局举办国内第一个大型的场地环境评价研讨会，寻找发言嘉宾当时是很困难的事，到今天国内每年关于场地方面的大型研讨会举办不下 10 次，每次都有三五百人参加，这也是该领域快速发展的一个缩影。在此期间，轻工业环境保护研究所土地中心团队在宋云总工的带领下也探索出了一条以场地调查为重点，兼顾后期修复技术开发的特色路径，并且在这 15 年的时间中不断成长积淀，在业界内获得广泛的认可，陆续承担了北京焦化厂、杭钢焦化厂、大化等代表性场地的环境调查与风险评价工作。

　　2015 年周晓俭、宋云和我在一次研讨会中感触到国内场地环境保护工作的快速发展，并提出想把近年的工作实践进行总结，同时结合国际上最新的研究成果，编著一本适合国内场地环境保护方面的工具图书。后来经过多次的沟通、研讨，初步确定还是以我们相对擅长的场地环境调查为突破口，主题为场地调查技术方法和应用案例方面的工具书，并着手准备建立相应的编著团队。由于种种原因，这本书的编制过程推进较为缓慢。但是同时国内场地环境调查方面的法律法规、技术标准以及相关的图书等快速发展，据我们初步统计大概也有数十本相关专著。与此同时，编著团队在实际工作中也逐步体会到传统的场地调查技术方法在一些大型的、复杂的污染场地中的应用，越来越多地存在着滞后或不确定性较大等问题，随着相关的新型的精准调查技术手段不断地被引入到这些复杂场地中，相应技术流程和操作规范得以逐步掌握，并且取得良好的效果。这些又激起了编著团队重新完成原定图书编著的信心，并将图书主题调整为场地精准调查，更侧重于调查新技术的应用。

　　相应的编著团队也进行了适当的优化组合，编著团队中李培中博士具有丰富的一线工作经验，勤于对国际主流先进技术的专研，为本书的构架调整做出了很多实质性的贡献，并主动承担了本书的主要编著和汇总工作。同时团队中其他年轻同事也勇挑重担，在繁忙的日常工作之余，积极查找国外相关技术导则资料、研读新发表的学术文献，结合实际工作经验完成了各个部分的内容编制任务。本书总体上以图文并茂的直观表达方式，深入浅出地介绍了污染场地精准调查理念和实用技术，重点突出新技术方法的基本工作原理、适用条件、国内外应用情况，并配套给出了国内外典型应用案例，可以作为国内同仁在实际大型、复杂污染场地环境调查和风险管控过程中的一个参考。

本书编著过程中得到了国家重点研发专项等科研项目的资助，同时也得到了国内许多知名专家学者的指导，以及化学工业出版社的大力支持，在此一并表示感谢！同时轻工业环境保护研究所建所四十周年刚过，希望以此书勉励环保所各位同事，励精图治，不断取得更大的进步！

程言君

2020 年 11 月

进入 21 世纪以来，我国经济社会快速发展使城市化进程不断加速，很多城市"退二进三"导致了很多原工业企业停产搬迁。这些搬迁企业场地在转化为城市居住、商业和公共用地的过程中发现许多土壤和地下水污染，并陆续形成一些公众广泛关注的热点环境问题，引起社会各界的高度关注。为加强工业污染场地安全开发利用环境管理，从 2004 年起国家相关管理部门陆续出台了《关于切实做好企业搬迁过程中环境污染防治工作的通知》(环办 [2004]47 号)、《关于保障工业企业场地再开发利用环境安全的通知》(环发 [2012]140 号)、《土壤污染防治行动计划》(简称"土十条")等 40 多项政策性管理文件，并最终于 2019 年正式颁布实施《中华人民共和国土壤污染防治法》。为支撑上述管理政策，环境保护部于 2014 年起陆续颁布实施了《场地环境调查技术导则》(HJ 25.1)、《场地环境监测技术导则》(HJ 25.2)等技术标准，并初步形成国家场地环境系列标准体系框架。

经过近几年的实践探索，这些法规标准在实施过程中取得了良好的效果，有效地推动了我国场地环境保护工作的快速发展。但是在实施过程中也碰到一些诸如标准间衔接、调查精度不高、新技术方法推广较慢等现实问题。编制组作为国内持续从事此类工作的一线团队，不断与国内外同行学习交流，并陆续引入了国际上较为主流的现场快速监测仪器和操作指南，在国内一些典型案例场地中进行了探索性应用。这些经验的积累，同时结合国际上最新的三元调查法（triad approach）、高精度场地调查（high-resolution site characterization）技术的最新技术发展现状，促使我们初步形成污染场地精准调查基本思路。编撰此书更多是想"抛砖引玉"，引起更多的国内同仁共同关注污染场地精准调查，并进行深入的探讨分析。

目前关于污染场地精准调查还缺乏较为权威的定义，但是本书编写组认为精准既应该包括精确的污染分布范围，又应该包括影响污染迁移分布的相对准确的场地水文地质特征，同时针对污染场地还应该包括对后期污染风险评价和修复管控有重要影响的修复潜力相关的地球化学和生物学信息。尤其是针对一些大型的、复杂的、需原位修复的污染场地，只有全面掌握这些重要精准调查信息，才能构建更加接近真实情况的场地概念模型，进而有效地开展精准污染修复或风险管控。虽然表面看起来这些精准调查技术可能会导致短期调查成本和周期的增加，但从污染场地治理全过程来综合考虑，良好的调查基础反而能大幅降低污染治理总体经济成本和时间成本，有效防控场地污染扩散风险，切实保障人体健康和环境安全。

《场地环境精准调查技术与应用》是编制团队基于多年实际工作经验，并参考国内外大量指南规范和研究文献，总结分析的成果。本书共分为5章内容，其中总体框架构建和主笔人为李培中，宋云老师和周晓俭老师作为国内污染场地领域的先行者和权威，从本书策划和总体方向把控等方面多次进行了深入的指导和讨论沟通。另外，轻工业环境保护研究所工业场地污染与修复北京市重点实验室其他老师承担了本书部分内容的编写工作，具体分工如下：第1章由宋云、魏文侠撰写，第2章由李培中撰写，第3章由杨苏才、王海见、荣立明、张骥等撰写，第4章由吴乃瑾、李培中、李翔等撰写，第5章由李培中、苟雅玲、乔鹏炜、李佳斌、郝润琴等撰写。另外，实朴检测技术(上海)股份有限公司的叶琰和尉黎女士、轻工业环境保护研究所硕士研究生宋久浩、上海第二工业大学硕士研究生王珍霞等均参与了本书的前期准备、资料整理和校对工作。全书由李培中统稿。

本书在编著过程中得到了轻工业环境保护研究所程言君所长的关心和大力支持，在此表示衷心感谢。感谢中国环境科学研究院李发生研究员、曹云者研究员，北京市环境保护科学研究院姜林研究员、夏天翔研究员，化学工业出版社袁海燕老师给予的大力支持和协助。本书引用了美国环保署和污染场地治理信息网（clu-in.org）中很多内容，但是由于署名不清，在此向引述内容的原作者一并表示衷心感谢！本书的编著过程中受到国家重点研发计划项目"修复后场地土壤和地下水残余物腐蚀工程安全风险控制技术"（2018YFC1801400）、国家自然科学基金项目（41907159）以及北京市财政项目（PXM2019_178203-00341400）等资助，在此表示衷心感谢。

由于时间仓促以及编著人员水平所限，本书难免存在疏漏和不足，敬请广大读者和同仁不吝赐教，并提出宝贵的意见和建议。

编著者

2020年10月于北京

目录

3

修复前场地环境精准调查与监测技术　/050

1

场地环境精准调查技术发展概况

1.1
国外场地调查技术发展概况

美国所建立的场地环境调查与评价的技术标准已成为世界各国开展场地环境调查与评价的重要依据，加拿大、澳大利亚和英国等发达国家在美国标准的基础上制定了自身的场地环境调查与评价标准。国外的场地环境调查一般是建立在具体的环境保护管理法律之下，具有下列特点：

① 针对性强，其根本目的是识别环境污染责任；

② 操作性强，标准中对每一步及相应的术语或概念都有详细的说明，对可能碰到的问题也都提供了相应的处理方法，同时提供了大量的支撑性标准和方法；

③ 强调委托方的参与，标准强调委托方应明白其进行场地环境评价的目的，具备收集、核实、识别资料的能力，具备选择环境工程师的能力；

④ 强调环境工程师的能力，注重调查人员的专业素质要求，确保具有丰富的专业知识和全面的实践经验。

1.1.1 美国场地环境调查技术方法（ASTM）

（1）ASTM E1527

针对第一阶段场地环境调查，主要标准包括：美国 ASTM 第一阶段场地环境评价的标准程序（ASTM E1527）、美国环保署（EPA）场地环境初步调查标准、ASTM 的交易筛选程序（ASTM Standard E1528）、加拿大标准协会建立的第一阶段场地环境调查标准（CSA Standard Z768-01）及美国 EPA 和其他国家和地区的第一阶段评价程序和技术要求。研究表明，目前国外第一阶段的场地环境调查与评价的方法和技术标准，主要是建立在美国 ASTM E1527 的基础上。

ASTM E1527《第一阶段场地环境评价过程标准操作》（*Standard Practice for Environmental Site Assessments: Phase I Environmental Site Assessment Process*）是美国材料与测试协会 1993 年颁布的，其后经过修正。E1527 是为解决《环境应对、补偿、责任综合法案》（CERCLA，超级基金法）广泛深远的环境治理责任而建立的。其创立的场地环境评价的程序和平台在实践中证明是有效的，已成为世界各国和跨国公司的主导标准，是各国、各类机构（包括国际标准化组织）和公司制定场地环境评价的基础。

E1527 中规定的主要工作程序和工作内容如表 1-1 所示。

表1-1　第一阶段场地环境评价工作程序和工作内容

步骤	内容	评价
步骤一：记录审核	该步骤的目的是搜集和审核有关记录（报告、文件等），帮助识别场地的环境状况。这些记录包括： • 环境信息（联邦、州和地方政府的环境记录、文件、名单等，以及地图、水文地质等资料） • 历史使用信息（用于判断场地和周边在过去历史中是否存在有害物质和石油产品泄漏的可能，主要资料有：航空照片、火险图、纳税文件、土地记录等）	该部分工作可以由委托方完成。该部分详细说明了资料的来源、分类，确定了明确的资料收集范围、信息的判断方法、场地历史的追溯方法等
步骤二：现场调查	该步骤的目的是通过现场调查收集资料，识别场地的环境状况。 • 一般场地环境信息（场地和周边现在和过去的使用情况、地质/水文地质/地形、建筑/道路/水井/污水处理等） • 一般观察（主要帮助识别场地的使用情况，针对有毒有害物质的使用、储存等） • 内部观察（限制在能去的区域，调查加热/冷却设施、地面/墙等被污染和腐蚀的地方、排放设施） • 外部观察（观察场地的外部情况，如：坑/池、污染的土壤、固废、废水等）	该部分需由环境工程师进行，需具备专业知识和经验。该标准所指的现场调查由环境工程师的感官来判断，不进行采样活动。对于难于观察的区域可以不观察。该标准没有提出现场调查的计划和安排程序
步骤三：场地拥有者和占用者的访谈	通过对场地拥有者和占用者的访谈获得识别场地环境状况的信息。明确了访谈内容、方式和时间安排的要求。规定了访谈对象和回答问题的判断方式	该部分需由环境工程师进行，环境工程师需具备专业知识和经验，并需准备问题清单
步骤四：采访当地政府官员	目的、内容、方式等同步骤三。采访的部门包括：消防部门、卫生部门、环境和有害物质管理部门	

续表

步骤	内容	评价
步骤五：评估和报告的准备	报告主要内容包括： • 前言（目的、工作内容等） • 场地的描述（位置、场地及周边的性质和使用情况、场地的组成等） • 第一阶段场地评价工作的描述（记录审核、现场调查、访谈） • 调查结果（总结场地的环境状况） • 意见（环境工程师对识别出已有和潜在环境污染对场地影响的评估） • 结论	要求环境工程师对识别出的环境问题的污染进行评价，并给出有无环境问题的结论
步骤六：其他	标准范围外需考虑的其他因素，如附件等	

（2）ASTM E1903

第二段场地环境评价的主要任务是通过采样分析客观地判断污染是否存在。采样布点、取样方式、样品储存、运输、分析项目的选择、分析技术等众多因素影响着最终结果，需要研究科学的方法和技术标准加以规范。通常第二阶段的程序标准编写着重于它的指南性，相对比较笼统，具体操作还要参照其他相关的标准。

ASTM E1903《第二阶段场地环境评价过程标准指南》(*Standard Guide for Environmental Site Assessments: Phase II Environmental Site Assessment Process*)是在ASTM E1527 颁布四年后于 1997 年颁布的。该指南为商业地产提供了第二阶段场地环境评价的工作框架，是一个程序性指南，是 E1527 和 E1528 的继续。其目的主要有两个，其一是满足 CERCLA 的要求，其二是帮助委托方了解场地环境状况的可靠信息，以便决策。

ASTM E1903 的工作程序和工作内容见表1-2。

表1-2 ASTM E1903的工作程序和工作内容

步骤	内容	评价
步骤一：咨询合同的签署	是第二阶段场地环境评价的开始，它不涉及委托方同环境工程师之间的合同内容和格式，但涉及： • 第二阶段场地环境评价向政府部门和第三方报告问题 • 第二阶段场地环境评价的报告形式和范围 • 保密问题，环境工程师雇佣第三方 • 工作、数据、信息和时间限制问题 同时规定了委托方的职责（如：进入场地和提供信息等）和环境工程师的职责	指南中规定了使用指南进行第二阶段场地环境评价，如发现场地有重大污染，环境工程师有义务向政府有关部门和第三方报告。避免污染对人群的危害继续存在

步骤	内容	评价
步骤二：建立工作计划	该步骤是在进入现场工作前的准备，建立完成第二阶段场地环境评价的方法和工作任务，包括： • 预期现场工作和检测分析可能出现的困难和限制 • 审核现有信息（包括第一阶段场地环境评价的成果），为采样位置和分析方法确定提供依据 • 考虑可能的污染范围 • 建立采样计划，确定采样位置和深度，发现污染源 • 建立现场和实验室测试计划及筛选分析方法 • 现场和实验室的质量控制和质量保证	制订完善的工作计划对现场工作起到至关重要的作用。该标准提到的工作计划中的各项任务是必需的，但其质量的高低取决于环境工程师的能力和经验
步骤三：评价活动	评价活动包括从现场筛选到实验室分析的过程，及实施质量控制和保证，具体内容如下： • 现场筛选和分析技术；现场技术可以迅速地得出场地污染的初步结果，并指导现场采样。工程师需预先设置实施的标准程序 • 现场采样按工作计划进行，偏离工作计划的采样应该在报告中注明；样品污染的防止要求；采样需遵守的标准方法 • 采样操作，包括样品的收集、包装、储存及样品追踪记录等	指南中提到了光离子化检测器和便携式气相色谱仪等设备在现场进行检测可以节省费用和指导采样活动，现场检测在美国已使用多年，建立了一些技术标准和方法。我国现场检测技术不成熟，还缺乏相关标准
步骤四：数据评估	数据评估工作是必须做的，分析已完成工作的充分性及评价是否有有害物质泄漏，主要包括两方面工作：①假设的验证，验证工作计划的有效性，如果工作计划无效、可能已实施的工作不恰当，需补充；②数据验证，验证所得到的数据是否符合质量保证和质量控制（QC/QA）程序	工作计划的制订是在一定假设和判断的基础上完成的，实际结果与预期不符，一般工作需修正后再进行
步骤五：结果的解释	解释的结果包括探测结果、采样结果和检测结果，需确定污染和重污染介质是否存在，是自然造成的还是人为造成的。已识别环境污染的排除，排除原第一阶段的潜在污染区域。对已测出污染物，在委托方的要求下可以开展进一步工作，确定污染的性质和范围	该标准指南对结果的要求以满足委托方要求为准，并没有一定要确定污染范围的要求；该指南没有给出结果的评价程序和标准
步骤六：第二阶段报告编制	报告的目的是描述工作过程和数据、评估文件化，主要内容包括： • 合同要求、法规要求、已实施工作的介绍，场地环境、使用历史、周边情况的介绍； • 第二阶段场地环境的活动（工作总结、工作实施的依据、方法的来源等） • 结果的评估和简单易懂的结果表达 • 调查结果和结论的讨论 • 建议（包括进一步工作的解释）	

该指南建立了第二阶段场地环境评价的工作程序，按照该程序工作并不一定能得到明确的调查结果，还必须依靠环境工程师的知识和经验及其他相关标准和方法的配合。E1903 要求建立完整的工作计划，工作计划包括了资料审核、污染分析、采样方案、化学分析、质量保证和控制等各方面，并在实际操作时落实，实际与计划出现的偏差需要进行说明。

1.1.2 美国超级基金场地环境调查技术方法

美国超级基金法（CERCLA）实施以来，EPA 已经形成了一套相对完整的场地环境调查评估技术流程和方法。场地调查评估主要进行潜在高污染、高风险场地的筛查，确定需要优先治理的场地进入国家优先治理目录（NPL）中，依照超级基金法进行污染修复。其主要工作流程为：发现污染场地、进入 CERCLA 法人管理档案库系统（CERCLIS）、初步评估（PA）、场地调查（SI）、危害评估系统打分（HRS）、列入国家优先治理目录（NPL）等，具体如图 1-1 所示。

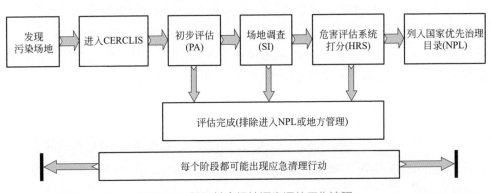

图 1-1　超级基金场地调查评估工作流程

（1）发现和报告污染场地

CERCLA 规定，如果场地内污染物质释放量超过了其规定限值，当事人必须上报国家应急中心（National Response Center）。一旦应急中心发现有相应的上报信息，则会通知相应的职责部门采取必要的行动，另外污染场地的发现还包括各级环保机构的稽查行动、举报等活动，此过程通常被称为发现 / 报告阶段，是开展污染场地环境管理的第一步。

（2）场地筛选

一个场地是否能够进入 CERCLA 法人管理档案库系统（CERCLIS），必须先经过一个筛选过程，其主要依据为"OERR Directive# 9200.4-05"。这里需要特别指出的就是如果该场地的危险物质属于 CERCLA 豁免对象，例如石油及油气产品、核材料、肥料的正常使用、工作场所的释放等，则不应进入管理档案系统。

（3）场地初步评估

场地初步评估（preliminary assessment，PA）主要通过收集场地相关信息、人员访谈和现场踏勘，确定场地是否对人体和生态环境健康构成威胁、是否需要进一步调查，同时确定是否需要急性毒性评估。场地初步评估阶段只能依赖调查者的专业判断来进行评估，是后续 SI 阶段的工作基础。PA 阶段需要具有专业素养和从业经验丰富的调查人员执行，主要依据美国 EPA *Guidance for Performing Preliminary Assessment Under CERCLA* 手册进行工作。

（4）场地调查

如果 PA 的结果证明需要进一步的调查，那么就要进行场地调查（site inspection，SI），其目的就是收集 HRS 系统所需数据，定量判断 NPL 的可能性。通常需要采集样品，确定污染物是否存在以及是否迁移、是否污染其他场地。本阶段可以分为一个或两个阶段进行，第一阶段分析检验 PA 的各种假设，并获得 HRS 评分所需要的各种信息；如果还需要更多的信息，则可以进行第二阶段补充场地调查。场地调查主要依据美国 EPA *Guidance for Performing Site Inspection Under CERCLA:Interim Final* 手册进行工作。

（5）危害评估系统

危害评估系统（hazard ranking system，HRS）是 EPA 筛选 NPL 场地的主要决策工具，利用 PA 和 SI 阶段获取的信息，进行系统评分，高于 28.5 分的场地则可能被列入 NPL。但是在实际执行过程中 EPA 并不仅仅依照 HRS 评分高低直接决定其优先等级，往往还要依据场地的所在地区、公共健康风险等级以及其他因素综合判断。

危害评估主要考虑地下水迁移（饮用水）、地表水迁移（饮用水及生态安全）、土壤暴露和空气传播四种主要污染暴露途径，每种暴露途径分别考虑其污染源特性、潜在排放／暴露可能性和受体。HRS 对每个因素基于场地条件进行赋值，并将三个因素赋值相乘后转化为百分制，从而得到场地的每种暴露途径的分数，最后取各种暴露途径的均方根为场地的 HRS 综合得分。HRS 主要依据美国 EPA *The Hazard Ranking System Guidance Manual:Interim Final* 手册进行工作。

1.1.3 加拿大场地环境调查技术方法

（1）加拿大 CSA-Z768-01

CSA-Z768-01《第一阶段场地环境评价》（*Phase Ⅰ Environmental Site Assessment*）是由加拿大标准委员会编制的第一阶段场地环境评价标准。该标准的前言明确声明了该标准的主要依据是 ASTM E1527。但 Z768 与 E1527 的目的不同，Z768 是为了识别场地实际已有和潜在的污染而建立的可以应用的原则和操作。

该标准为具体场地需求及广泛法规和义务要求提供了第一阶段场地环境评价的工作框架和最基本的要求。该标准不受具体的法规约束，应用范围较广，包括：①尽职调查（due diligence）；②减少潜在污染的不确定性；③场地修复和再开发的准备；④地产交易和投资；⑤本底调查；⑥风险评价。

该指南有 10 个部分和 4 个附件。包括：①介绍（目的和适用范围）；②范围；③定义和参考出版物；④原则；⑤作用和责任；⑥第一阶段场地环评的启动；⑦概述；⑧进行场地调查；⑨信息的评估；⑩报告。

该指南具有如下特点：

① 标准是在 ASTM E1527 的基础上建立的，其结构、基本内容和程序同 E1527 基本保持一致，使用了 E1527 的平台，保留其特点。

② 应用广泛。该标准剔除了超级基金法规特色，拓展了应用领域和区域。

③ 更加通俗和条理化。法律的专用术语少，语言文字较为通俗简洁，使用者易于理解。结构更加条理化，使用者易于整体掌握。

④ 强调评价人员的能力、客观性和独立性，在标准正文中规定了评价人员的能力要求和选择要求。

（2）加拿大 CSA-Z769

加拿大 CSA-Z769《第二阶段场地环境评价》（*Phase Ⅱ Environmental Site Assessment*）是由加拿大标准委员会编制，2000 年出版，2002 年被批准为加拿大国家标准。该标准的前言明确声明了该标准的主要依据是 ASTM E1903。但 Z769 与 E1903 的目的不同，Z769 是为了满足委托方进行潜在污染场地决策的信息需要。

该标准与具体的法规联系不紧，应用范围较广，包括：①证实第一阶段场地环境评价的调查结果；②第二阶段场地环境评价的补充；③场地修复和再开发的准备；④地产交易和投资；⑤本底调查；⑥法规的遵守；⑦风险评价。

CSA-Z769 的工作程序和工作内容如表 1-3 所示。

表1-3　CSA-Z769的工作程序和工作内容

序号	内容	评价
步骤一：第二阶段场地环境评价启动	步骤一是第二阶段场地环境评价的开始，由委托方确定场地评价的目的和用途，并同评价人员确定适用的相关标准和工作范围，签订场地环评的咨询合同	该标准的使用范围较广泛，该步工作比较重要
步骤二：现场调查计划	该步骤是在进入现场工作前的准备，建立完成第二阶段场地环境评价的方法和工作任务，包括： • 审核现有信息（包括审核资料和信息的有效性） • 建立采样计划（包括：设计采样方案、采样和现场测试方法确定、分析参数和方法、质量保证/控制、设备清理和采样残留物处理等）	类似 E1903，将设备清洗和采样残留物单独列出，没有污染范围的假设要求
步骤三：进行现场调查	现场调查分成三个主要过程： （1）现场调查的准备 • 材料设备的准备（建监测井的材料、现场测试设备、采样工具等） • 安全卫生计划（风险预测、监测、防护等） • 周边情况识别（地质/地下水因素、安全/环境等因素、对现场调查影响的因素） • 应急计划 （2）进行第二阶段场地环评 • 现场工作记录（钻孔/测试孔的记录、设备/材料的使用、调查数据、现场监测数据等） • 其他需求和考虑因素（记录本的使用、照片的使用、限制因素/偏差的处理） （3）样品的运送和分析（质量保证和控制、样品保存/分析等）	类似 E1903，所列内容更加原则和笼统。基本上没有提及相关的技术标准和方法，涉及的具体问题基本是由评价人员的知识和经验解决。现场工作强调对工作计划的执行。该标准提出，样品分析由具资质的机构单独完成
步骤四：收集的信息解释和评估	该部分是数据的处理和评估过程，要求显示污染的空间分布，并对照法规和确定的标准评价。同时要指出和分析不一致的数据和结论部分确定性的程度	不要求风险评价，没有提到对质量保证和质量控制（QA/QC）工作的评估
步骤五：报告	该部分主要规定报告的格式、偏差的出现和处理、工作限制的陈述、调查结果、结论、评价人员签字和资格及附件要求等	该标准的结论要求明确给出是否存在超标的物质，同时要陈述评价人员的意见

　　该标准是在ASTM E1903的基础上建立的，其结构、基本内容和程序同E1903基本保持一致，使用了E1903的平台，保留其特点。同时，为了适应更多领域的

应用，该标准比 E1903 更原则和程序化。这有利于使用者掌握程序以及有关部门和公司在该标准的基础上建立部门或公司使用的场地评价指南。另外，明确了评价标准，有利于得到清晰的评价结论。

与 E1903 及 ASTM 的 D 系列标准、USEPA 标准及相关法规基本构架的第二阶段场地评价的标准体系不同的是，目前 Z769 还缺乏相对完善的标准和方法配套。

1.2
国内场地调查技术发展概况

1.2.1　场地环境管理框架体系

我国从 2004 年国家环境保护总局颁布《关于切实做好企业搬迁过程中环境污染防治工作的通知》（环办 [2004]47 号）开始，经过 16 年的努力已经初步构建相对完整的场地环境管理框架体系。2019 年正式颁布实施的《中华人民共和国土壤污染防治法》作为该领域的上位法，对场地环境提出了相对全面的管理要求，与之配套的还有两项土壤环境质量标准、3 个专项的管理办法，以及若干个调查技术导则或指南（图 1-2）。这些框架体系既包括管理节点，又包括技术程序和全流程监管信息系统，是我国现阶段场地环境治理工作快速发展的保障基础。

图 1-2　我国土壤环境管理框架体系构成

1.2.2　场地环境调查的程序和内容

场地环境调查与地表水和空气环境调查有明显区别。由于场地环境介质的复杂性，污染物在场地中的分布不均匀，造成了场地环境调查工作比较复杂，采用一次性全面调查不仅成本高，而且很难实现对场地环境状况的准确和全面了解。因此，需要在对场地污染源或潜在污染源全面了解的前提下，采用系统的方法由简到繁，分阶段、递进式调查，逐步降低调查中的不确定性，提高调查的效率和质量。这种分阶段调查方法也是国际上通用的惯例。

因此，本导则将场地环境调查分为三个阶段，各阶段有明确的目的和任务。

① 第一阶段场地环境调查是场地的污染初步识别。

② 如有必要，则需进行以采样分析为主的第二阶段场地环境调查，进一步确认场地是否污染，并确定污染种类、程度和范围。

③ 第三阶段场地环境调查以补充采样分析和资料查询为主，满足风险评估和土壤及地下水修复过程所需参数的调查和测试需求。

若第一阶段场地环境调查表明场地内或周围区域存在可能的污染源，如化工厂、农药厂、冶炼厂、加油站、化学品储罐、固体废物处理区等可能产生有毒有害物质的设施或活动，以及由于资料缺失等原因造成无法排除场地内外存在污染源时，作为潜在污染场地进行第二阶段场地环境调查。若第一阶段调查确认场地内及周围区域当前和历史上均无可能的污染源，并经过不确定性分析后认为场地的环境状况可以接受，则调查活动可结束。如果第二阶段结果证实场地内有显著的污染，需要进行风险评估或污染修复时，则可进行第三阶段场地环境调查。

第二阶段场地环境调查是以样品采集分析为主的污染证实或排除过程。采样分析需要使用采样工具，采集和保存环境介质样品，选取相对保守全面的测试指标进行分析测试，其中的经济成本和时间成本都相对较高。如果要尽可能不遗漏污染区域，单次全面采样分析就需要布设密集的、大量的采样点，采集尽可能深且密集的样品，全面分析多种可能的测试指标，其经济成本就会非常巨大。通常可以将采样过程分为初步和详细两步分别进行。

初步采样仅在最可能出现污染的区域布设少量点位，采集代表性样品（如垂直采样间隔相对较大，仅在发生较大土壤变层情况时取代表性的样品），全面分析潜在污染物指标；在初步采样分析结果出来以后，针对已有污染的区域和已识别的关注污染物，再进行详细采样以确定主要污染范围的边界情况，其采样成本和分析测试成本均会大幅下降，因此综合调查成本会大幅降低。此外，相对较低的成本可适当扩大采样密度，降低整个调查过程的不确定性，提高污染判断的准确度。场地环境调查的主要程序与阶段如图 1-3 所示。

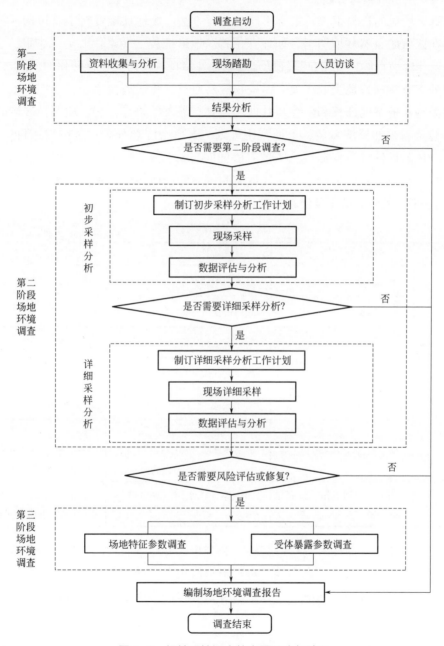

图 1-3 场地环境调查的主要程序与阶段

1.2.3 第一阶段场地环境调查内容和方法

（1）资料收集与分析

有关场地的资料很多，也有不同的分类方法。场地环境资料主要包括：①场地所在区域的自然环境资料，如地理位置、地形地貌、气象、水文、地质、土壤等，这些区域自然环境信息是辅助判断场地环境现状及污染迁移转化的主要参考，如地处南方喀斯特地貌的场地，污染物极易通过优势通道快速迁移至地下水，因此污染物在地下的迁移和赋存与其他场地具有显著的差异；②场地所在区域的社会环境资料，如经济发展、土地利用规划、人口密度和分布、潜在敏感目标等，为后期风险评估等过程提供受体暴露信息；③场地内的环境信息，如场地局部地质资料、历史沿革、生产工艺、环境监测等，为场地污染识别提供基础信息。表1-4 为一般资料收集清单及潜在来源信息。

表1-4 一般资料收集清单及潜在来源（示例）

资料类别	区域自然环境资料	区域社会环境资料	场地环境信息资料
资料明细	地理位置	土地利用规划	历史沿革
	地形地貌	人口密度与分布	生产工艺
	气象	周边土地利用情况	原辅材料
	水文地质	周边潜在敏感目标及位置关系	平面布置
	土壤质地	法律法规	管线分布
	地下水源保护区位置关系	经济发展	事故记录
			环境管理文件
潜在来源	图书馆、档案馆、政府单位、网络	图书馆、档案馆、政府单位、网络	企业主管部门、环保主管机关、企业档案室

资料收集后，需要对资料进行整理和分析，并通过后期的现场踏勘和人员访谈，筛选判断其时效性、真实性。对于资料缺失严重的情况，须对该资料缺失对于执行场地调查计划的影响进行评估，分析其可能产生的不确定性以便下一步工作采取应对措施。

（2）现场踏勘

现场踏勘主要是为了核实收集资料，观测当前场地环境现状，推测场地内潜在污染情况，同时记录场地周边环境状况。因此，现场踏勘的范围以场地内为主，同时应包括场地的周围区域。周围区域的范围应由现场调查人员根据污染物可能迁移的距离来判断。

现场踏勘的重点为：①有毒有害物质的使用、处理、储存和处置，例如场地内的固废或者危险废物的临时堆放场所；②储槽与管线，尤其关注地下和半地下的储槽（罐），通常这些罐体和管线是造成土壤和地下水污染的重要来源；③恶臭、化学品味道和刺激性气味，污染和腐蚀痕迹，如颜色异常；④排水管或渠、污水池、污水处理场等；⑤另外，某些场地内植物生长异常情况也可能是土壤或地下存在潜在污染的指示信号之一，例如某块裸地土壤上未有任何植物生长或生长较差，而周边区域土壤上的植物生长情况相对较好，就需要重点关注这一区域的潜在污染情况。现场踏勘重点示例如图 1-4 所示。

毒性物质储罐

地上油罐泄漏

罐与管路拆卸

土壤颜色异常

图 1-4　现场踏勘重点示例

（3）人员访谈

人员访谈的目的是解决资料收集和现场踏勘所涉及的疑问，对已有的资料和信息进行考证，同时补充收集相关信息。人员访谈的方式是多种多样的，例如可采用当面访谈、电话访谈或书信访谈等方式进行，但要注意在访谈之前，一定要准备好有针对性的问题；访谈完成后应对访谈内容进行整理和统计，并对照已有资料，对其中可疑处和不完善处进行核实和补充，作为调查报告的附件。

通常情况下主要受访对象包括：

① 场地上级主管机构和地方政府官员。

② 场地所在区域环境主管机构官员。

③ 场地过去和现在的拥有者和使用者。场地的主要管理和操作人员由于熟知场地的使用情况和设施，属于重点受访对象，应在现场踏勘时安排见面交流。

④ 场地所在地或熟悉当地事物的第三方（例如，邻近场地的工作人员、过去的雇员和居民）。

（4）总结与分析

本阶段调查结论应明确场地内及周围区域有无可能的污染源，并进行不确定性分析。若有可能的污染源，应说明可能的污染类型、污染状况和来源，并应提出第二阶段场地环境调查的建议。同时，报告应列出调查过程中遇到的限制条件和欠缺的信息，及对调查工作和结果分析的影响，确定是否有重大影响。例如，某农药厂场地初步识别结果认为其存在潜在污染，且根据原生产工艺及分布情况，提出了第二阶段场地调查的分区采样建议，如表1-5和图1-5所示。

表1-5 某农药厂场地内潜在污染区分布情况

区域编号		产品或工艺历史	潜在污染物	潜在污染特征
A区		甲氨基车间、应急事故池	挥发性有机物（VOC）、重金属、有机磷农药	• 土壤可能呈碱性 • 乙醇使污染范围扩散
B区	B1区	废水处理	重金属、半挥发性有机物（SVOC）、啶虫脒、吡虫啉、有机磷农药	• 重点在灌区和地下储槽附近 • 甲醇等有机溶剂可能使有机污染物迁移距离增大 • 有些污染物区域伴有还原硫或氨水气味（如精胺、水胺硫磷车间） • 有些区域可能土壤pH值异常（如乙酰氨基阿维素、吡虫啉车间）
	B2区	啶虫脒、吡虫啉、精胺、水胺硫磷	VOC、啶虫脒、吡虫啉、有机磷农药	
	B3区	危废堆场	VOC、有机磷农药	
C区		兽药制剂GMP、质检中心	VOC、啶虫脒、吡虫啉	• 集中在厂房的废水、废气收集口附近
D区（A、B、C区以外的区域）		农药制剂、办公区	VOC、啶虫脒、吡虫啉、有机磷农药	• 集中在厂房的废水、废气收集口附近 • 厂区排放口附近

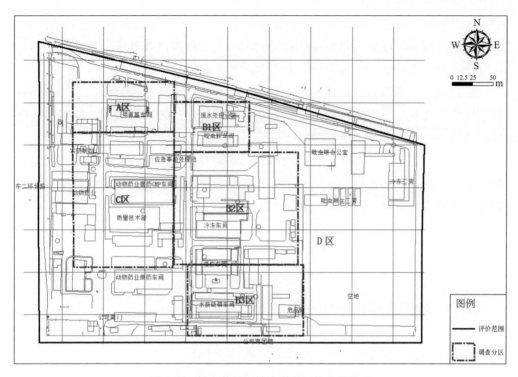

图 1-5　某农药厂场地内潜在污染分区情况

其中不确定性分析主要包括下列方面：

① 分析资料的真实性、充足性和有效性：对已收集资料信息的真实性进行判别，并根据有效资料信息的充分程度，判断现有的信息是否能够充分支撑第一阶段污染识别结论。例如，经过大量的信息整理，发现某场地在 20 世纪 70 ～ 80 年代的十年间，场地内的企业生产工艺情况信息缺失，相关的生产工艺、规模以及污染治理情况信息均出现断层，此种情况下的污染识别不确定性则相对较大，至少很难排除这段时期内场地是否受到污染以及对现在的污染影响，因此建议进行第二阶段污染调查。

② 调查的充足性和有效性：在资料收集、现场踏勘和人员访谈等过程中，可能通过不同方式收集到关于某环节的多种信息，如果这些出现不同的观点或方向，就需要对各种来源的信息进行一定的核查和判断。假定出现无法核查的信息或无法确认哪种来源的信息正确时，就要分析这些不同的信息是否对判断场地污染现状产生影响，以及潜在影响程度。例如，在某个场地进行现场访谈时，周边的居民反映到曾经一段时间内，他们在场地外（厂界）闻到臭味，但是具体是什么臭味或者因何产生的不太清楚，而已有的工厂生产事故记录、生产变更记录、环境

排放登记等信息记录，以及现场踏勘过程中并未发现关注区域有明显的异常情况，则要对被访问者提供的关于臭味的持续时间、臭味程度以及臭味是否与相关的工业生产情况一致等信息，综合分析此调查结果是否跟这个场地的原有生产情况相关，或者是否与周边其他场地的生产相关，然后再做出适当的判断。另外，针对有些场地内某些构筑物或区域由于安全等因素未能进行现场踏勘的，则需要在不确定分析中讨论其不确定性及影响。

第一阶段场地环境调查报告的内容包括场地环境调查的背景、概述、场地概况、资料审阅、现场踏勘、访谈、调查结果和分析、结论与建议、附件等。其中附件是该报告的重点，主要应该包括平面布置图、周边关系图、反映调查过程的照片，以及其他重要的证明材料等。

1.2.4　第二阶段场地环境调查内容和方法

第二阶段场地环境调查是以采样与分析为主的污染证实阶段，主要目的为：

① 通过初步采样分析，确认场地污染物、初步污染分布和场地的水文地质条件；

② 通过详细采样分析，确定污染程度和污染范围；

③ 对场地土壤进行理化参数测试，同时收集暴露参数，为风险评价和场地修复提供基础数据。

通常情况下，第二阶段场地环境调查可以分为初步采样分析和详细采样分析两步进行，每步均包括制订工作计划、现场采样、数据评估和结果分析等步骤。

(1) 初步采样分析和详细采样分析

通常可以将采样过程分为初步采样分析和详细采样分析两步完成。其中，初步采样仅在最可能出现污染的区域布设少量点位，采集代表性样品（如垂直采样间隔相对较大，仅在发生较大土壤变层情况时取代表性的样品），全面分析潜在污染物指标。主要进行主要污染区域的证实或排除，以及识别关注污染物。

详细采样分析是根据初步采样分析的结果在局部区域加密布点，以便确认污染程度和污染区域边界。对于初步采样已经确定的污染区域，在详细采样确定污染边界范围的重点区域，为了降低结果的不确定性，一般要求采样单元面积不大于 $1600m^2$（$40m \times 40m$ 网格）。垂直方向采样深度和间隔根据初步采样的结果判断。详细采样分析过程中样品分析项目以已确定的关注污染物为主，因此样品分析测试指标通常会大幅减少，相应的单个样品测试成本会大幅下降。此外，相对较低的成本可适当扩大采样密度，降低整个调查过程的不确定性，提高污染判断的准确度。

另外，详细采样也可以针对初步采样分析过程中发现的问题，对采样方案和工作程序等进行相应调整。

（2）制订场地调查工作计划方法

根据第一阶段场地环境调查的情况制订初步采样分析工作计划，内容包括核查已有信息、判断污染物的可能分布、制订采样方案、制订健康和安全防护计划、制订样品分析方案和确定质量保证和质量控制程序等任务。在初步采样分析的基础上制订详细采样分析工作计划。详细采样分析工作计划主要包括：评估初步采样分析工作计划和结果，制订采样方案，以及制订样品分析方案等。

① 核查已有信息。由于第一阶段和第二阶段场地环境调查可能由不同的单位或不同的调查技术人员承担，所以在准备第二阶段采样工作时需要对已有信息进行核查，包括第一阶段场地环境调查中重要的环境信息，如土壤类型和地下水埋深。

另外，针对某些场地可能存在调查间隔时间较大的情况，需要再补充新的信息。同时需要补充收集关注污染物的理化特征信息，根据场地的具体情况、场地内外的污染源分布、水文地质条件以及污染物的迁移和转化等因素，判断污染物在土壤和地下水中的可能分布和迁移情况，为制订采样方案提供依据。例如，图1-6为某加油站地下储油罐潜在泄漏至周边场地环境介质的分布情况，以及所对应的采样对策，例如需要考虑对下游的地下水进行布点取样监测。

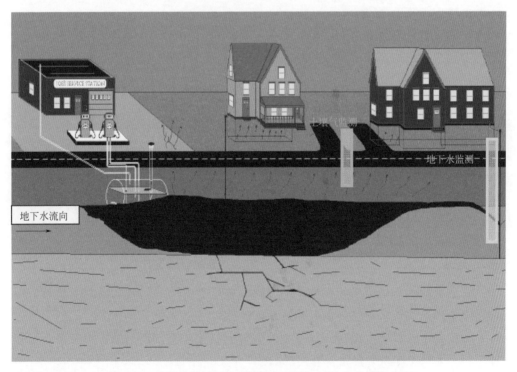

图 1-6 某加油站地下储油罐潜在泄漏与污染分布情景分析

② 判断污染的可能分布。根据场地的具体情况、场地内外的污染源分布、水文地质条件以及污染物的迁移和转化等因素，判断场地污染物在土壤和地下水中的可能分布，为制订采样方案提供依据。由于空气和地表水属于相对比较均匀的介质，污染物可以快速稀释扩散，而土壤是固体、液体、气体等组成的多相介质，污染物在其中迁移速度很慢，受污染物自身的性质、土壤性质和环境因素等各类复杂因素影响很大。

a. 土壤的性质。土在形成过程中，由于年代、物质成分、结构构造和堆积环境的不同而具有不同的工程特征，可依据不同的标准划分为不同类型的土。一般按颗粒级配特性分类，颗粒级配取决于土样中单个颗粒大小的分布。

我国的《土的工程分类标准》（GB/T 50145—2007）中的分类：该标准将土分成巨粒（块石、碎石）、粗粒（砾粒、砂粒）和细粒（粉粒和黏粒），具体分类见表 1-6。国外一般将直径小于 2mm 的土壤颗粒分为三种土壤质地类型——砂粒、粉粒和黏粒，主要分类依据为美国农业部土壤质地分级标准。对于场地环境调查，我们建议土壤质地分类参考国内的土壤粒组划分标准或美国环保署（EPA）推荐的美国农业部土壤质地分类标准均可。

表1-6 土壤粒组划分标准

粒组统称	粒组名称		粒径（d）范围 /mm
巨粒	漂石（块石）		$d > 200$
	卵石（碎石）		$60 < d \leqslant 200$
粗粒	砾粒	粗砾	$20 < d \leqslant 60$
		中砾	$5 < d \leqslant 20$
		细砾	$2 < d \leqslant 5$
	砂粒	粗砂	$0.5 < d \leqslant 2$
		中砂	$0.25 < d \leqslant 0.5$
		细砂	$0.075 < d \leqslant 0.25$
细粒	粉粒		$0.005 < d \leqslant 0.075$
	黏粒		$d \leqslant 0.005$

b. 土壤的性质与污染物在土壤的迁移、转化之间的关系。土壤的性质与污染物在土壤的迁移、转化和归宿有关。这些性质主要包括土壤的质地、pH、渗透性、容积密度、有机碳含量、离子交换容量、氧化还原、黏土中矿物种类。土壤性质与污染物迁移的关系如表 1-7 所示。

表1-7 土壤性质与污染物迁移的关系

土壤性质	与污染物迁移的关系
pH	影响污染物的溶解度。酸性条件金属离子溶解度增加,加快其迁移,强碱条件铜和锌会溶出。pH对某些有机物所带电荷有所影响
土壤质地	土壤的质地指不同土粒大小的比例。土粒越细,其比表面积越大,吸附能力越强。一般粗粒土壤孔隙大,通气和排水能力较强,但保水能力差。细粒土壤比表面积大,污染物易被土壤吸附,而不易迁移扩散
渗透性	土的渗透性表示水流过土中孔隙的难易程度。一般土壤质地越细,其渗透性越差,污染物越不易随水迁移扩散 土的渗透系数 k(cm/s) 参考值如下: 致密黏土 $<10^{-7}$,粉质黏土 $10^{-7} \sim 10^{-6}$,粉土 $10^{-6} \sim 10^{-4}$,细砂 $10^{-4} \sim 10^{-2}$,中砂 $10^{-2} \sim 10^{-1}$
容积密度	土壤的容积密度指单位体积的土壤干重量。可以用它来计算土壤的孔隙度
有机碳含量	土壤中有机物的含量通常测定土壤有机碳含量。土壤中的腐殖质等有机物会同金属离子形成络合-螯合物,影响污染物迁移。土壤中有机物会形成土壤胶体吸附污染物
离子交换容量	土壤阳离子交换容量越大,其对污染物的吸收能力越大。土壤质地越细,阳离子交换能力越大
氧化还原	土壤通气好,土壤含氧高,土壤的氧化还原电位值 (E_h) 大。土壤有机物含量高,分解过程消耗氧气,E_h 下降。土壤存在许多氧化还原物质,形成氧化还原平衡体系。在还原状态,S^{2-} 和重金属生成很难溶解的硫化物沉淀
黏土中矿物种类	矿物种类不同,造成土壤表面所带电荷不同,含量的高低,影响土壤对污染物的吸附

c. 不同类型污染物的迁移规律。

土壤中常见的、污染较为严重的为镉(Cd)、铅(Pb)、汞(Hg)、砷(As)等重金属或类金属元素,这些元素在土壤中的迁移能力相对较弱,主要集中在表层土壤中。

(a) Cd元素。Cd随污水灌溉或污泥进入土壤中,被土壤吸附的Cd一般在 $0 \sim 15$cm 的土壤表层积累,15cm 以下显著减少。Cd在土壤中的存在形式,一般 pH < 8 时为简单的 Cd^{2+};当 pH=8 时,开始生成 $Cd(OH)^+$,土壤对Cd的吸附力较强。

(b) Pb元素。土壤中的Pb主要以 $Pb(OH)_2$、$PbCO_3$、$Pb_3(PO_4)_2$ 络合物等难溶形式存在,在土壤溶液中可溶性Pb含量极低,进入土壤中的Pb主要积累在土壤表层。土壤中的Pb较容易被有机质和黏土矿物所吸附,其吸附强度与有机质含量呈正相关。

土壤 pH 值对 Pb 在土壤中的存在形态影响较大，当土壤呈酸性时，土壤中固定的 Pb，尤其是 $PbCO_3$ 容易释放出来，使土壤中水溶性 Pb 含量增加，可促进土壤中 Pb 的迁移。

（c）As 元素。主要以正三价态和五价态存在于土壤中。水溶性部分多以 AsO_4^{3-}、AsO_3^{3-} 等形式存在，一般只占总 As 的 5% ～ 10%，这是因为进入土壤中的水溶性 As 一方面很容易与土壤中的 Fe^{3+}、Al^{3+}、Ca^{2+}、Mg^{2+} 等形成难溶性的砷化物，另一方面土壤中的 As 大部分与土壤胶体结合，呈吸附状态。

（d）Hg 元素。土壤中的 Hg 按其化学形态可分为金属汞、无机化合态汞和有机化合态汞。在各种汞化合物中，以烷基汞化合物（如甲基汞、乙基汞）的毒性最强。Hg 进入土壤后 95% 以上能迅速被土壤固定。一般土壤中腐殖质含量越高，土壤吸附 Hg 的能力越强。当土壤有机质增加 1%，Hg 的固定率可提高 30%。土壤中 Hg 的化合物可转化成甲基汞，Hg 的甲基化速度和土壤温度、湿度、质地有关。一般情况下甲基汞的含量在水分较多、质地黏重的土壤中相对较高，而在水分少且沙性的土壤中相对较低。

有机物的种类非常多，它们在土壤中的迁移转化远比重金属复杂，目前还未研究认识清楚。有机污染物进入土壤后一般会淋溶到地下水，挥发到空气中，生物或非生物降解，以及与土壤结合。影响有机污染物在土壤迁移的因素主要有有机污染物的理化性质、土壤特性和环境因素。

（a）有机污染物的理化性质。有机化合物自身的疏水性、挥发性和稳定性都是影响土壤迁移的内在因素。由于土壤矿物同水分子之间强烈的极性作用，极性小的有机物很难同土壤矿物发生作用，土壤对它们的吸收很少。有机化学农药的分子结构中带有—$CONH_2$、—OH、—NH_2、—$OCOR$ 官能团的农药吸附能力强。同一类农药，分子量越大，土壤对它的吸附能力就越强。

（b）土壤特性。土壤的有机物含量、矿物组成、离子交换容量、粒径对有机污染物在土壤迁移起重要作用。在有机物和黏土矿物含量很少的砂土，特别是粒径大的粗砂，有机物难被土壤吸附，很容易发生淋溶迁移到地下水，以及气相迁移在土壤扩散或迁移到空气中。土壤中的黏性胶体物质由于颗粒细、比表面积大，具有较高的吸附容量，低溶解性和强吸附有机污染物易被其吸附，不易迁移。早期研究表明，疏水性有机物的吸附等温线在较宽浓度范围内都是线性的，并且线性系数与土壤的有机物含量有关。例如，国外有学者选择有机质含量不同的矿物土壤和泥炭为考察对象，研究萘的脱附动力学，泥炭含有较多的有机质而吸附更多的萘，而且大部分不可脱附。现有的报道表明，有机物在土壤的吸附和脱附动力学分为快过程和慢过程两步：快过程几小时或几天完成；慢过程则可能跨越几个月或几年。

（c）环境因素。环境温度越高，挥发性有机物越易扩散迁移；污染物与土壤接触时间越长，污染物与土壤成分的结合越紧密，越不易迁移。

（d）非溶解相液体（NAPL）。NAPL泄漏后，一部分被土壤的孔隙截留，一部分继续下降最终触及地下水毛细管区，并在其顶部积累，毛细管区的孔隙几乎被水饱和，积累在毛细管区顶部的NAPL将造成水平方向的扩散，以及继续垂直迁移，逐步取代毛细管区内的水进入地下水。比水轻质的非溶解相液体，一般在非饱和层的毛细管区形成移动的污染带，该污染带随着地下水的上升下降移动，造成污染物残留在土壤（非饱和层）里，形成大范围污染。比水重的非溶解相液体，在向下迁移过程中，其在非饱和层残留下指状污染。

大部分NAPL属挥发性有机物，可以通过气相在土壤中迁移，且迁移速度要快得多。NAPL挥发性有机物的迁移受到自身蒸气压和扩散能力、土壤的容积含水率、气体填充的孔隙影响。NAPL的蒸气压大，挥发的有机物多，且自身的扩散能力强，气充孔隙多且大，都有利于挥发性有机物气相迁移。由于受到土壤水分和土壤基质的影响，NAPL气相迁移迟滞。如果气相污染物在土壤没有分配，且污染物亨利常数很大（污染物在水相没有损失），迟滞效应很小。亨利常数较小时，污染物分配到水相的多，迟滞效应大，土柱试验表明戊烷基本不受土壤含水率的影响，而苯在含水率高的土壤，迟滞效应大。土壤中有机碳对气相中有机物的吸附，会增加迟滞效应。温度对挥发性有机物气相迁移影响很大，呈二次方指数影响程度。地表的难渗透覆盖物会阻止气相污染物迁移到大气，同时造成气相污染物在土壤中积累，测试表明总烃类化合物在有覆盖层中土壤气的浓度是未覆盖土壤气的2.5倍。

③ 制订采样方案。初步采样分析重点是对疑似污染地点进行采样，并兼顾全场地范围，确定场地污染物的种类和初步分布。初步采样布点的采样点位应覆盖整个场地、控制场界内外，并确定重污染区，以便识别污染种类及污染的初步分布；初步采样可采用分区网格和判断布点相结合，根据场地的生产、储存、办公等功能分区，对场地生产和使用功能不清楚的区域，可采用网格布点。潜在污染区域可采用判断布点进行土壤采样，特别是在场地内的储罐、污水管线、危险化学品储存库、跑冒滴漏严重的生产装置区、受废气无组织排放影响严重的区域等疑似污染区域，一般应布置3个以上采样点。在潜在重污染区、场地边界和典型地层等处，可选取重点采样点位进行纵向加密采样。

平面布点时可以参考表1-8，根据场地或分区的特征，适当地选择布点方法。同一场地可以在不同的分区选择不同的布点方法。

表1-8　几种常见的布点方法及适用条件

布点方法	适用条件
系统随机布点	将调查区域划分成网格，每个网格编上号码，决定采样数量后，随机抽取采样网格号码 适用于气源沉降污染区、污染泄漏事故区等污染分布相对均匀的场地
专业判断布点	根据污染识别结果或潜在污染源位置，依靠专业知识判断采样点位置。节省费用，可作为进一步采样布点的依据 适用于污染分布情况明晰、污染识别结论翔实等潜在污染明确的场地
分区布点	当调查区污染物分布差异比较大，可将评价区划分成各个相对均匀的分区，根据小区的面积或污染特点确定布点方法 通常分布布点与判断布点或系统布点法联合使用。适用于污染分布不均匀且明确污染分布情况的场地，例如办公区、生产区等明显分离的区域
系统布点	将调查区域划分成统一的方形、矩形或三角形网格，在网格内或交叉处采样，网格间距固定 通常该方法与分区布点法、判断布点法等方法联合使用。适用于各类场地情况，特别是污染分布不明确或污染分布范围大的情况，且污染分布相对均匀的场地

采样深度的判断需根据场地的土壤性质、水文地质情况、污染源和污染物迁移规律综合判断：

a. 将土壤采样分成表层土（0～20cm）和下层土（20cm以下），如果考虑人体直接接触土壤的风险，应对0～20cm的表层土壤进行采样。

b. 一般重金属污染或半挥发性有机物的采样深度以表层土（0～20cm）及表层土以下的20～30 cm为主。针对挥发性有机物，除非有地表污染源，否则不易在表层土长时间残留。如果地表被难渗透人工物覆盖，挥发性有机物可能会在覆盖层下积累。

c. 重金属污染因受土壤吸附作用影响，虽不易在土壤中移动，但在采样深度设计时，应考虑潜在污染源的埋深。重金属采样深度间距可按0.5～1m设置。

d. 有机污染一般应在可能的污染位置（如地表下管线及储槽埋设深度）及地下水位附近两个深度采样。挥发性有机物应考虑其气相迁移加大了污染深度范围后对采样深度的影响。采样间距按0.5～2m设置。

e. 采样深度的设置应考虑土壤性质的影响，在不同的土壤地层分别设置垂直采样点（图1-7），若遇到砂石地质，则应加长采样间距及考虑延伸采样深度。

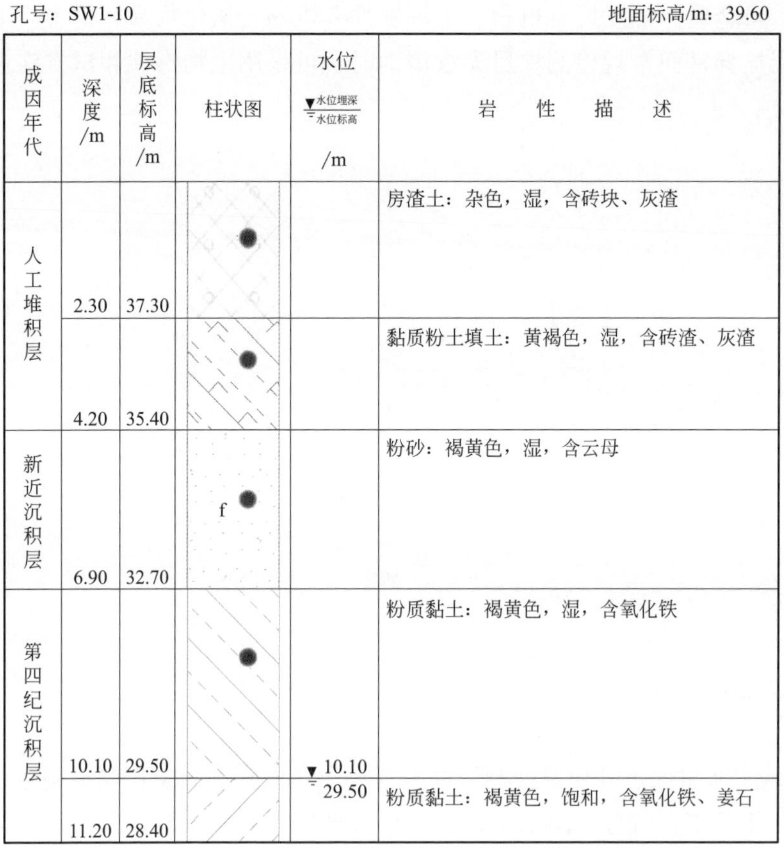

孔号：SW1-10　　　　　　　　　　　　　　　地面标高/m：39.60

成因年代	深度/m	层底标高/m	柱状图	水位 ▽水位埋深 ＝水位标高 /m	岩 性 描 述
人工堆积层					房渣土：杂色，湿，含砖块、灰渣
	2.30	37.30			
					黏质粉土填土：黄褐色，湿，含砖渣、灰渣
	4.20	35.40			
新近沉积层			f		粉砂：褐黄色，湿，含云母
	6.90	32.70			
第四纪沉积层					粉质黏土：褐黄色，湿，含氧化铁
	10.10	29.50		▽ 10.10 ＝ 29.50	粉质黏土：褐黄色，饱和，含氧化铁、姜石
	11.20	28.40			

图 1-7　土壤垂直采样点位分布（图中红色为土壤采样点）

④ 制订健康与安全防护计划。根据有关法律法规和工作现场的实际情况，制订场地调查人员的健康和安全防护计划。一般情况下应包括如下内容：环境安全计划、安全教育、安全防护以及应急预案等部分工作。其中，对于某些大型的或者复杂的污染场地，要针对可能出现的各种不同的潜在风险，分别制订相对的安全与应急专项计划。例如，现场采样过程中应该采取必要措施避免污染物在环境中扩散。针对可能产生的剩余的废土和废水（包括洗井废水），要制订详细的收集、储存和运送至集中处理点统一安全处理方案，避免造成二次污染。

⑤ 制订样品分析方案。检测项目应根据保守性原则，按照第一阶段调查确定的场地内外潜在污染源和污染物，同时考虑污染物的迁移转化［例如图 1-8 所示三氯乙烯（TCE）在土壤缺氧条件下的转化过程及各种潜在降解中间产物，如二氯乙烯（DCE）、氯乙烯（VC）等］，判断样品的检测分析项目；对于不能确定的项目，可选取潜在典型代表性样品进行筛选分析。一般工业场地可选择的检测

项目有：重金属、挥发性有机物、半挥发性有机物、氰化物和石棉等。如土壤和地下水明显异常而常规检测项目无法识别时，可采用生物毒性测试方法进行筛选判断。

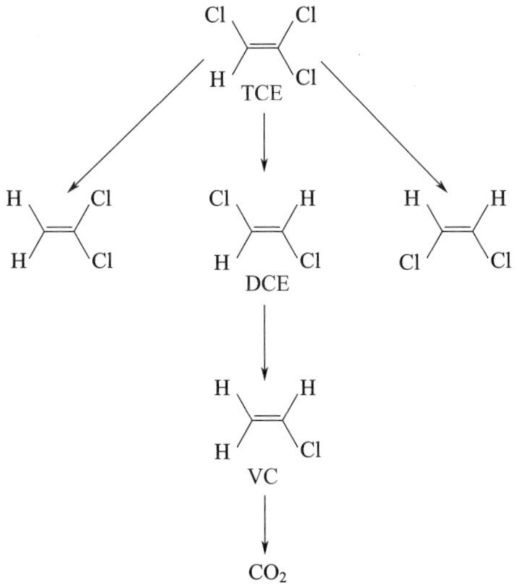

图 1-8　TCE 在土壤缺氧条件下的转化过程及中间产物

⑥ 确定质量保证和质量控制程序。现场质量保证和质量控制措施应包括：防止样品污染的工作程序，运输空白样分析，现场重复样分析，采样设备清洗空白样分析，采样介质对分析结果影响分析，以及样品保存方式和时间对分析结果的影响分析等，具体参见 HJ 25.2。实验室分析的质量保证和质量控制的具体要求见 HJ/T 164 和 HJ/T 166。

初步采样计划工作完成后，建议征求不同专业背景的场地调查技术人员、熟悉企业生产工艺流程的技术人员和环境管理人员的意见或建议，经仔细讨论分析后确定最终工作计划。具体征求建议的方式可以为报请环境主管部门论证、专家咨询会论证等。

1.2.5　第三阶段场地环境调查内容和方法

若需要进行风险评估或污染修复时，则要进行第三阶段场地环境调查。第三阶段场地环境调查以补充采样和测试为主，获得满足风险评估及土壤和地下水修复所需的参数。本阶段的调查工作可单独进行，也可在第二阶段调查过程中同时开展。本阶段调查主要内容包括：场地特征参数和受体暴露参数的调查。

（1）场地风险评估调查内容与方法

一般情况下，场地风险评估调查除了需要关注场地内的污染信息以外，还要获取相关的影响污染物迁移的场地特征参数、区域环境参数以及受体暴露参数。场地特征参数包括：不同代表位置和土层或选定土层的土壤样品的理化性质分析数据，如土壤pH、容重、有机碳含量、含水率和质地等；场地（所在区域）气候、水文、地质特征信息和数据，如地表年平均风速和水力传导系数等。可以根据具体场地的风险评估实际需要，选取适当的参数进行调查。受体暴露参数包括：场地及周边地区土地利用方式、人群及建筑物等相关信息。表1-9为典型的场地风险评价调查主要参数示例。场地特征参数和受体暴露参数的调查可采用资料查询、现场实测和实验室分析测试等方法。针对一些大型的、复杂的污染场地，推荐优先采用该场地实际测试值。针对一些区域性的环境参数，优先采用最新的统计数据。

表1-9 典型的场地风险评价调查主要参数示例

场地特征参数	区域环境参数	受体暴露参数
• 土壤 pH	• 平均风速	• 室内地基厚度
• TOC	• 混合层高度	• 室内地板面积
• 质地	• 毛细饱和层厚度	• 室内地板周长
• 含水率	• 地下水达西流速	• 室内空气交换速率
• 容重	• 区域降雨量	• ……
• 地下水位	• ……	
• 饱和层渗透系数		
• ……		

（2）场地污染修复调查内容与方法

一般情况下，场地污染修复调查除了需要关注场地内的污染信息以外，还要获取相关的影响污染物迁移的场地特征参数。一般在选择修复模式时需考虑场地土壤的基本性质，如水分含量、有机质含量、渗透系数、粒径分布等。例如，低渗透性（或高黏性）土壤，原位修复（模式）实施难度较大；土壤水分含量高时，采用异位处理（模式）需首先进行脱水预处理。一般情况下，场地污染修复调查参数可以在污染调查的同时进行现场测试，或者取样实验室分析。针对一些大型的、复杂的污染场地，建议进行专项场地水文地质调查，以获取更具代表性的场地特征参数。

1.3
国外场地环境精准调查技术发展概况

近年来以原位修复为代表的创新性污染场地修复技术快速发展，对污染场地调查提出了更高的要求，例如除了传统的污染物、污染程度和范围等信息外，还需要地下结构特征、污染物总量、污染物浓度梯度变化等细节性信息。因此以高精度场地调查（high-resolution site characterization，HRSC）、三元调查法（Triad，the triad approach）和全周期概念模型应用（life cycle conceptual site model development，LC-CSM）为代表的精准调查技术得以快速发展。

1.3.1 高精度场地调查技术

高精度场地调查技术（HRSC）是指通过合适密度的调查采样和测量方法，精准表征污染物的空间分布和赋存条件，从而能够更加准确、高效地支撑污染修复进程。一般来讲，高精度场地调查具有能提供更多细节性信息、降低调查不确定性和适用于所有场地等优势，尤其对于原位修复技术的支撑优势表现为：

① 具备传统调查方法无法获取的地下结构特征调查，辅助进行修复设计；
② 识别污染物的赋存形态（相）（例如自由相、溶解态、吸附态或气态）；
③ 评估地下污染体所处区域的渗透性，如位于可渗透区域或低渗透区域；
④ 通过增加数据密度提高调查结果的可信度，降低不确定性；
⑤ 通过更加准确的源识别和污染表征技术，更准确地刻画污染物的体积或总量；
⑥ 优化修复监测网络，提高修复过程监测的效费比。

1.3.1.1 调查技术原则

高精度是指在一定的调查范围内设置足够小的调查监测单元，保障监测结果的平均值能够有效代表既定调查范围的整体环境状况。高精度调查需要在现场调查前完成整体调查方案的设计，选择合适的调查工具和方法。通常需要满足：

① 足够大的采样密度（尤其是在垂直方向上），不同采样密度的结果对比如图1-9所示；

② 在垂直于污染羽迁移方向设置多采样点断面；

③ 基于三元调查法最佳适用技术进行调查方案设计。

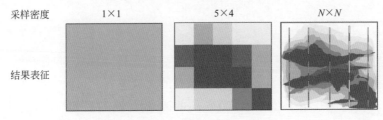

图 1-9 不同采样密度的结果对比

高精度调查是实现三元调查法的有效手段之一，其中三元调查法中的现场测试技术能够为高精度调查提供有效的现场辅助决策支撑或有效的测试数据。

1.3.1.2 调查技术方法

高精度调查技术的实施主要取决于针对场地实际特征选择适当的调查策略和调查方法，例如对于场地内基岩裂隙水和表层松散孔隙水的地下水高精度调查的技术方法截然不同。一般情况下，场地调查过程中各介质的调查具有一定的先后顺序，例如土壤气的采样结果可以用于优化土壤和地下水的采样，而地下水的调查数据通常可以用于优化地表水和沉积物采样过程。

一般情况下高精度场地调查方法或工具包括：土壤气采样设备（主动或被动式）、土壤钻孔剖面工具、地下水水质分析和现场污染快速测试、井下流量计、连续线性采样系统、特殊介质采样工具（如现场测试盒）、地球物理探测设备等。具体调查工具及其适用范围可参考如下网址：

① 美国环保署 https://www.epa.gov/superfund；

② CLU-IN https://clu-in.org/characterization/；

③ 棕地路线图 https://www.epa.gov/brownfields/brownfields-road-map。

另外需要说明的是为了实现高精度调查，新型的调查技术方法需要进行方法适应性论证（demonstration of method applicability，DMA）。方法适应性论证需要基于具体场地实际情况进行现场可行性测试，并且与传统的实验室方法进行比较，并进行一致性分析。

1.3.1.3 主要应用场景

高精度场地调查技术不仅仅应用于污染修复前的场地调查，而且还可以应用于辅助进行原位修复工程设计和修复工程实施全过程的优化管理。尽管高精度场地调查可能会导致前期调查费用增加，但是通常会大幅降低后期的修复费用等综合成本，因此逐步受到业界的广泛关注，属于近年来该领域的研究热点之一。

1.3.2　三元调查法

污染场地调查已经具有 40 余年的历史，传统的调查模式相对成熟，主要包括多阶段调查过程以达到对目标场地特征信息的充分掌握，从而能够采取有效的污染修复行动。这种开始于 20 世纪 80 年代的调查模式，在当时政府资助项目周期性预算循环的大历史背景下，所采用的分阶段、递进式场地调查和基于受控环境条件的静态实验室样品检测与质量控制监督为主的场地调查模式受到广泛认可，并在此基础上发展形成了相对精细的分析测试程序框架体系（SW-846）。这是场地环境治理领域最为广泛认可的法律支撑，为有效获取高质量的污染浓度数据提供了重要基础，是国外环境产业中最为重要的标准体系之一。但 SW-846 过分关注分析质量，而忽略了其他的重要影响因素，例如成本费用和时间周期等。正是由于传统调查模式的高成本性和长周期性等问题的持续存在，时常导致调查效率低下，研究人员不断探索创新型场地调查模式。

污染物在场地介质中赋存特征的复杂性和地质条件的高度异质性等客观限值性因素，导致创新型调查模式也必须通过大量的样品采集以降低不确定性。近年来现场分析测试技术、采样技术和地质调查技术等新技术方法的快速发展，为场地调查效率的提升带来一定的曙光，但是单纯的技术进步还需要其他方法共同协作，尤其是在如下方面：

① 明确初始场地调查目标；

② 更好利用场地概念模型进行规划和项目决策；

③ 尽早明确可接受修复目标值；

④ 通过技术手段量化数据不确定性；

⑤ 实时数据管理分析。

上述诸多因素围绕一个核心主体——理解和管理不确定性。因此，创新型场地调查模式必须依靠于多学科、多技术的高效整合。三元调查法是基于精准场地概念模型的新型调查模式，主要目的是管理调查的不确定性、降低调查成本和提高调查效率，主要包括系统项目规划、动态工作计划和现场快速测试技术三大组成部分（如图 1-10 所示）。

系统项目规划强调所有的任务必须有清晰的目标和方向，明确各种不确定性可能导致的错误决定，构建清楚的项目交流、文件档案管理和项目协作方案；动态工作计划是指在及时获取项目信息的基础上可以适时动态调整工作计划，从而降低整个项目周期和成本（与传统调查方法比）；现场快速测试技术包括地球物理及其他成像技术、现场或原位检测技术、移动实验室或固定实验室快速测试技术，以及处理、展示和数据分享软件包等辅助工作人员在现场逐步构建概念模型的工具。

图 1-10　三元调查法基本原理

（1）系统项目规划

最佳化的数据获取是系统项目规划的核心主题，另外还包括其他一些类似的任务，例如标准工作流程、健康和安全保障、服务外包、质量保证与质量控制、构建项目团队等。系统项目规划具体操作程序可以参考美国陆军工程兵项目技术规划指南（Technical Project Planning Guidance，USACE）和美国 EPA 数据质量控制指南等。

（2）动态工作计划

动态工作计划与传统工作计划最大的不同之处就在于其包含动态决策逻辑，从而满足现场工作团队能够根据实际情况及时调整或优化现场工作，确保其达到项目目标。这种动态性并不一定要求决策团队必须在现场进行决策，而是可以借助现场的通信手段进行数据、图表和地图等关键信息的共享。除了包含传统的工作计划需要的信息以外，动态工作计划还应包括以下重要内容：

①根据场地环境变化情况进行调查方法调整的决策逻辑；

②项目组快速沟通和决策机制；

③实时的数据管理。

动态工作计划支持逐个样品进行评估，这种接近于实时结果的分析可以与污染概念模型有机结合起来，与传统的工作计划相比确保实现更好的质量控制效果，更高的效费比（图 1-11），进而能够降低决策误差。但是需要注意的是，作为三元调查法的核心内容，动态工作计划并不能单独使用，通常需要与系统项目规划和不确定性管理密切配合使用。

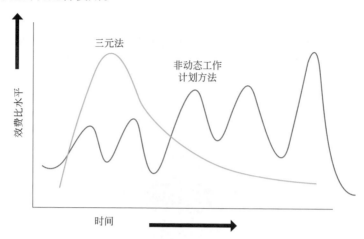

图 1-11　动态工作计划与非动态工作计划的效率对比分析

（3）现场快速测试

现场快速测试是近年来发展较为迅速的现场调查技术之一，能够在现场快速获取定性或半定量的测试数据，从而辅助进行现场污染判断。一般情况下现场测试设备可以分为"在线测试"和"近在线测试"两大类。其中"在线测试"一般不需要进行样品预处理，可以瞬间给出测试数据，例如手持式气体快速检测仪、直接测试气相色谱、手持式 X 射线荧光测试仪（XRF）等；而"近在线测试"一般需要进行预处理，例如酶联免疫测试试剂盒、带有不同检测器（PID、FID 或 ECD）的气相色谱、阳极溶出伏安法测试痕量重金属等仪器设备。典型的快速测试分类、设备及主要优缺点如表 1-10 所示。

表1-10　典型的快速测试分类、设备及主要优缺点

序号	测试设备或方法	测试指标	优点	关键特征
1	酶联免疫试剂盒（ELISA）	多氯联苯（PCB）、多环芳烃（PAH）、苯、石油烃、农药等	结果重现性好；与实验室检测数据相关性较好；测试速度较快	对于泥炭等高有机质样品的萃取率较低；仅能识别 PAH 总量
2	生物传感器（biosensor）	三硝基甲苯（TNT）、炸药等	测试简单，成本低；实时读数	地下水、土壤及固废
3	光离子化测试仪（PID）	VOC		
4	气相色谱（GC）	VOC、SVOC	检测线较低；数据精度高；测试周期较短	土壤、土壤气和地下水测试

续表

序号	测试设备或方法	测试指标	优点	关键特征
5	X 射线荧光测试仪（XRF）	重金属	钻孔废弃物较少；同时测量多种物质；基本不需要预处理	能够对样品进行无损测试；但是有效穿透厚度为 2mm 以内；注意部分物质的检出限相对较高
6	汞蒸气测试仪（Mercury VA）	汞	实时测试数据；测试周期较短	能够直接测试土壤汞蒸气浓度，辅助采样点位确定
7	比色试纸	硝酸盐、炸药等	测试简单，成本低；实时读数	需要进行泥浆化预处理；可能受其他盐分干扰
8	探地雷达（GPR）	可以快速获取地下地质特征和水文参数，并且可以识别埋藏的固废或容器、地下水埋深等	无须进行钻孔采样；可以辅助优化土壤钻孔位置；不会产生废弃土壤和废水等污染物	表层植物会抑制信号传输；高电导率土壤层会抑制信号传输；数据判读过程复杂，需丰富的应用经验
9	电子鼻（e Nose）	挥发性有机物	可以定量测试每种污染物的浓度；能够实时监测	测试之前需要用标准物质进行标定

现场快速测试设备（方法）具有及时、快速的优点，但是在选择适合的测试设备（方法）时一定要结合关注污染物的类型和场地实际特征。通过在筛选测试准备（方法）时要综合考虑如下关键参数：

① 基体效应：土壤质地、沉积物等基质特征可能会影响到某些现场测试设备（方法）的效果，例如土壤中的卵砾石可能会导致 XRF 测试效率大幅降低；另外有些需要预处理的现场测试方法可能会导致在某些特殊的场地无法使用等，或者需要在具体场地使用前进行针对性的校验。

② 关注污染物：现场测试设备（方法）的选择必须考虑到关注污染物的类型、可能的浓度范围、检出下限需求等，因为不同于传统的实验室测试方法，一种现场测试设备（方法）往往只能测试一种或一类污染物，或者在定量测试前需要选择标准物质进行标定（校准）。

③ 组分间干扰：某些介质中的非关注污染物或非管制类物质的含量，可能会导致现场测试设备测量干扰。例如，土壤中含量较高的铁（低于管制浓度标准），也可能会使 XRF 测试镉等物质浓度时受到干扰。

④ 局限性：所有的测试方法都有自己的局限性，明确每种测试方法的局限性

能够帮助现场技术人员根据每个场地的具体要求获取有效的测试数据。例如，有些测试试剂需要冷冻或冷藏，因此现场使用时需要具备制冷装置；有些石油烃（TPH）酶联免疫测试试剂盒对机油或者润滑油组分的识别效果相对较差，因此在现场测试可能含有此类物质较多的疑似污染介质时，可能会产生较多的假阴性误差。

在现场测试设备（方法）的实际使用过程中，应该注意严格落实相应的质量保证和质量控制措施要求，确保采集到准确、有效的测试数据。例如严格按照操作说明进行使用前校准或预测试；设置一定比例的（10% 以上）的现场质控样、平行样、空白样等；定期进行现场测试与实验室测试样品进行对比和回归分析等。除此之外，对现场实时测试全过程进行详细的记录，确保现场测试结果的可追溯性和重现性，也是保障现场测试结果有效性的重要手段之一。

1.3.3 场地概念模型

场地概念模型（conceptual site model）是污染场地调查与修复过程中非常重要的基础工作之一，也是三元调查法、高精度调查技术应用的重要基础内容之一。场地概念模型通常联合使用三元调查法、高精度调查技术，与传统调查方法相比，能够获得更好的质量控制效果、更高的效费比、更低的不确定性。场地概念模型的具体内容见第 2 章。

1.4
场地环境精准调查技术应用情况

目前，关于场地环境精准调查技术还处于发展阶段，各研究单位和团队虽然已经开始尝试开展了一定的相关工作，但是还未形成成熟的定义和完整的技术方法体系。编者结合国内外理论研究现状和近年来的实际工作经验，初步提出精准调查的几点关键特征。

① 尽可能准确掌握土壤和地下水污染分布情况：一般通过传统调查采样与现场高精度调查相结合，在适当的调查密度和成本投入条件，尽可能准确地还原场地"真实"污染情况，从而为后期污染修复提供有针对性的"靶点"。

② 明确污染物赋存状态及短期动态变化趋势：在掌握土壤和地下水污染空间分布情况的同时，通过水文地质、地球化学和生物等多元非污染参数，掌握关注

污染物在场地的赋存状态，并通过环境条件的动态变化情况能适当预测污染物的短期变化趋势，从而为污染修复技术选择和实施提供持续支撑。

③ 精确与直观的场地调查结果表征：通过数据统计分析、污染插值和三维可视化图形表征等多种技术手段相结合的方法，能够精确与直观地刻画场地污染特征和赋存环境条件，构建更加接近"真实"情况的场地概念模型，有效地促进场地环境数据管理和分析。

场地精准调查技术是近年来美国快速发展的热门应用技术之一，其中高精度调查（HRSC）已经成功应用于美国新泽西州、佛罗里达州和加利福尼亚州等多个涉及土壤蒸气入侵、重质非水相液体（DNAPL）污染、深层地下水污染等类型的场地环境调查和修复阶段。高精度调查技术与三元调查技术有效结合，可以有效提高污染场地的修复治理效率，降低总体修复费用，减少全过程的不确定性。主要应用场景包括以下几个方面。

（1）高精度调查技术与三元调查协同提高污染场地调查效率

三元调查法中现场快速测试是指在有限时间内，通过环境介质参数的测试、收集和分析等手段获取数据的方法，从而能够支撑动态工作计划策略（DWS）顺利实施。与传统的现场样品采集与实验室检测分析方法相比，这种现场测试方法通常具有更高的采样密度、更短的时间周期等优势。因此，现场快速测试技术的重点是选择合适的采样时间和采样位置，从而能使采样效益最大化。相应的低成本、实时读数的现场快速筛选测试技术，能够有效降低总体数据获取成本，帮助现场工作组现场快速进行决策，这就进一步提升了高精度调查技术在实际场地环境调查工作中的重要性，反之高精度调查技术的应用也能够促进三元调查法的推广，二者的协调应用能够有效提高场地环境调查的效率。

（2）辅助构建污染修复全过程场地概念模型

场地概念模型（CSM）在场地污染调查与修复全过程中起到至关重要的作用，尤其是在数据缺口弥补和不确定性降低等方面。因此，全生命周期的场地概念模型均有充分发掘已有数据效益最大化的作用，同时能够合并和评估高精度调查结果，促进业主对场地修复进程的了解。其中高精度调查技术所获取的高密度调查数据和精确的空间分布信息，还有以三维可视化呈现的表征结果，是对场地概念模型的管理高效诠释与补充。

（3）识别数据缺口，促进场地概念模型不断完善

高精度调查方法通过系统的、循序渐进和适度规模的信息，表征污染物在不同介质中的分布和关键迁移路径。场地调查不同阶段调查结果的精细程度，直接影响到后期的修复过程中的不确定性程度和精准度，因此有效识别数据缺口，促进场地概念模型的不断完善，可以提升污染场地修复治理效率。

（4）高效数据管理与分析

高精度调查技术往往会产生大量的数据，并且需要在预设计阶段进行充分数据分析与管理。基于地质统计学的三维可视化软件通常作为最有效的数据管理与分析平台，并引入到场地环境质量过程中。业主和项目实施人员可以有效利用此工具，对场地地下地质、水文地质和化学等数据进行可视化表征与分析。

表 1-11 为一个地下水四氯乙烯（PCE）污染调查与修复过程中精准调查多情景假设应用示例（https://clu-in.org）。该示例通过垂直于地下水流向的多个连续断面，表征松散空隙水地下水污染情况。每个断面都包括详细的地质和水文地质信息，并且通过非连续的地下水多点采样获取的地下水污染浓度数据，最终整合形成若干个二维剖面图和更为详细的三维空间分布图，进而能够有效地识别出污染源、重污染区和污染羽边界区，最终有效指导后期污染修复工作。

目前很多研究机构和组织不断将精准调查技术作为研究热点，进行广泛的研究与推广，并且组织编写了一些典型的示范案例。美国州际技术和管理协会（Interstate Technology & Regulatory Council, ITRC）、联邦修复技术圆桌会议（Federal Remediation Technologies Roundtable，FRTR）、巴特尔纪念研究所（Battelle Memorial Institute）、环境健康与科学联合基金会（the Association for Environmental Health & Sciences Foundation, AEHS）以及尼尔森实地培训学校（the Nielson Field Training School）等组织了一系列的研讨会和应用案例研究，具体案例信息可以参考上述研究机构和组织的网站。

表1-11　精准调查技术在地下水PCE污染调查与修复过程中假设应用多情景分析

应用情景	说明
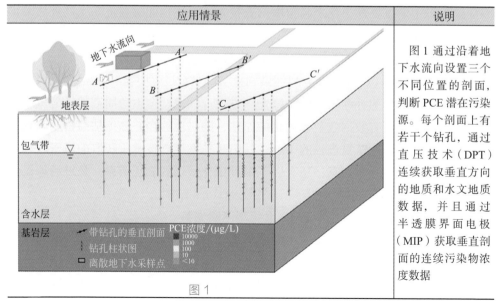	图 1 通过沿着地下水流向设置三个不同位置的剖面，判断 PCE 潜在污染源。每个剖面上有若干个钻孔，通过直压技术（DPT）连续获取垂直方向的地质和水文地质数据，并且通过半透膜界面电极（MIP）获取垂直剖面的连续污染物浓度数据
图 1	

应用情景	说明
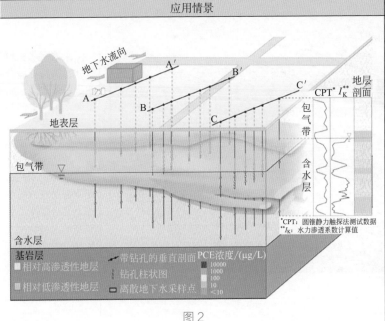图2	图2 通过密集的地质和水文地质直接测试数据，表征场地松散层和基岩层的场地特征。垂直剖面中较大的水力传导系数 K 的较大差异表明污染物的迁移具有较大的非均匀性。另外，水头压、理化参数、定性污染水平和定量污染浓度数据等场地调查数据，能够有效地帮助对场地特征的掌握
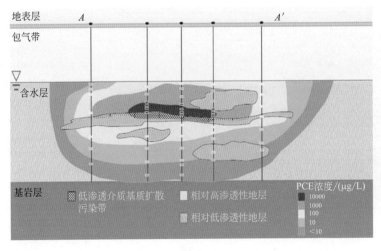图3	图3 场地水文地质和污染物浓度综合表征二维剖面图（$A—A'$）。高浓度（大于 10000 μg/L）或自由相的PCE主要集中分布在含水层中低渗透介质层中间的高渗透介质，其中大部分的污染物通过基质扩散进行小范围的迁移，因此造成污染泄漏时间虽长，但是地下的污染物扩散相对范围较为集中。这可对后期的修复技术选择和设计提供重要依据

续表

应用情景	说明
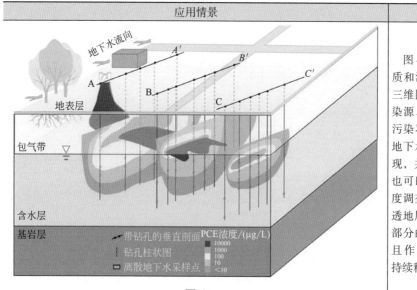 图4	图4 地下水文地质和污染特征综合三维图形表明了污染源、重污染区和污染羽,分别沿着地下水流向梯度呈现,并且大致长度也可以确定。高精度调查发现的低渗透地层中阻滞了大部分的污染物,并且作为"二次源"持续释放
图5	图5 基于高精度调查数据进行场地污染综合修复策略概念设计示意。不同修复技术分别应用于不同的污染区域,污染源挖掘和土壤蒸气抽提(SVE)分别用于污染源区土壤和地下水的修复治理;针对重污染区定深井塞定向抽出处理(P&T)技术,用于降低重污染区地下水污染物浓度;污染羽边界区域主要采用原位生物修复和循环井,修复去除低浓度污染物

2

场地环境概念模型构建与应用

2.1

场地概念模型定义

场地概念模型（conceptual site model）是污染场地调查与修复过程中非常重要的基础工作之一，但是一直没有明确的、权威的定义和来源。美国材料和测试协会（ASTM）E1689-95（2008）《制定关于污染场地概念模型的标准指南》（*Standard Guide for Developing Conceptual Site Models for Contaminated Sites*）中对场地概念模型的定义为：通过文字或图画的方式表现出场地中污染源、受体和暴露途径等完整的环境系统，并且包括影响污染物迁移转化的物理、化学、生物等过程。美国州际技术和管理协会（ITRC）中关于场地概念模型的定义为"通过文本、图片、表格和其他有效方式，表征出场地内的物理、化学和生物数据信息的方式，从而能够支撑场地决策"。不同的决策需要不同的场地概念模型，例如地下水污染迁移和修复需要重点强调水文地质、污染物浓度和归趋等方面的信息，而污染物暴露分析则需要侧重于所有的潜在受体和可能暴露途径识别。

美国佛蒙特州环境保护局认为场地概念模型必须包括如下关键信息，具体如表 2-1 所示。

表2-1　一般场地概念模型应包括的关键信息

序号	信息类别	明细	备注
1	场地概况	整体物理概况等	
2	区域环境特征	地质 水文地质 生物生境	区分区域大尺度和场地小尺度两种不同层级
3	土地利用类型	土地利用历史 土地利用现状 土地利用规划	
4	污染和场地调查信息	前期场地调查结果 关注污染物 污染源 污染物迁移和归趋分析 不同修复或管控技术的有效性 污染物随时间和空间的变化性	
5	潜在风险和受体	潜在敏感受体 暴露途径 行为和风险	
6	数据评估	数据分析	
7	数据缺口识别和完善建议	识别数据缺口 完善数据建议	针对不同暴露途径和不同修复决策,分别进行数据不足和完善分析

2.2
概念模型的分类

　　场地概念模型(CSM)可以看作是污染修复全过程的缩影,污染场地调查、修复技术选择和修复施工等不同阶段的概念模型重点不同,一般可以按时间序列将概念模型分为六个阶段:初步场地概念模型、基础场地概念模型、污染表征场地概念模型、修复设计场地概念模型、修复施工场地概念模型和修复后场地概念模型。

　　美国场地环境概念模型(CSM)全生命周期与场地环境管理阶段对应关系如图2-1所示。

工作流程	CSM阶段	超级基金场地	RCRA场地	棕地	地下储罐(UST)
场地污染识别 (site assessment)	初始CSM 基础CSM （概念化）	初步评估(preliminary assessment) 场地踏查(site inspection) 国家优先名录(nation priorities list) 无修复计划(no futher remedial action planned)	设施评估 (facility assessment)	第一阶段场地环境调查(phase I environmental site assessment)	初始场地调查 (initial site characterization) 初始行动(initial response)
场地调查和修复技术比选 (site investigation and alternatives evaluation)	调查CSM	修复调查/可行性研究(RI/FS) 修复方案-紧急的/限时的/长期的 (removal actions-emergency/time critical/non-time-critical)	设施调查(facility investigation) 修复措施研究(corrective measures study)	第二阶段场地环境调查(phase II environmental site assessment)	场地调查(SI) 修复行动计划 (corrective action plan)
修复技术选择 (remedy selection)	设计CSM	修复方案推荐(proposed plan) 修复决策(record of decision)	基础陈述(statement of basis) 最终决策和响应对策(final decision and response to comments)	修复行动计划(remedial action plan)	清理技术选择 (cleanup selection)
修复工程实施 (remedy implementation)	修复/管控CSM	修复设计(remedial design) 修复工程实施-中期和最终 (remedial action-interim and final)	修复措施实施 (corrective measure implementation)	清理与开发(cleanup and development)	修复行动 (corrective action)
修复建设及运行 (post-construction activities)	修复后CSM （定量化）	运维期(operation & maintenance) 长期监测优化 (long term monitoring optimization) 长期反应修复 (long term response action)	运行与维护 (operation & maintenance) 现场监督 (on-site inspections and oversight)	财产管理(property management) 长期运维(long term O&M) 再开发(redevelopment activities)	长期监测 (long term monitoring)
修复完成 (site completion)		施工期结束(construction complete) 初步或最终结束报告 (preliminary or final dose out report) 修复完成(site completion) 场地移出名录(site deletion)	修复完工认证 (certification of completion) 有条件完工或完全结束 (corrective action complete with controls or without controls)	修复完工认证(certification of completion) 财产管理(property management)	

图2-1 美国场地环境概念模型（CSM）全生命周期与场地环境管理阶段对应关系

2.2.1 初步场地概念模型

初步场地概念模型（preliminary CSM）主要是通过收集场地已有信息，识别场地污染现状，从而提供场地基本概况。构建初步场地概念模型是场地污染修复过程启动的标志之一，又被称为整个场地修复工作的"奠基石"。它通过汇总和分析已有信息，帮助利益相关方达成初步共识，识别数据缺口和不确定性，明确后续数据需求。

初步场地概念模型可以通过对场地使用者和其他利益相关方进行访谈，获取场地历史或区域地质和水文地质信息、历史卫星影像、环境管理信息、平面布置等基础信息，从而构建概念模型的基础。图 2-2 为某场地污染暴露和潜在受体概念模拟图，通常被广泛应用于概念模型构建中的风险分析。除此之外，潜在特征污染物、潜在污染源区域、污染潜在释放机制和时间、污染环境介质、污染分布数据、潜在迁移途径和潜在受体等重要信息也是重要组成部分。

一般初步场地概念模型的可视化表征方式包括简单的示意图，或者是平面图和断面图等二维图形，甚至是更高级的三维空间分布图。通常来讲，该阶段信息越丰富，相应的初步场地概念模型越复杂，展示的内容越全面。

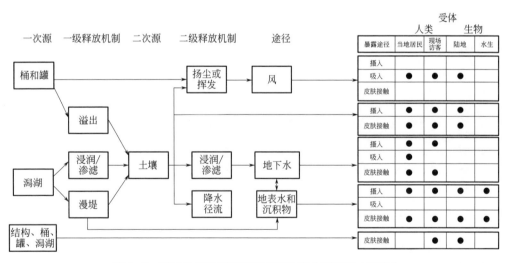

图 2-2　某场地污染暴露和潜在受体概念模拟图（示例）

2.2.2 基础场地概念模型

基础场地概念模型（baseline CSM）是在初步场地概念模型的基础上改进的，包含更多的信息，从而帮助实现更多的关键目标。基础场地概念模型通常包括利益相关方共识（或分歧）、不确定性分析、数据缺口与补充计划，及潜在修复挑战等内容。项目团队主要通过基础场地概念模型进行数据获取和质量控制。

基础场地概念模型一般是项目规划阶段重要的产出成果之一，一般可以通过二维图形的方式进行展示场地和介质的特征（图2-3）。相应的图形和支撑材料，要达到有效帮助项目团队向各利益相关方展示场地关键信息，并辅助沟通的目的。通常情况下在项目规划阶段，往往需要多个不同的基础场地概念模型对所有的数据和信息进行多种演绎，从而更加有利于项目决策。

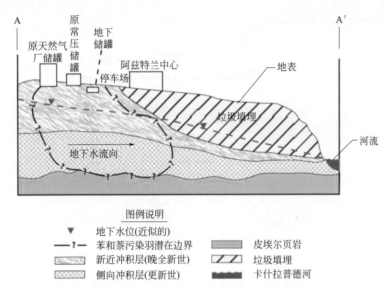

图 2-3　基础场地概念模型示例（美国科罗拉多州 Pouder River Site）

2.2.3　污染表征场地概念模型

污染表征场地概念模型（characterization CSM）通过有效获取数据和数据分析，帮助刻画污染特征与范围、识别影响污染物迁移转化的关键地质和水文地质特征，进而能有效降低不确定性的影响。污染表征场地概念模型包括并整合关键地质、水文地质和化学检测数据，能够帮助识别急性人体健康风险和环境安全风险及累积风险，并辅助进行修复技术筛选。

现场高分辨率数据筛选测试方法能够提高污染表征场地概念模型的可信度，并提高建模效率，尤其是与三维可视化表征平台进行联用时，能够更加有效地进行数据管理和分析。图2-4为污染表征场地概念模型示例，它明确了场地污染类型、污染源以及污染迁移途径等，且比之前的场地概念模型更复杂、更有效地表征场地实际污染情况。在此阶段，通过将场地综合信息数据、现场快速测试与实验室检测数据进行综合分析，有助于对场地风险表征和修复设计等后期工作的开展。

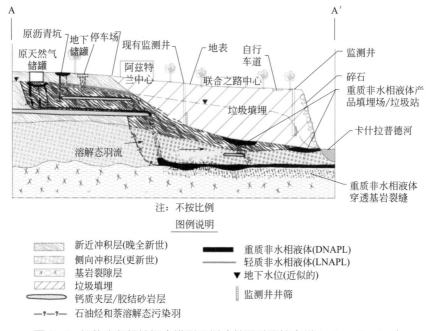

图 2-4　污染表征场地概念模型示例（美国科罗拉多州 Aztlan Center）

由于现场快速测试和高精度调查所获取的数据越来越多，因此场地污染表征需要处理的数据越来越复杂，选择合适的数据管理策略和三维表征工具，相应的污染表征的精度也随之增加，更接近场地实际情况。当场地污染源和相应的风险信息被充分掌握后，项目就可以转到污染修复技术选择和修复设计阶段。通常污染表征场地概念模型是修复决策（record of decision, ROD）或其他关键修复环节的重要支撑材料之一。

2.2.4　修复设计场地概念模型

在修复设计阶段场地概念模型中涉及的各种信息主要用于修复技术筛选与设计，其中不仅用于修复现场中试和全规模修复工程等修复设计基础部分，而且还为修复工程优化设计提供物理特性、地质和水文地质、污染物浓度分布等关键技术参数。例如，剖面水力传导系数、地球化学特性测试结果（如含水层 pH、氧化还原电位、溶解氧等）的综合分析可以为影响半径（radius of influence）、示踪试验等原位修复设计提供重要的依据。

　　图 2-5 是一个修复设计场地概念模型的示例，它是在污染表征场地概念模型（图 2-4）的基础上完善形成的，增加了地下水位、地下水监测井位置、土壤气和 DNAPL 在基岩裂隙中的迁移路径等关键信息。修复设计概念模型中的浓度范围、污染物预估总量、污染源位置和空间分布情况等信息可以作为修复系统短期、中期和长期效果评估的标尺，既可以用于修复效果评估或长期监测回顾［美国超级基金场地很多进行五年回顾（five-year review）］，又可以进行修复过程优化。通常情况下，修复设计场地概念模型还可以作为工程项目经理征集最终设计方案和工程合同的支撑性文件。

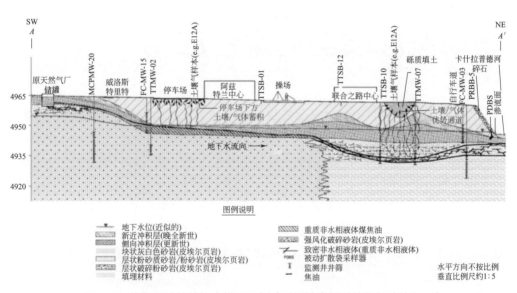

图 2-5　修复设计场地概念模型示例（科罗拉多州科林斯堡波德尔河）

2.2.5　修复施工场地概念模型

　　一般情况下修复施工场地概念模型主要用于管理阶段性修复计划、管理修复单元或子单元、修复过程异常情况响应以及优化工程施工等。例如监测井中污染物浓度变化可以反映污染源的消除、反弹及其他重要过程。与修复设计场地概念模型类似，修复施工场地概念模型也可以用于修复设计规模精简和费用优化等。如果修复工程达到预计目标或效果，此阶段概念模型可以辅助进行完工档案管理和政府管理名单移出等工程结题过程。

2.2.6 修复后场地概念模型

尽管修复施工概念模型中完工档案管理和政府管理名单移出等工程结题过程已经完成，但是从全生命周期场地概念模型的角度来讲，场地修复并未全部终结。修复后场地概念模型可以辅助项目团队，系统整合和总结各种场地修复信息和场地再开发需求。具体包括：为项目修复达标提供统计学效果评价数据和结论，记录污染处置和制度控制等关键修复信息，提供场地地质和水文地质关键信息为场地再开发利用提供便利。

2.3
场地概念模型的案例应用

以三氯乙烯、四氯乙烯、三氯乙烷等氯代烃为代表的挥发性有机污染场地，往往由于比密度高的特点容易向下迁移，并且在地下水中形成重质非水相液体（DNAPL）。由于土壤介质的复杂性，在非饱和层土壤中氯代烃的最终赋存状态往往呈现 4 种形态，即 DNAPL 相、溶解相、气相和固体吸附相，并且这 4 种形态可以相互转化（图 2-6）。因此要想精准调查氯代烃有机污染场地，需要在对场地环境特征、污染源及潜在迁移途径等充分掌握的基础上，构建最接近实际情况的场地概念模型，然后才有可能进行科学有效的调查采样与监测分析。

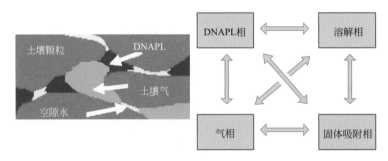

图 2-6 氯代烃类有机物在土壤中的赋存形态及转化关系

场地地层条件、裂隙及优势通道、毛细作用、污染物泄漏位置与速率、作用时间等因素的复杂作用，造成氯代烃类有机污染物在土壤中的迁移与赋存形态各异，尤其是在地下水埋深相对较浅的区域，在地下水的作用下污染物的迁移作用机理更加复杂。如图 2-7 所示，（a）表示 DNAPL 污染物在有网状裂隙的黏土层中沿裂隙非均质扩散；（b）表示泄漏的污染物太多，导致污染物穿透黏土层而进入到下方的含水层中，并且在含水层底部低洼处富集成"池"，持续释放造成地下水污染；（c）表示比（b）更加复杂的场地地层条件，尤其含水层中夹杂的黏土层造成污染物在地下水中扩散范围异常增大，加速了污染的迁移；（d）表示由于复杂的非裂隙阻隔层的特殊形态，导致污染物只能通过"天窗"等优势通道迁移，因此在水平和垂直方向上的迁移路径更加特殊。

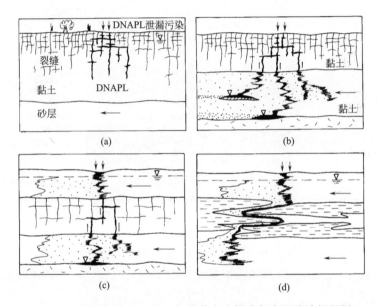

图 2-7　氯代烃类 DNAPL 污染物在土壤中复杂迁移途径示例

　　由于上述复杂的场地条件所造成的污染迁移分布的异质性，垂直方向污染物浓度和总量存在较大的差异，因此我们传统调查一般采用长井筛监测井进行地下水污染监测（如图 2-8 所示），通常因为污染稀释会造成不能准确反映场地的实际污染情况。这就会对后期的污染风险判断和修复设计带来错误的引导。为了克服这种误导现象，就需要对场地概念模型进行更加准确的刻画，进而通过更高密度的采样检测或现场测试，获取高精度场地污染和场地环境条件的调查数据，从而实现场地污染的精准调查和准确表征，以利于后期的有效风险控制或污染修复。

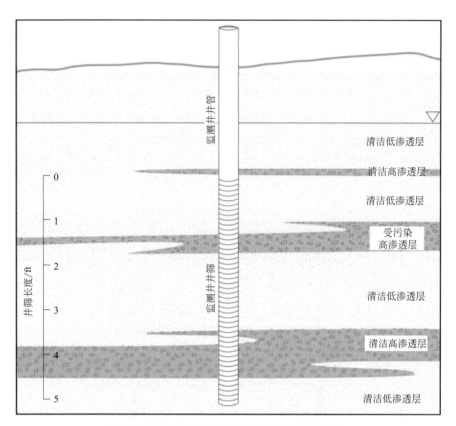

图 2-8　传统长井筛地下水监测井工作示意图

针对 DNAPL 污染场地的复杂场地特征，国外研究人员提出 14- 分区模型（14-compartment model）以识别场地概念模型中的关键组分，并辅助理解氯代烃类有机污染物在地下环境中的传输和赋存情况（ITRC,2011 年）。14- 分区模型提供了污染物在饱和层为代表的地下环境中的全景示意情况，重点表示污染源迁移、污染羽分布等（如图 2-9 所示），能够为后期的场地调查监测、修复技术选择、分区修复目标确定等工作，提供定性概念模型框架。

该模型强调如下原则：

① 模型重点关注分区间的物质传输，而非静态质量分布；

② 基于污染物的化学势在各分区间进行以 "相分配" 为基础的浓度估算；

③ 质量传输主要基于对流和扩散机制，在渗透层以对流为主，在低渗透层以扩散为主；

④ 除了 DNAPL 的扩散控制溶解外，对流传输是非可逆过程，而扩散传输是可逆过程；

⑤ 污染物在低渗透层和高渗透层之间的迁移主要通过扩散作用；

⑥ 污染物从更高化学势分区向低化学势分区传输主要通过扩散作用。

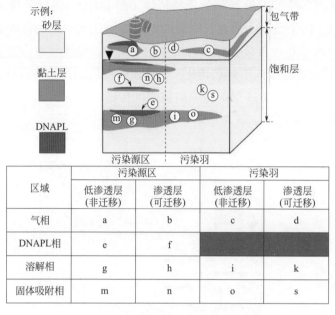

区域	污染源区		污染羽	
	低渗透层 (非迁移)	渗透层 (可迁移)	低渗透层 (非迁移)	渗透层 (可迁移)
气相	a	b	c	d
DNAPL相	e	f		
溶解相	g	h	i	k
固体吸附相	m	n	o	s

图 2-9　14- 分区模型分区方法及原理示意

图 2-10 为典型的污染泄漏刚发生后，污染源主要以 DNAPL 相存在，开始逐步通过质量传输进入到其他分区中。在渗透层中氯代污染物在地下水和土壤气的传输带动作用下向外迁移，而在低渗透层中传输过程主要通过相对较慢的扩散作用进行，基本处于相对停滞的状态。

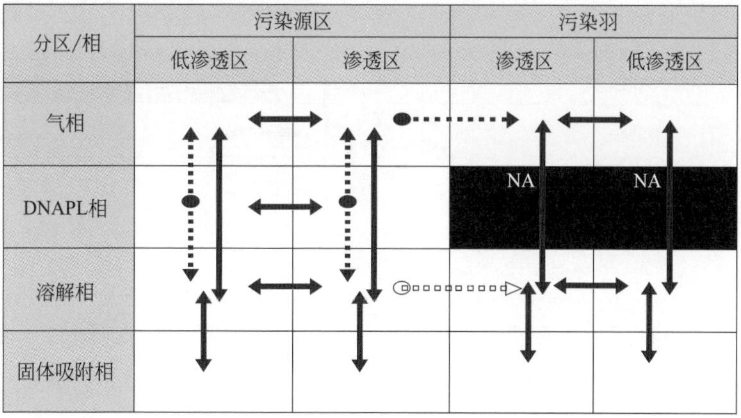

分区/相	污染源区		污染羽	
	低渗透区	渗透区	渗透区	低渗透区
气相				
DNAPL相			NA	NA
溶解相				
固体吸附相				

注:实线为双向可逆过程; 虚线为不可逆过程。

图 2-10　14- 分区模型污染传输简单示例

假设上述案例中采用抽出处理（pump & treat）的方法进行污染源修复处理。尽管抽出处理法对污染物的总量去除效率不高，但是通过不断将溶解相污染物去除后，能够加速污染源向溶解相的迁移传送（图2-11），这样就能够控制下游方向污染羽的总体污染负荷，通过长时间的修复能够达到一定的修复目标。抽出处理的初期阶段可以有效直接去除渗透层中的 DNAPL 和溶解相污染物，从而促使 DNAPL 相中污染物持续向溶解相转化，另外也促使周边污染物通过对流作用（渗透层）和扩散作用（低渗透层）持续向抽提区传输。同时固体吸附相中污染物也会持续向抽提区低速扩散，从而总体上逐步降低污染物总量。

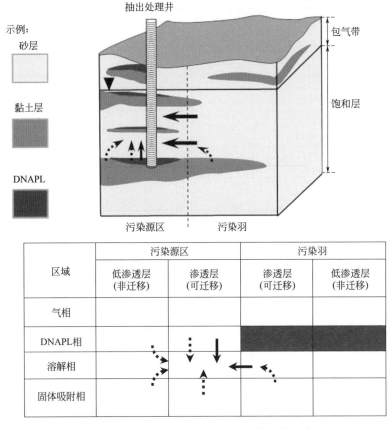

图 2-11　14- 分区模型展示污染物抽出处理过程

在抽出处理修复全过程的不同阶段，14- 分区模型可以有效地直观表征修复效果（图2-12）。在起始污染阶段渗透层污染源区中含有大量高浓度 VOC，尤其是在 DNAPL 相周边区域。经过一段时间的抽出处理，在对流扩散、生物降解和非生物降解等作用下达到污染物相平衡状态，在修复中期各区域和相态之间达到相对动态平衡状态。在修复后期渗透层中的污染物浓度降至较低的水平，污染源区和污染羽在低渗透层中污染物浓度相对较高。这种 14- 分区模型属于场地概念模型构建的重要组成部分之一，能够有效地辅助判断污染源、污染羽的状态，从而为后期有效修复提供基础信息。

起始污染	分区	污染源区		污染羽	
		低渗透区	渗透区	渗透区	低渗透区
	气相	低总量	中总量	低总量	低总量
	DNAPL相	低总量	高总量		
	溶解相	低总量	中总量	中总量	低总量
	固体吸附相	低总量	低总量	低总量	低总量
修复中期	分区	污染源区		污染羽	
		低渗透区	渗透区	渗透区	低渗透区
	气相	中总量	中总量	中总量	中总量
	DNAPL相	中总量	中总量		
	溶解相	中总量	中总量	中总量	中总量
	固体吸附相	中总量	中总量	中总量	中总量
修复后期	分区	污染源区		污染羽	
		低渗透区	渗透区	渗透区	低渗透区
	气相	低总量	低总量	低总量	低总量
	DNAPL相	低总量	低总量		
	溶解相	中总量	低总量	低总量	中总量
	固体吸附相	中总量	低总量	低总量	中总量

图 2-12　污染物抽出处理全过程 14- 分区模型示意

2.4
小结

　　通常情况下全生命周期场地概念模型是一个多功能的、有效的污染场地环境治理工具，它可以为业主和修复单位在不同的阶段提供辅助判断。在统一平台上构建的不同阶段场地概念模型，可以实现信息的高效整合和更新，从而实现更加直观的表征和沟通，提高修复效率。

3

修复前场地环境精准调查与监测技术

3.1

直压测试技术

　　直压测试技术 (direct push technology，DPT) 是指通过液压驱动直接将探头或测试电极贯入地下，以快速采集代表性的土壤、地下水或土壤气体等样品，或直接利用测试电极中检测器获取相关信息参数的技术总称。与传统的钻孔采样实验室检测技术相比，直压测试技术具有所需时间较少、费用较低且能够实现现场快速获取测试结果等优点，因此可以实现场地污染空间分布和水文地质特征的高精度调查目标，为后续污染风险评估和修复方案制订提供科学依据。

　　直压测试技术泛指利用直接动力驱动与直推／震动的方式，将小口径的空心钻杆贯入地下进行地下环境调查的工具。由于在钻杆末端安装不同功能的采样与分析工具，污染测试工具系统可用于采集和直接测试土壤、地下水与土壤气体污染物浓度。此外，也可安装多种现场量测场地特性的工具，以进行现场连续量测，例如地电阻、水力传导系数等。

　　以化学方法进行的污染测试工具可以对特定深度土壤或地下水进行快速检测，结合三维定位系统可以在较广的范围中密集采集巨量污染浓度数据，可以快速地、高精度地描绘出场地地下环境或污染源区域的三维特性。以化学方法进行测试的工具或传感器种类较多，而且随着直压贯入技术的进步，相应的功能性污染测试工具也不断地推陈出新。目前较常用的直压测试技术包括薄膜界面探测器 (membrane interface probe, MIP)、激光诱导荧光检测器 (laser induce fluroscence, LIF) 以及配套的土壤电导率（EC）测试和水力渗透性测试（HPT）等非污染测试工具。

3.1.1 薄膜界面探测器

薄膜界面探测器主要原理为移动的气相色谱。具体工作流程为通过将薄膜探测电极连续注入地下不同深度，通过热电偶加热地下土壤或地下水，驱使其中的挥发性有机污染物挥发并通过薄膜选择性地进入惰性载气中（水蒸气和其他杂质不进入半透膜），连续进样至地表的气相色谱，将其中污染物浓度转化为有差异性的电信号值，最终对污染物进行半定量分析（图 3-1）。此探测器可以提供与深度对应的有机污染物相对浓度，且是连续性的记录，通过适当的网格规划，可以清楚地描绘出场地的三维污染浓度分布。目前也有将 EC 整合在一起的特殊钻头，可以进一步提供同时评估土壤理化特性的信息。MIP 探测器的主要组成包括载流气体管线、密闭室、加热系统以及半透膜，而载流气体管线的末端则可连接至一般的气相色谱（具有 XSD、PID、FID 等不同的检测器）。

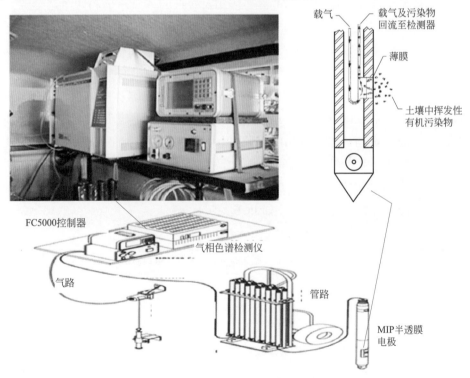

图 3-1　薄膜界面探测系统工作原理图

　　FID（flame ionization detector）全名为火焰电离检测器，主要通过火焰燃烧的方式将有机物离子化，转化为相应定量的电信号值，一般对于大多数的烃类化合物均有明显的响应。PID（photo ionization detector）全名为光离子化检测器，通过紫外灯将有机物电离，通过电子捕集器转化为定量的电信号值。气体离子在检测器的电极上被检测后，很快与电子结合重新组成原来的气体和蒸气分子，因此 PID 是一种非破坏性监测器，它不会"燃烧"或永久性改变待测气体分子。通常情况下 PID 检测器具有 10.6eV 的紫外灯泡，对于电离势能低于 10.6eV 的含苯环等不饱和烃类化合物响应较为明显，如苯系物（BTEX）类物质。XSD（Halogen Specific Detector）全名为卤素专用检测器，主要检测对象为电离势能相对较高的卤素类化合物（氯代、溴代氟类污染物等）。

　　一般情况下石油类有机污染物在 PID 和 FID 检测器上均有响应，但是在 XSD 检测器上无应答。新鲜的汽油中包含大量的苯、甲苯、乙苯等不饱和芳香烃，这些污染物比较容易被 PID 检测器检测到；但是随着汽油在地下环境中长时间风化或其他生物作用，导致其中不饱和分子比例减少，相应的汽油中以直链烷烃结构为主，由于直链烷烃的电离势能超出 PID 检测器的电子势能范围，相应的 FID 检测器的响应更为明显。同时对于电离势能相对较低的三氯乙烯和四氯乙烯等，也可能同时被 XSD 和 PID 检测器检测到，但是对于三氯甲烷、二氯甲烷和三氯乙烷等电离势能较高的氯代饱和烃，则只有 XSD 检测器会有响应。表 3-1 中为 MIP 常用检测器的对比分析，其中现场便携式气相色谱由于没有分馏柱，所以只能半定量判断大致污染物类型，而不能精确判断具体污染物名称和准确浓度（https://clu-in.org/characterization/technologies/mip.cfm）。图 3-2 的示例表明在地下 30ft（1ft = 0.3048m）附近，PID 和 FID 信号均有明显响应值，但是 XSD 信号无明显变化，说明此深度处可能有非含氯的烃类化合物类有机污染物存在。图 3-3 的示例表明在地下 13～16ft 附近，PID、FID 和 XSD 检测器信号均有大幅增加，说明此处可能存在氯代烯烃类有机污染物（如 PCE、TCE 等）。

表3-1　气相色谱不同检测器的响应及检测下限对比分析　　　　mg/kg

有机物类型	PID 检测器	FID 检测器	XSD 检测器	ECD 检测器[①]
苯系物（BTEX）	0.5～5	3～25	NA[②]	NA[②]
汽油	3～10+	3～10	NA	NA
柴油	10～25+	3～25	NA	NA
三/四氯乙烯	0.5～3	20～50+	0.2～1	0.2～1
四氯化碳	ND	500+	0.2～1	0.1～1

续表

有机物类型	PID 检测器	FID 检测器	XSD 检测器	ECD 检测器[①]
二氯乙烯	1 ～ 10	20 ～ 50+	0.2 ～ 1	25 ～ 100+
氯乙烯	5+	50+	0.2 ～ 1	100+
二 / 三氯乙烷	ND	10 ～ 50+	0.2 ～ 0.5	1 ～ 25
甲烷	ND	2500+	ND	ND

① ECD 检测器由于存在放射源，目前现场气相色谱中已基本被 XSD 替代；

② NA/ND 不适用 (https://geoprobe.com/mip-membrane-interface-probe)。

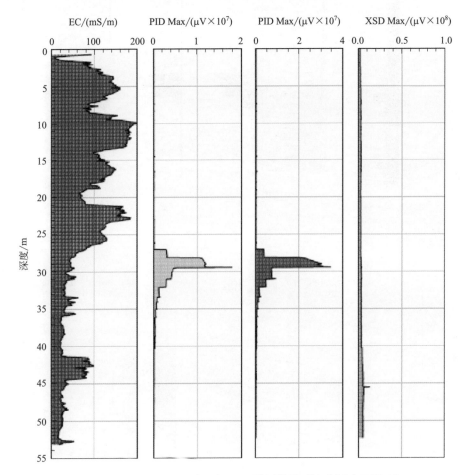

图 3-2　典型剖面 MIP 探测器不同检测信号对比分析（示例 1）

当场地污染分布情形不明确，或是在场地初步调查初期的情形下，适合利用本项技术进行场地地下污染物空间分布的筛查确认工作。在较广的范围中密集使用此类的筛选工具，可以快速地描绘出场地地下环境或污染源区域的三维分布特征（如图 3-4、图 3-5 所示）。该技术适用于具有挥发性的污染物质的分析，对于非挥发性有机污染物或低挥发性有机污染物的判断作用相对较差。若地下环境中存在浮油层，也有可能造成浮油附着于钻杆上，而造成实时分析上的误差。

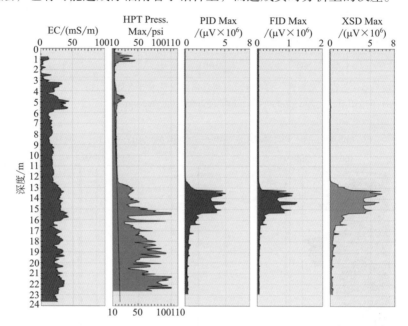

图 3-3　典型剖面 MIP 探测器不同检测信号对比分析（示例 2）

注：1psi=6.8948kPa。

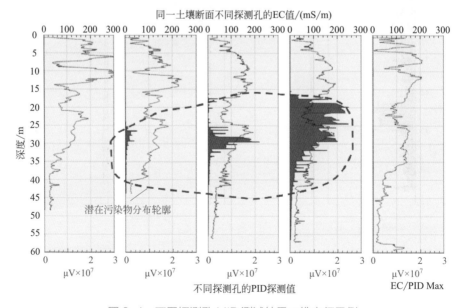

图 3-4　不同探测孔 MIP 测试结果二维表征示例

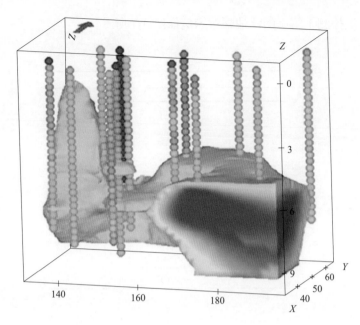

图 3-5　不同探测孔 MIP 测试结果三维表征示例（PID 值大于 5×10⁶mV，图中单位：m）

3.1.2　激光诱导荧光测试技术

激光诱导荧光测试技术（laser induce fluorescence, LIF）的主要原理为通过将装有高能量紫外光发射器和光源采集器（相机）的可移动探测器，由地表至下连续注入土壤钻孔中，紫外光照射到土壤中的烃类化合物等非水溶性物质表面会产生荧光，荧光强度的不同反映出土壤中烃类化合物的浓度差异，这样根据探测器捕获的荧光值可以实时定量地反映地下污染物的相对浓度。激光诱导荧光工作原理如图 3-6 所示。目前，该测试技术主要应用于自由相（油层）有机物的判断，对于溶解态的污染物探测效果不佳。

汽油、原油、木馏油和焦油等含有单环芳烃、多环芳烃和链状脂肪烃等烃类化合物，它们能够吸收特定波长的光能并释放出低能级的荧光，不同分子能释放出有差异性的光谱。但是由于这些浮油中往往都含有多种分子组分，因此释放出的荧光也部分重叠，很难通过 LIF 检测器直接分辨出土壤中污染物的具体组分，但是可以大致判断其中的特征组分类别和相对定量浓度。三氯乙烯和四氯乙烯等氯代有机物不具有荧光特性，因此直接采用 LIF 检测器不能够对此类污染物进行判断。但是改进型的染色激光诱导荧光（dye-LIF）可以用于氯代有机物的探测，这种方法能够探测出直径小于 0.5cm 细小氯代有机物油粒（Einarson 等，2016）。激光诱导荧光法探测土壤中的浮油颗粒示例如图 3-7 所示。

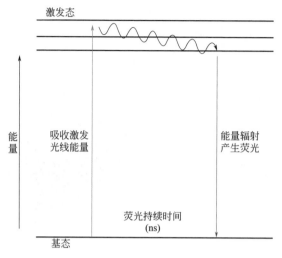

图 3- 6　激光诱导荧光工作原理图（https://www.thermofisher.com/）

(a) 土壤中浮油颗粒荧光图像　　　　　(b) 土壤中浮油颗粒普通光学图像

图 3-7　激光诱导荧光法探测土壤中的浮油颗粒示例

　　激光诱导荧光探测器可以装载到移动钻机上，通过直压或锤击实现垂直方向上连续或定速（每隔 2 ~ 3cm）获取地下的污染物的反射荧光强度的数据，如果荧光光学特征相对稳定，则可以通过数据反演等技术手段直接转化为特定污染物的定量浓度数据。研究人员通过砂箱模拟试验，用 UV-OIP 探测器对不同浓度汽油、柴油和原油三类浮油类物质分别进行定量荧光测试，发现原油类物质浓度与荧光面积呈线性定量关系，汽油和柴油浓度则与荧光面积呈对数线性关系，具体如图 3-8 中所示。通常情况下 LIF 对土壤中石油烃类化合物的敏感性与土壤基质的可用表面积成反比，砂质土的总有效表面积往往比黏土低得多，因此石油烃类化合物浓度一定时，砂质土通常比黏土会产生相应更高的荧光响应（Bujewski 和 Rutherford，1997），但是荧光强度变化还受土壤质地、含水率等复杂环境因素影响，要想采用此方法进行地下土壤中污染物浓度定量关系判断，通常还需要结合传统采样实验室检测分析、现场典型剖面验证等其他技术手段，进行综合分析（https://clu-in.org/characterization/technologies/lif.cfm）。

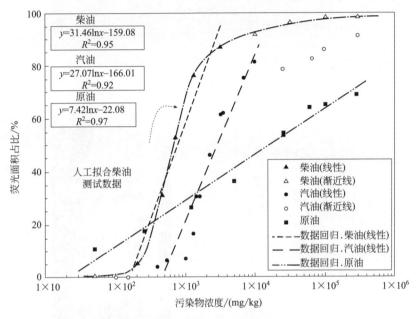

图 3-8　土壤中不同浮油类污染物与荧光的定量关系（Mccall 等，2018）

　　由于传统的激光诱导荧光测试技术仅仅对含苯环的有机物具有荧光效应，对于氯代烷烃和烯烃等 DNAPL 不响应，但是采用苏丹红或油红 O（Oil Red O，ORO）等疏水基染色剂可以对土壤中 NAPL 相进行专性染色。如果土壤中有 NAPL 相，则快速与染色剂结合，从黑色变为亮红色；如果无 NAPL 相，则不显色，呈无色状态，如图 3-9 所示（Parke 等，2003）。基于此原理研究人员对 LIF 进行改进，在 LIF 前增加了疏水基染料喷射口，形成先染色后进行光学探测的原位实时探测氯代有机物 DNAPL 的 dye-LIF 系统（如图 3-10 所示）。目前选用的疏水基染料都是对环境影响较小的无毒材料（大鼠 LD_{50} 4170 mg/kg，且无致癌或疑似致癌性），不易溶于地下水，且很少的剂量时（一般情况下每米注入量仅为 0.1g 左右）就能够与目标探测 NAPL 物质快速反应显色。

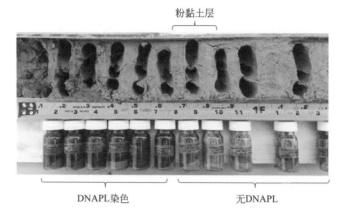

图 3-9　实际土壤剖面样品染色试验（非连续取样）

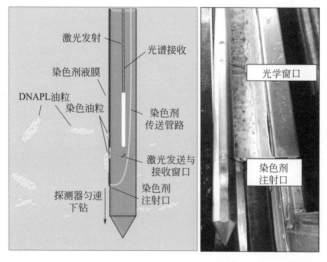

图 3-10　常见的 dye-LIF 系统探测器及其工作原理示意图

　　这种具有原位实时探测氯代有机物 DNAPL 的 dye-LIF 系统需要通过直压钻机以相对稳定的速度向下进行探孔测试，根据其速度可以平均每 0.5cm 获取一个地下半定量荧光数据。这种近乎连续注入染料的方法还可以根据土壤介质的不同，获取注入压力的变化情况，进而同时探测地下渗透系数和推测土壤质地等场地特征信息。一般情况下根据探测器的直径和钻进速度，这种方法的有效探测范围为钻头外侧几毫米内的土壤。图 3-11 为某典型氯代烃 DNAPL 场地钻孔 dye-LIF 探测器连续探测结果与剖面非连续取样测试结果对比情况，总体来看 dye-LIF 探测器的连续探测结果与实验室检测数据一致性较好，说明该方法能够有效地判断地下氯代烃类 DNAPL 污染情况。这种近乎连续在线实时测量的方法具有速度快、成本低等优点，是高精度调查技术的典型代表。图 3-12 为美国马萨诸塞州某氯代有机物污染场地的现场应用案例，在 30m×30m 的范围内（最大深度约 15m），通过 dye-LIF 探测器进行了 30 个探孔的测试，最终获取了 104000 组探测数据，有效识别出最小厚度约 1mm 的 DNAPL。这些巨量探测数据通过三维图形软件表征了地下氯代烃类污染物的三维空间分布情况，可以看出 DNAPL 类污染物复杂的迁移情况。

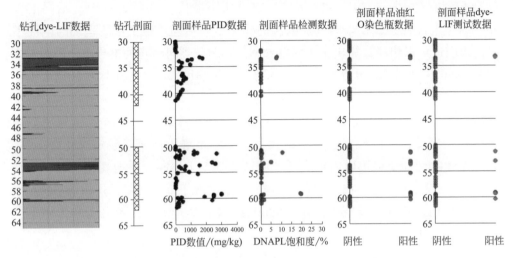

图 3-11　典型钻孔 dye-LIF 探测器连续探测结果与剖面非连续取样测试结果对比

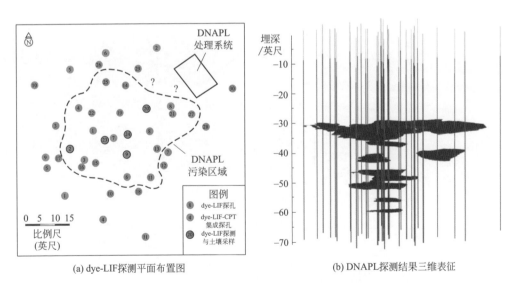

(a) dye-LIF 探测平面布置图　　　　(b) DNAPL 探测结果三维表征

图 3-12　dye-LIF 探测器结果三维表征应用案例

3.1.3 场地特征参数测试工具

（1）土壤电导率（electric conductivity，EC）测试仪

电导率是土壤地球理化特性的重要表征参数之一，它与土壤颗粒组成具有密切的关联性。很多直压测试技术中均可以直接测试土壤电导率或集成有测试土壤电导率的功能，例如上节提到的 MIP 探测器和 LIF 探测器在探头上均集成有 EC 探测单元，如图 3-13 所示。在探头不断向下探测过程中，不同土壤介质的导电性各异，在不同外加电流的作用下，不同质地土壤所呈现的电压不同，相应地可以快速计算出土壤的电导率，通常仪器可测定的电导率范围为 5 ～ 400 mS/m。通常情况土壤电导率与水分、离子强度等有关，土壤粒径越大（砂土），单位土壤中含有的具有导电能力的物质越少，相应的电导率越小；土壤粒径越小（黏土），能够导电的物质含量越多，电导率越大，如图 3-14 所示。在地下特定深度，可以根据电导率的大小，推测土壤质地属于砂土或者黏土等，通过连续的剖面变化可以简单表征土壤钻孔甚至土壤断面质地变化情况，为判断污染物迁移和空间分布情况提供支撑。一般情况下非饱和带砂层土壤 EC 值在 3mS/m 以内；清洁黏土层 EC 值在 80mS/m 以上；介于这二者之间的为粉土层（Mccall 等，2017）。

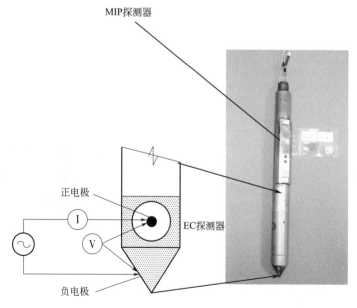

图 3-13　集成 EC 探测单元及其工作原理示意图（MIP 探测器钻头）

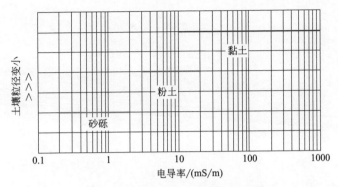

图 3-14　电导率与土壤粒径的关系

　　孔祥科等（2014 年）在河北省某化工厂利用土壤电导率曲线与现场连续钻孔取样测试进行对比分析，判断地层岩性和空间变异情况，如图 3-15 所示。从图 3-15 可以看出，进入地下水水位以下后电导率曲线明显升高；在粉质黏土层电导率也抬升明显。同时在黏土与粉土交互的层位，电导率值介于黏土与粉土之间，并上下浮动。通过多个探测孔的数据，可以进行二维平面插值或图形绘制（如图 3-16 和图 3-17 所示），从而为构建精准概念模型提供有效的数据支撑。

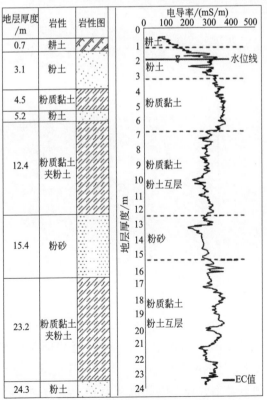

图 3-15　河北某化工厂土壤电导率曲线与地层变化情况对比

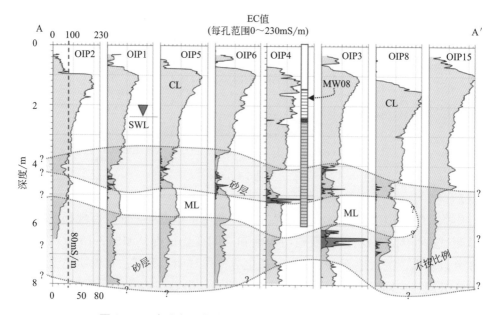

图 3-16 多孔电导率值推测断面地层变化示例（二维平面）

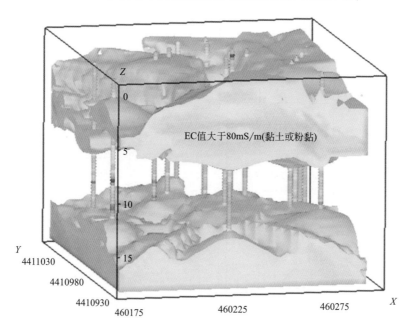

图 3-17 场地范围电导率空间差值与推测地层变化示例（三维）

土壤电导率测试结果除了和土壤质地有关，还可能与土壤污染、盐分和其他因素有关。例如土壤中的 DNAPL 类物质会导致土壤电导率下降，从而与周边同一介质类型产生显著的电导率差异，因此也有用 EC 探测器判断 DNAPL 的空间分布情况的。当土壤含有离子污染物时（如氯化物、硝酸盐），土壤 EC 读数可能要高于预期值，上述情况还发生在农耕区域、海水灌入区、盐矿物储存区等。基于此类敏感特性，EC探测器也可以用来探测土壤和地下水中某些特殊的离子性污染物，例如垃圾填埋场、卤代盐和海水等，以及用于原位化学修复过程中化学药剂（过硫酸盐、亚硫酸盐等）注入扩散监测，对污染修复工程进行过程监测和控制。

因此，在使用EC探测器时最好先识别出异常干扰情况，首先采集类似剖面样品，进行对照性分析，并作出简单的相关关系图，从而能够更好地进行土壤地球理化特性判断。尤其是可以与HPT等水文地质参数探测仪联合使用，通过物理和化学作用等多重因素，综合判断地下复杂场地环境特征，从而更好地进行场地水文地质模型和污染概念模型的概化，有效促进污染判断和污染修复治理。

（2）剖面水力传导系数探测器（hydraulic profiling tool，HPT）

水力传导系数是土壤水文地质特性的重要表征参数之一，它与土壤空隙、地下水水位和渗透性等具有密切的关联性。很多的直压测试技术中均可以通过测试地下土壤层的水力传导系数，并通过换算间接给出土壤剖面的渗透系数值的连续变化情况，其中HPT就是目前较为常用的水力传导系数探测器之一。HPT探测器通过土壤剖面地下连续钻进的探头上的注水口，不断向土壤注入水流并记录相应的注水压力，根据注水压力变化反映土壤的渗透性，并通过校正换算计算出土壤水力渗透系数（hydraulic conductivity）K。具体工作原理如图3-18所示。同时HPT可以在保持不注水的情况对剖面进行连续压力测试，结合大气压力变化可以判断地下水水位埋深。

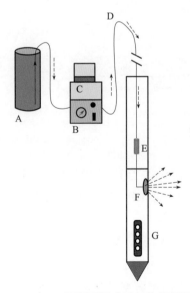

图 3-18　HPT 探测器组成及工作原理示意图

A—水罐；B—注射泵和流量计；C—控制器；D—管路；E—压力传感器；F—注水口；G—EC电极

HPT 探测结果可以直观地展示地下的地层变化情况，尤其是与土壤电导率（EC）测试结果相结合，可以更加准确地进行地层判断。在剖面 HPT 和 EC 数据完全获取后，结合弥散试验的结果，可以通过软件内置的换算公式进行绝对压力和渗透系数 K 值计算与图形表征，同时可以获取地下水的静水位。如图 3-19 所示，土壤 HPT 探测值与 EC 值基本保持一致，可以估算出饱和层的水力渗透系数 K 值，同时根据绝对压力的变化情况可以看出红点下方区域压力呈倒三角形不断上升，说明此处为地下水水位线。

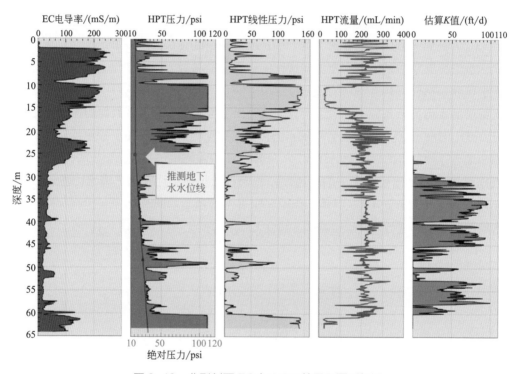

图 3-19 典型剖面 EC 与 HPT 结果及图形解译

通常情况下土壤 HPT 测试值与 EC 探测值呈正相关，且基本趋势保持一致，例如砂砾石层土壤 EC 值较低而 HPT 注入压力也相对较低，随着土壤颗粒变小，EC 值和 HPT 注入压力也随之增加。如果在某些特殊情况下，这二者的一致性关系突然发生改变，则说明有异常情况。例如图 3-20 中间的 4 个连续剖面的 18～28ft 深度附近在 HPT 压力增加前均出现 EC 值尖状峰值并快速下降，而 HPT 压力却保持高位，说明这一区域可能存在典型带状离子污染羽，其是上游原位注入化学药剂的扩散带（https://geoprobe.com/hpt-hydraulic-profiling-tool）。

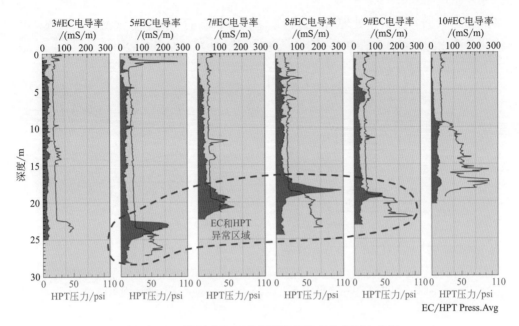

图 3-20　典型剖面 HPT 探测结果和 EC 值对比分析

　　总体可以看出，这些直压探测技术通过化学和地球理化方法相结合的方法，可在原位进行有效的污染监测和场地特征判断，基于其低成本、快速和高密度等特点，可以有效实现精准场地调查的目标。

3.2

探地雷达技术

3.2.1　探地雷达工作原理

　　探地雷达（ground penetrating radar, GPR）是一种利用不同的地下介质产生反射波信号差异探测浅层地下环境概况的高分辨率电磁技术，在传统的物化探测领域已经有 50 多年的应用积累（Kadioglu 和 Daniels，2008 年；雷文太，2011 年；Bertolla 等，2014 年）。它基本工作原理是由电压为数百伏特的发射线圈，产生频率范围为 10 ~ 3000 MHz、历时为几十亿分之一秒 (ns) 的雷达波射入地下或建筑结构体内，因不同地层或界面的介电常数变化而产生反射波，此反射信号经由地表接收天线接收、放大、数字化后，根据接收到信号时间长短与波形的变化，记录成原始数据并经数据处理后，分析地下构造、层面、地下异常物分布状况，并推测目标物的形貌，如图 3-21 所示（USEPA，1992；姜月华，2011）。

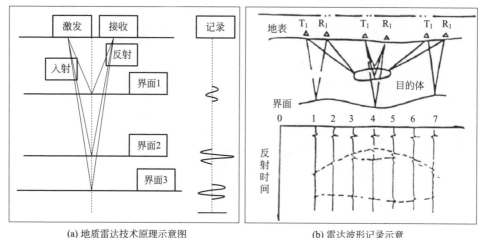

(a) 地质雷达技术原理示意图　　　　　　　　(b) 雷达波形记录示意

图 3-21　探地雷达应用技术原理

　　探地雷达通常由发射天线、信号接收器、信号处理器和记录单元等主要结构组成，通常单点的测试信号反映出地下不同物质的反射波不同，根据发射时间差可以推测探测物体的大概埋深。如果探地雷达以大致固定的速度线性进行连续测试，可以获取地下剖面的信息，如图 3-22 所示。传统的雷达信号是波形图，但是这种展示方式可能不能体现出很多地下的细节信息，因此研究人员用基于信号强度的颜色来表征剖面的雷达信号，比如灰 - 白色和彩色，这样就能够更加直观地展示出剖面不同深度和不同位置（X 轴坐标）的地下探测信息，如图 3-23 所示（https://clu-in.org/download/char/GPR_ohio_stateBASICS.pdf）。如果借助一些三维图形处理系统，结合探地雷达的移动相对位置信息或 GPS 坐标，就可以形成更加直观的地下三维图形。

　　早期的探地雷达技术主要用于地下隧道、断层以及土层界面判断、地下水水位等地质调查领域，后来随着抗干扰技术、雷达发生频率和数据处理等技术的快速发展，20 世纪 80 年代后探地雷达技术不断扩展到考古和环境领域。目前，该技术已经应用于地下管线与储罐位置探测（Daniels, 2000 年）、垃圾填埋场残余垃圾体积分布与污染羽探测（侯晓东, 2008 年）、柴油污染在地下土壤中的迁移情况监测（Bano 等, 2009 年）、地下水位和流向判断（Doolittle 等, 2006 年）、汽油污染在土壤和地下水中的迁移情况监测（Daniels 等, 1995 年）、加油站中石油烃污染物的污染源和污染羽探测与成像（姜月华, 2011 年; 张辉, 2013 年）、LNAPL 在模拟土壤和地下水介质中的三维迁移监测（Bertolla 等, 2014 年）等场地环境保护工作中，取得了较好的效果。

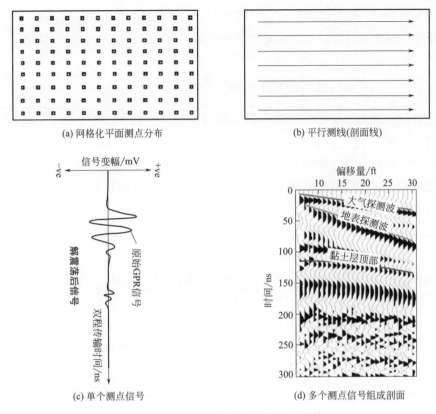

(a) 网格化平面测点分布　　　　　　　　　(b) 平行测线(剖面线)

(c) 单个测点信号　　　　　　　　　(d) 多个测点信号组成剖面

图 3-22　探地雷达单点测试与剖面组合

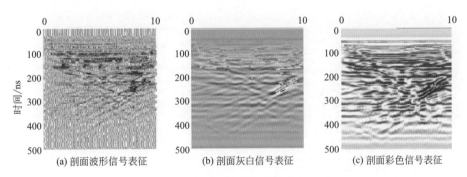

(a) 剖面波形信号表征　　　　(b) 剖面灰白信号表征　　　　(c) 剖面彩色信号表征

图 3-23　探地雷达剖面信号表征方式

　　目前常用的民用探地雷达天线频率范围介于 100 ~ 500 MHz，相应的有效探测深度范围为 0.5 ~ 15m。其中，高频雷达（400 ~ 500 MHz）天线在干燥、电阻率较高的土壤中分辨率相对较好，但是对于高衰减条件下，高频雷达的探测深度相对较浅，因此一些 900MHz ~ 1.5GHz 的超高频雷达往往在沙地浅层土壤中具有较好的探测能力；相对而言频率较低的天线（70～200 MHz），则更适用于有机质含量较高、含水率较高等高衰减条件下的探测，相应的有效探测深度也越大。

3.2.2 探测土壤地层变化与地下水水位

土壤是一个由不连续矿物质和有机质组成的毯状成分叠加而成的三维体，是一个具有复杂生物学、化学、物理、矿物学和电磁特征的综合体。土壤中自由电荷的存在，导致在外加电磁场的作用下这些自由电荷会在介质中自由流动，从而产生衰减和能量的损耗。一般来说土壤中水分、可溶盐和黏土矿物等因子提升了土壤的电导率，相应地会造成雷达信号的快速衰减。例如土壤中黏土颗粒（粒径小于 0.002mm）相对粉土颗粒和砂土颗粒具有更大的比表面积，并且能够保持更多的水分，同时由于表面电荷特性带有更多的矿物组分，因此黏土颗粒是土壤中信号衰减的最主要因素之一。例如 100 MHz 天线的探地雷达在砂土中最大有效探测深度可以达到 30m，但是如果土壤中黏土含量增加 5%，则探测深度降低至 1.5m。另外，土壤中电导率越高，相应的阳离子交换容量（CEC）值越大，相应的信号衰减越严重（Jol，2009 年）。此外土壤中的铁氧化物等磁性矿物组分也会造成电磁信号的快速衰减，通常此类物质的含量越高、颗粒越小，信号衰减度越大，具体如图 3-24 所示。极端情况下，当土壤介质中自由电荷含量很高时，该材料实际上变为导体，电磁波在其中传播时大部分的电磁能量会转化为热能耗散出去，因此造成盐碱和高黏土等特殊土壤环境中 GPR 探测失效。

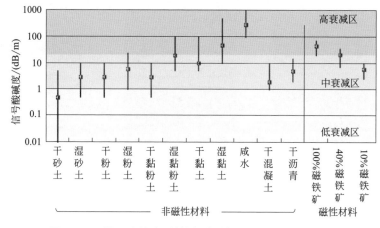

图 3-24 常见土壤介质材料对探地雷达信号的衰减情况

在美国，自 20 世纪 70 年代起 GPR 技术已经开始用来进行土壤调查，最初主要用于表层土壤的组成和剖面分层情况探测，通常探测深度较浅，约在 2m 以内。通常对土壤组成变化和分层显著的情况，相应的反射信号较强，分辨效果较好，例如致密的黏土层、腐殖土层或石化钙积层等。图 3-25 为美国罗得岛州南部恩菲尔德土壤剖面的 GPR 雷达探测剖面与实际剖面的对比图。雷达探测图中有两个明显的强反射信号层，说明土壤出现两个异质分层界面。第一个为表层耕作层壤土与下层弱反射的粉质沉积层的分界面，表层耕作层土壤相对均匀，基本上处于平行频带；而下层的粉质沉积层中土壤颗粒较细，相应的盐分等离子含量相对较高，从而造成反射消耗相对较弱，呈现明显的亮白斑。第二个为粉质沉积层与下方层状砂砾冰川沉积层的分界面。不同质地的土壤层在颗粒尺寸、体积密度甚至盐分离子含量上的差异造成了相对介电常数的显著区别，从而在雷达记录中表现出显著的差异性特征（Jol, 2009 年）。

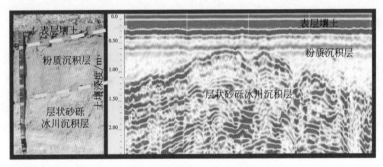

图 3-25　典型的基于 GPR 探测剖面推测土壤分层情况（Jol, 2009 年）

此外，GPR 技术在水文地质领域的经典应用是地下含水层探测和地下水水位监测，可以为场地环境调查初始阶段构架初步场地概念模型提供非常重要的数据。这种方法在粗糙的砂砾石沉积层地区特别有效，基本上可以有效判断 10m 以内的显著含水层，并大概判断其地下水流向。同时该方法也可以用于地下基岩裂缝结构判断，甚至优势通道的查找等特殊的场景。随着 GPR 技术的发展，在抽水试验的监测方面也取得了一些新的应用进展。在抽水试验中准确地监测地下水水位变化情况以及合理确定抽水引起的沉陷锥，是决定抽水试验的关键，但是钻井的高成本通常限制了抽水试验中所使用的监测井的数量。基于 GPR 技术的地下水水位监测，并通过少量监测井水位校核，可以提供一种替代多组监测井的低成本解决方案（图 3-26）。

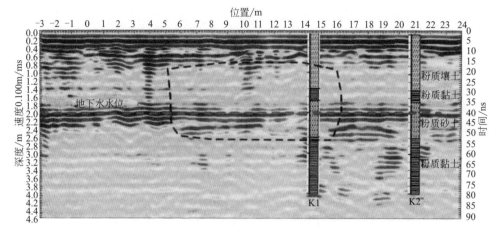

图 3-26　GPR 技术与钻孔采样结合探测剖面水文地质条件应用

3.2.3　探地雷达探测管线及异物

目前在环境领域探地雷达技术应用最为广泛的还是在地下管线、电缆、储罐、桶体等大型异物的探测。此类探测既包括仅仅判断是否存在典型异物的简单模式，也包括基于网格和定位系统综合判断这些地下异物的位置、埋深、大小以及是否存在泄漏等复杂模式。目前国外在地下储罐（UST）管理领域开展了 GPR 技术大量探测应用研究，取得了良好的效果。其中既包括人工模拟场景条件的探测试验（如图 3-27 所示），也包括在实际非正规填埋场地进行历史遗留桶罐的定位寻找，甚至用于地下储罐区污染泄漏 NAPL 的判断。目前，俄亥俄州和美国材料测试协会（ASTM）等已经出台了相关应用技术指南。

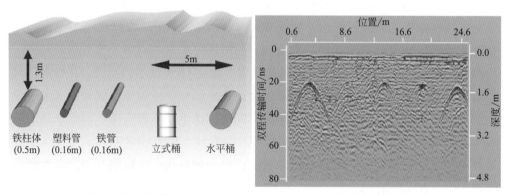

(a) 地下异物预埋场景模拟　　　　　(b) GPR雷达探测剖面

图 3-27　人工模拟试验探测地下管线等异物

目前国内环境领域探地雷达技术广泛应用于地下异物判断，如在道路或重点区域下方判断是否有管线及管线的埋深、走向等，用于弥补场地地下管线图缺失和污染识别。同时在加油站场地污染调查方面也开展了一些探索研究，如确定地下储罐的位置和埋深等，为后期的土壤污染采样调查提供依据（图 3-28）。

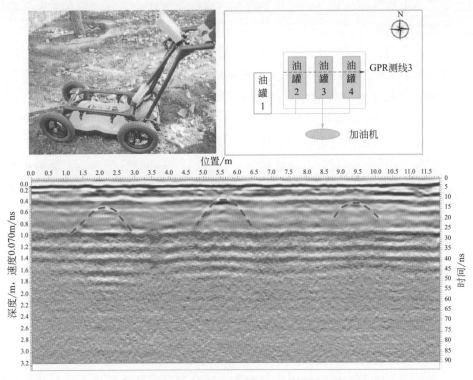

图 3-28　典型 GPR 技术探测加油站地下储油罐体案例

3.2.4　探地雷达探测土壤污染

相比于钻孔、建井取样等传统的地下污染探测方法高成本、长周期和存在污染扩散风险等弊端，探地雷达具有非扰动、短周期、低成本、无二次污染等显著的优点，近年来开始不断被应用于污染场地地下污染情况探测领域。借助其快速、高分辨地圈定地下环境介质异常情况和范围的特征，探地雷达技术既可以进行土壤污染的判断和监测，又可以进行地下水水位和污染羽分布情况探测，尤其是在非水溶性有机相物质（Non-Aqueous Phase Liquid，NAPL）的分布和迁移情况分析方面具有显著的效果（USEPA，1992 年；Doolittle，2006 年；侯晓东，2008 年）。

常见的土壤污染物可以分为无机污染物和有机污染物两大类，其中无机污染物主要包括重金属、硝酸盐、硫酸盐等，主要来源于矿业开采与冶炼、垃圾填埋场和化工生产等人类活动；有机污染物主要包括石油、有机溶剂和其他化学产品，主要来自石油开采与加工、成品油存储与销售及化工生产等领域。尽管土壤介质本身比较复杂，但是由于这些污染物与土壤组分本身还是存在较为显著的差异，因此受污染土壤的探地雷达响应还是存在一定的差异性，尤其是在相对介电常数这一关键参数方面。

介电常数用于描述介质存储和释放电磁能量的能力，它通常以相对于自由空间的介电常数（8.8542×10^{-12} F/m）的无量纲的相对介电常数 ε_r 来表示。通常情况下电磁波在高介电常数的介质中传播速度降低，探地雷达电磁信号衰减增大。土壤介质中不同的组分介电常数不同，如表 3-2 所示。土壤介质作为多组分混合而成的复杂介质，其雷达反射信号表现出不同的强度。一般情况下有机类污染物的导电性较低，相应的相对介电常数较低（表 3-3），从而导致受污染土壤的相对介电常数下降，据此可以判断土壤介质的大致组成情况。土壤介质体积混合模型为：

$$\sqrt{\varepsilon_m} = \theta_s \sqrt{\varepsilon_s} + \theta_w \sqrt{\varepsilon_w} + \theta_o \sqrt{\varepsilon_o} + \theta_a \sqrt{\varepsilon_a} \qquad (3-1)$$

式中，ε_m 为混合土壤介质的相对介电常数；ε_s，ε_w，ε_o，ε_a 分别为土壤颗粒、水、油、空气的相对介电常数；θ_s，θ_w，θ_o，θ_a 分别为土壤颗粒、水、油、空气的体积含量。

大量的有机污染物在土壤和地下水中扩散可能会造成孔隙水被置换，形成显著的 NAPL 层，由于非水溶相有机物的低电导性和相对较低的介电常数，在雷达反射图上表现为反射信号增强（亮斑 "bright spots"）；但是在毛细饱和带和其他较轻的污染区域，随着有机物的风化代谢和生物降解，可能会产生大量的盐类物质造成环境介质导电性发生变化，从而形成一个相对低电阻带，在探地雷达剖面图上出现强烈的反射信号衰减（暗斑）。根据不同区域的污染程度所表现出的雷达反射特性，结合少量采样点检测数据判断地下污染程度和范围。

表3-2　常见土壤组分的相对介电常数

物质名称	相对介电常数ε_r	雷达有效深度
空气	1	n km
汽油	2.20		
柴油	2.41		
砂粒土壤（干）	4～6		
粉土颗粒（干）	4～6		

续表

物质名称	相对介电常数ε_r	雷达有效深度
黏土颗粒（干）	4～6	∣
土壤（混合）	16	∣
黏土颗粒（湿）	10～15	∣
粉土颗粒（湿）	10～20	∣
砂粒土壤（湿）	15～30	▽
水	81	*ncm*

表3-3　典型有机污染物的相对介电常数

污染物质名称	相对介电常数ε_r
正戊烷（*n*-pentane）	1.84
正己烷（*n*-hexane）	1.89
正辛烷（*n*-octane）	1.95
正癸烷（*n*-decane）	1.99
正十二烷（*n*-dodecane）	2.014
四氯化碳（carbon tetrachloride）	2.238
二硫化碳（carbon disulfide）	2.641
甲醇（methanol）	32.63
四氯乙烯（tetrachloroethylene）	2.3
三氯乙烯（trichloroethylene）	3.4
三氯乙烷（1,1,1-TCA）	7.6
氯苯（chlorobenzene）	5.708
苯（benzene）	2.284
甲苯（toluene）	2.438
苯乙烯（styrene）	2.43
硝基苯（nitrobenzene）	34.82

Deeds 和 Bradford（2002）采用 GPR 探地雷达对美国 Hill 空军基地的疑似油品泄漏污染区进行了探测，并通过现场钻孔验证发现了地下 29ft（地下水水位线）附近存在探地雷达异常值区域，推测并验证为 LNAPL 浮油污染区，如图 3-29 所

示。同时，地下微生物环境条件适宜的有机区域周边，可能由于这些大量引入的碳源（VOC）造成土壤微生物降解效应显著增强，有机酸和碳酸等微生物降解产物以及可能产生的生物表面活性剂会造成土壤电导率增大（实际采样过程中发现这一层土壤样品颜色呈灰黑色，但检测数据表明这些样品中挥发性污染物并未超标），从而引起电磁波传播速率加快和衰减减小，因而雷达波反射信号相对较弱，呈现出"暗斑"特点（如图 3-30 所示）。探地雷达探测已封存垃圾填埋场的研究中也发现了类似的现象（Daniels，2000 年）。此外，GPR 探地雷达技术还可以用于四氯乙烯等 DNAPL 物质污染羽的识别，以及自由相的迁移过程动态监测，总之，由于 GPR 技术相对于其他探测技术具有非侵入性、无扰动性和低成本性，随着该技术的发展，在场地污染调查和修复过程监测等领域具有非常广泛的应用前景。

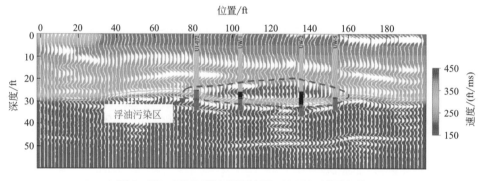

图 3-29　GPR 雷达探测地下 LNAPL 剖面情况

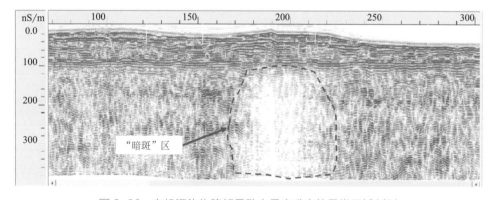

图 3-30　有机污染物降解导致电导率升高的异常区域判别

3.3
高密度电阻技术

与探地雷达技术在浅层（最大探测深度约为地下 10 ～ 15m）地下污染分辨率相对较高的特征相比，高密度电阻技术（multi-electrode resistivity method）通过大范围的量测，探测深度相对较大（理论上探测深度可达到 30 ～ 50m）。这种探测方法以非破坏性的方式，对地底下的填埋物和地层构造做量测，除了不需钻孔的特点之外，还能通过得到连续性的剖面数据，补足传统调查的缺点，达到相辅相成的作用。

3.3.1 高密度电阻法工作原理

电阻率法 (electric resistivity method) 或称为直流电阻法 (direct current resistivity method) 或地电阻法 (geoelectric resistivity method)，是以介质电阻率差异为基础，观测供电电流强度和测量电极之间的电位差，进而计算和研究视电阻率，推断地下掩埋的废弃物或土壤污染物的分布。影响地层电阻率的因子有组成矿物、颗粒大小、组态以及地层含水量与水中所含物质。高密度电阻法是一种阵列勘探方法，是由电阻率法发展而来目前应用最广泛的一种电法勘测，其基本理论与传统的电阻率法完全相同，所不同的是高密度电阻法在观测中设置了较高密度的测点。

野外测量时只需将全部电极 (几十至上百根) 置于观测剖面的各测点上，由主机自动控制供电电极和接收电极的变化。高密度电阻法测量系统采用先进的自动控制理论和大规模集成电路，使用的电极数量多，而且电极之间可自由组合，这样就可以提取更多的地电信息，使电法勘测能像地震勘测一样使用多次覆盖式的测量方式。将测量结果送入电脑后，还可对数据进行处理并给出关于地电断面分布的各种图形展示结果，其原理如图 3-31 所示。

高密度电阻法在野外测试时，电极排列有许多种方式，常用的有施伦贝格排列法 (Schlumberger array)、温奈排列法（Wenner array）等不同电极排列方式，见图 3-32。电极排列方式及测线配置，需依据现场地形、地物以及探测的目标而定。

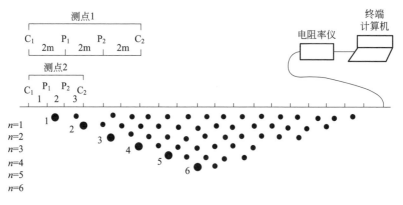

图 3-31 高密度电阻法工作原理示意图

C_1、C_2—供电电极；P_1、P_2—测量电极；n—隔离系数

（1）施伦贝格排列法

施伦贝格排列法是以一对电流极 A 及 B 与另一对电位极 M 及 N 排成一直线，以 O 为中心点呈对称状，向外展开。当半展距逐渐加大时，便可以得到地层由浅至深的电阻率变化。其主要优点是仪器精度要求不高，且计算视电阻率容易。缺点是探测时较费人工，且每次移动电位极，将使地表浅部的局部不均质与地下讯号混合，造成资料质量较差而导致误判。

（2）温奈排列法

温奈排列法是以一对电流极 A 及 B 与另一对电位极 M 及 N 排成一直线，以 O 为中心点呈对称状，AB 的距离为 MN 距离的 3 倍，且 AM=MN=NB=a。可探测的深度约为 MN 的间距，当加大 AB 及 MN 间距时，可逐次得到由浅至深的地层讯息。温奈排列法受地形限制较大，在施测上相当耗时，且愈深层的资料所含的噪声比亦较高，但其优点在于测量值较稳定，对施测资料垂直变化的分辨率高，量测露头的电阻率大多采用此电极排列法。

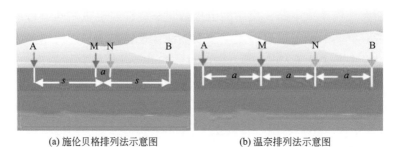

(a) 施伦贝格排列法示意图　　(b) 温奈排列法示意图

图 3-32 不同电极排列方式示意图

高密度电阻法具有以下优点：①电极布设一次性完成，减少了因电极设置引起的干扰和由此带来的测量误差；②能有效地进行多种电极排列方式的扫描测量，因而可以获得较丰富的关于地电断面结构特征的地质信息；③野外数据采集实现了自动化或半自动化，不仅采集速度快，而且避免了由于手工操作所出现的错误；④可以实现资料的现场实时处理和脱机处理，大大提高了电阻法的智能化程度。

3.3.2 探测水文地质情况

地电阻法适用于各种污染的调查，主要应用于 LNAPL 污染羽调查、地质描绘、地下水探勘、断层调查、海水入侵、地下空洞调查等。Buquet 等（2016）通过在沿海砂土地进行电阻法测量地下水文地质结构（图 3-33），发现可以根据地电阻进行水文地质结构分层判断，其中表层电阻率大于 600Ω·m 的高电阻层为表层干燥砂土层；下方第二层电阻率为 60～100Ω·m 中电阻层为淡水饱和砂层向半咸水饱和砂层的过渡层，尤其是电阻率为 100Ω·m 的区域为水质电导率为 0.5 mS/cm 的半咸水的饱和层；最下方第三层电阻率相对较小，为 1Ω·m 左右，其中的水质电导率高达 56mS/cm，属于典型的海水饱和层。同时该方法还可以通过长期定点监测，判断海水潮汐变化对海岸带地下水质的影响。

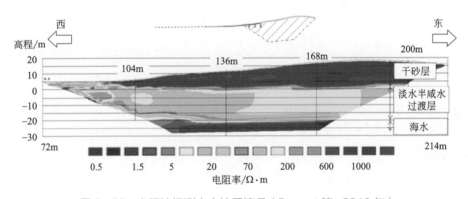

图 3-33　电阻法探测水文地质情况（Buquet 等，2016 年）

3.3.3 探测土壤和地下水污染情况

高密度电阻法探测土壤和地下水中污染情况时，受不同污染物的电阻率影响较大，例如汽油、苯系物、四氯化碳等有机污染物电阻率系数相对较高，与土壤介质本身的电阻率差异显著，尤其是在地下以 NAPL 相存在时，相对较容易与土壤介质区分开来；而重金属类污染物浓度相对不高，因此很难用此方法进行地下污染识别。因此，本探测技术通常用于 NAPL 有机污染物的探测，尤其是"新鲜"的有机污染物（具有高电阻特征）。

如图 3-34 所示，某氯代有机物污染场地的两个位置相隔 10m 左右的高密度电阻法探测线剖面图表明，该区域表层处局部地方出现点状高电阻异常区，并且呈现由表层向下扩散的羽状形态，可能为氯代有机物污染羽。通过典型监测井和采样点的土壤质地确定后，可以结合场地水文地质条件和潜在地电阻信号值，综合判断 DNAPL 类物质的潜在迁移扩散路径。

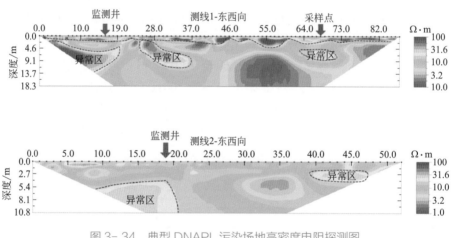

图 3- 34　典型 DNAPL 污染场地高密度电阻探测图

进行污染区调查时，可利用仪器量测污染源的电阻率，然后选定距离污染区最近未受污染地区，确立场地背景电阻率范围。例如对于油品泄漏污染历史较久的场地，其中油类物质在长期的自然风化和生物降解作用下发生降解，降解产生的小分子无机物或代谢产生的盐分导致土壤电阻率下降，在电阻率测试时表现出明显的低于普通土壤的低值"异常区"。例如某历史油品泄漏区域的电阻法测试结果表明，周边背景值区域电阻率在 21 ~ 1000Ω·m 之间，而测试剖面很多区域的电阻率异常低（低于 20Ω·m），如图 3-35 所示，结合典型钻孔数据表明这些区域可能是历史泄漏油品风化降解区。另外还可以建立三维模型，更加直观地表征地下潜在污染区域分布情形，同时结合特定电阻率范围估算体积（图 3-36）。

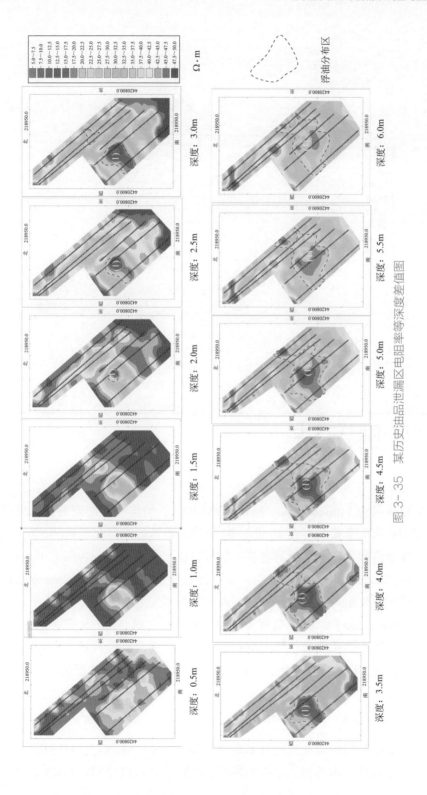

图3-35 某历史油品池泄漏区电阻率等深度差值图

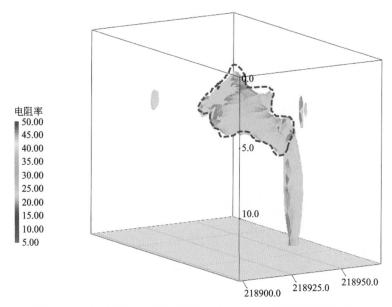

图 3-36　基于异常电阻率（低于 20Ω·m）三维差值污染范围

3.4
免疫测定法

　　免疫测定法（immunoassay）是一种常见的、经济有效的现场快速测试方法，最早用于临床医学检验，在 20 世纪 90 年代开始通过商品化的检测试剂盒的方式应用在环境监测领域。免疫测定法一般可以依据工艺不同分为四大类：酶制剂免疫测定法（enzyme immunoassay）、放射性免疫测定法（radio immunoassay）、荧光免疫测定法（fluorescent immunoassay）和酶联免疫吸附测定法（enzyme-linked immunosorbent assay）。其中酶联免疫吸附测定法（ELISA）具有速度快、灵敏度高、选择性强、保质期长、使用简单等优点。目前，已经开发出许多针对具体污染物及其代谢产物的特异性免疫测定试剂盒，在环境领域中广泛使用。

3.4.1　免疫测定法工作原理

　　酶联免疫吸附测试技术的基本原理是利用免疫抗体能与目标分析物（又称抗原）的特定物理结构选择性结合的特征，这种结合点位与钥匙和锁的工作原理类似（如图 3-37 所示）。因为这种结合是基于抗原的物理形状而不是其化学性质，所以抗体不会对结构不同的物质产生反应，这种结合作用可以通过一些发光的指示剂进行定量化表征。这种测试方法的基本流程为：首先，已知数量的抗体引入在特定试管内或者附着在试管内特定的磁性或乳胶颗粒上，抗体的数量及其结合位点都是已知的。然后，待测目标物和已知量的酶结合物引入装有抗体的试管中，样品中存在的目标分析物（非酶标记抗原）与酶标记抗原竞争有限数量的抗体结合位点。该酶将与比色剂反应以产生不干扰抗原与抗体结合能力的颜色变化。该酶标记抗原可以检测目标物（抗原）的存在。最后，当将比色剂或色原添加到溶液中时，它会与标记抗原上的酶发生反应，从而形成显色。根据质量作用定律，样品中存在的目标分析物越多，被分析物从结合位点置换的酶标记抗原越多，显色越弱，因此，显色强度与样品中存在的分析物数量成反比。可以通过使用光度计或分光光度计测量反应颜色的精确变化来确定目标分析物的数量或浓度。

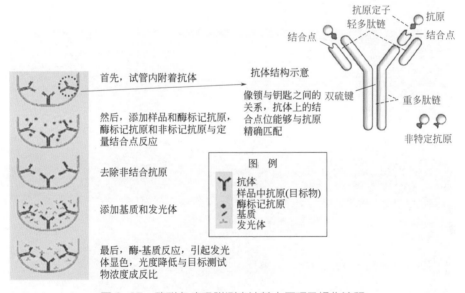

图 3-37　酶联免疫吸附测定法基本原理及操作流程

目前，这种酶联免疫吸附测定法已经设计成为野外便携式试剂盒的形式，通过简单的手持设备就可以随时快速测试。目前已经能够测试汽油、柴油、航空煤油、苯系物（BTEX）、多环芳烃（PAH）、多氯联苯（PCB）、农药（包括具体农药和某一类农药）、爆炸物等大多数有机物，同时还包括无机物汞。这些测试试剂盒往往能够测试某种具体有机污染物的浓度值，但是针对某一类污染的测试，往往只能给出这一类物质的总浓度值，而不能同时测定出其中的具体污染物及浓度。例如有些试剂盒是针对多环芳烃中的苯并芘这一单一污染物的，而有些试剂盒则是针对所有致癌性多环芳烃类物质总和的。

通常这种免疫吸附测定试剂盒（图 3-38）包括测试管（本身附着抗体或者带有磁性或乳胶颗粒溶液）、酶结合物（酶标抗原）、发光体、基质溶液、标准物质、便携式分光光度计以及其他的预处理设备（如天平、磁力分离器、移液管、计时器、旋涡混合器等）。如果要测试土壤或沉积物等固相介质，一般不能像水样那样直接进样测试，还需要准备一些提取预处理工具。不同厂家的试剂盒的检出限因检测目标物、样品基质、制造工艺等存在一定的差异，但基本上能够达到传统检测方法相同的检出限水平，甚至更低。例如水样的检出限都能达到 10^{-6}、10^{-9} 甚至 10^{-12} 级。土壤样品由于涉及萃取等前处理，检出限水平要比水样略高（如表 3-4 所示）。但是过低的检出限并不十分有利，低检出限往往会造成检出范围相对偏小，而实际污染介质测试过程中需要多次稀释，造成误差放大。

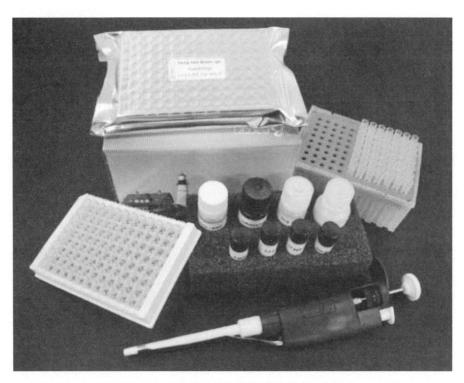

图 3-38　典型的酶联免疫吸附测定试剂盒组成

表3-4　酶联免疫吸附测定法对常见污染物的检出限水平

污染物名称	土壤检出限 /10⁻⁶	水样检出限 /10⁻⁹
石油烃（TPH）	$2 \sim 150$	$100 \sim 500$
苯系物（BTEX）	$1 \sim 5$	$10 \sim 500$
多环芳烃（PAH）	$0.2 \sim 25$	$1 \sim 500$
农药	$1 \times 10^{-9} \sim 100 \times 10^{-9}$	$50 \times 10^{-12} \sim 10 \times 10^{-9}$
多氯联苯（PCB）	$0.1 \sim 100$	1
五氯酚（PCP）	$0.1 \sim 0.5$	$0.1 \sim 5$
爆炸物	$0.2 \sim 1.0$	$0.5 \sim 5$

3.4.2　免疫测定法在污染识别方面的应用

由于免疫测定法具有快速、便携易操作、低成本等优点，该技术在环境调查领域得以快速发展，尤其是在现场快速测试或现场实时测试领域。美国环保署（EPA）已经颁布了许多免疫测试方法，用于土壤和地下水检测。具体如表 3-5 所示。

表3-5　美国EPA SW-846涉及免疫吸附测定法的相关技术标准

编号	技术标准名称
4010 A	免疫测定法筛查五氯酚（screening for PCP by immunoassay）
4015	免疫测定法筛查二氯苯氧乙酸（screening for dichlorophenoxy acetic acid by immunoassay）
4020	免疫测定法筛查土壤中多氯联苯（screening for PCBs in soil by immunoassay）
4025	免疫测定法筛查二噁英［screening for polychlorinated dibenzodioxins and polychlorinated dibenzofurans (PCDD/PCDF)by immunoassay］
4030	免疫测定法筛查土壤中石油烃（soil screening for petroleum hydrocarbon by immunoassay）
4035	免疫测定法筛查土壤中多环芳烃（soil screening for polynuclear aromatic hydrocarbons by immunoassay）
4040	免疫测定法筛查土壤中毒杀芬（soil screening for toxaphene by immunoassay）
4041	免疫测定法筛查土壤中氯丹（soil screening for chlordane by immunoassay）
4042	免疫测定法筛查土壤中滴滴涕（soil screening for DDT by immunoassay）
4050	免疫测定法筛查土壤中 TNT 炸药（TNT explosives in soil by immunoassay）
4051	免疫测定法筛查土壤中 RDX 炸药［hexahydro-1,2,5-trinitro-1,3,5-triazine (RDX) in soil by immunoassay］

续表

编号	技术标准名称
4425	通过人类细胞分布基因识别环境介质提取物中的平面有机污染物（PAH, PCB, PCDD/PCDF）〔screening extracts of environmental samples for planar organic compounds (PAH, PCB, PCDD/PCDF) by a reporter gene on a human cell line〕
4500	免疫测定法测定土壤中汞（mercury in soil by immunoassay）
4670	免疫测定法定量测定水中阿特拉津等三嗪类除草剂（triazine herbicides as atrazine in water by quantitative immunoassay）

注：4025 和 4425 方法需要传统实验室预处理，并且有特殊的经验要求，但是此方法可以作为成本和时间要求更高的高分辨率 GC/MS 的替代选择之一。更多的测试方法可以查阅 https://www.epa.gov/hw-sw846。

不同的检测试剂盒由于在检出精度和准确度、检测介质等方面的差异，造成了测试时间存在一定的差异。一般情况下采用酶联免疫吸附测定法的测试时间要比传统的运送至实验室检测的时间大大缩减，单个样品的检测时间约在 30 min～4 h 之间。其中样品预处理时间为几分钟到 2 小时左右（一般可以同时处理 20 个样品），样品测试时间为 30min～2 h 左右。一般地下水样品可以直接进行测试或者经过简单的稀释、过滤等预处理，预处理时间相对较短；但是土壤样品需要萃取等多个前处理步骤，相应的预处理时间要比地下水样品长很多。实际上影响测定时间的主要因素包括：

① 操作者熟练程度。熟练操作员每天可以处理 50～60 个水样，但是土壤样品只能处理 30～50 个。

② 批处理系统的样品容量多少。有的一批能做 20 个样品，而有的能处理 40～50 个。

③ 前处理工具系统的效率。

④ 试剂盒的量程导致的稀释次数。如果稀释次数过多，可能处理效率会大幅下降。

⑤ 质控样品数量。

⑥ 温度。如低温会导致显色反应速率降低，影响测试速率。

一般情况下免疫测试法只针对特定的污染物或特定类别的污染物，因此往往用于特定场景的筛查或定量判断（已知或怀疑目标待测物存在）。在使用此方法时应注意测试中的干扰或局限性问题。例如某些石油烃测试试剂盒往往仅对分子量较小的环状烃类物质响应效果较好，对于链状烃和润滑油等重质组分响应效果不明显。有的时候待测介质中复杂的污染物类型，可能会导致测试结果存在较大的误差。另外，大多数测试试剂对温度都比较敏感，试剂需要全程低温冷藏保存，甚至要求避光。另外，野外环境条件下，温度的不稳定性变化可能影响测试效果，因此在实际使用过程中要特别注意不同试剂盒的具体环境条件要求。

3.5
X射线荧光光谱仪

X射线荧光光谱仪（X-Ray Fluorescence）是一种利用X射线进行非破坏性样品元素组分定性和定量分析技术。其中X射线是能量介于紫外线和γ射线之间的高能量光谱（如图3-39所示），它能够激发原子发射电子跃迁，释放能量产生荧光。X射线具有较高的穿透能力和激发势能，可以用于医疗透视、晶体衍射以及探测元素组成等。

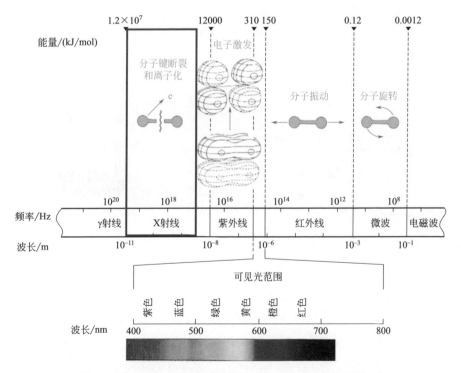

图3-39　电磁光谱能级及对分子的作用（X射线方框圈出）

3.5.1　X射线荧光法原理

　　一般原子是由原子核（质子和中子）与电子组成，其中电子分布在原子核外特定距离的电子层上，离原子核由近及远的电子层分别为 K 层、L 层、M 层和 N 层，其中最里层 K 具有最高的结合能，电子跃迁需要的能量最高；相对而言 N 层电子结合能最低（势能最大），电子跃迁释放的能量最多。不同电子层跃迁产生不同的特征发射光谱，来自不同电子层的发射光谱分别称为 α 和 β。例如 K_α 射线是指 L 层电子跃迁填补 K 层电子空位产生的，K_β 射线是指 M 层电子跃迁填补 K 层电子空位产生的（图 3-40）。通常具体某个元素 K_α 射线是 K_β 射线强度的 6～7 倍左右，K_α 射线是定量测试的主要选择。XRF 测试仪通常主要利用以 K 层和 L 层发射光谱。一般 K 层发射光谱主要探测原子序数在 11～46（钠～钯）之间的低分子物质，L 层发射光谱主要探测原子序数大于 47（银）的重质物质。只有原子序数大于 57 的才测 M 层发射光谱。

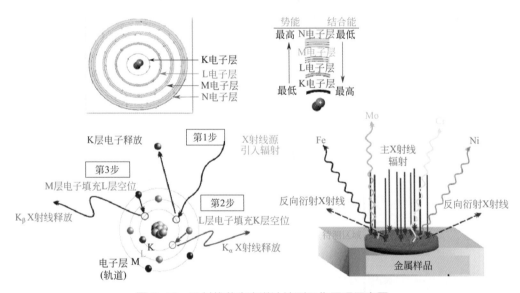

图 3-40　X 射线荧光光谱法检测工作原理示意图

　　X 射线荧光测试技术的主要原理如下：当能量高于原子内层电子结合能的高能 X 射线与原子发生碰撞时，驱逐一个内层电子从而出现一个空穴，使整个原子体系处于不稳定的状态，当较外层的电子跃迁到空穴时，产生一次光电子，击出的光子可能再次被吸收而逐出较外层的另一个次级光电子，发生次级光电效应或无辐射效应。当较外层的电子跃入内层空穴所释放的能量不在原子内被吸收，而是以光子形式放出，便产生 X 射线荧光，其能量等于两能级之间的能量差。射线荧光的能量或波长是特征性的，与元素有一一对应的关系。只要测出荧光 X 射线的波长，就可以知道元素的种类。此外，荧光 X 射线的强度与相应元素的含量有一定的关系，据此，可以进行元素定量分析。

手持式 X 射线荧光光谱仪是一种基于 XRF 光谱分析技术的光谱分析仪器，主要由 X 射线光源、检测器及数据处理存储系统三大部分组成。

（1）X 射线光源

X 射线光源需要释放出比目标待测物结合能更大能量的 X 射线，从而能够激发待测元素发生电子跃迁并释放出 X 射线，常用的 X 射线光源包括放射性同位素和 X 射线管两种。前者由于存在非开机放射、放射源半衰期寿命短等问题，需要严格的放射性管制，目前在民用手持式 X 射线荧光测试仪领域已大部分被微型 X 射线管所取代。典型 X 射线管光源特征如表 3-6 所示。微型 X 射线管通过外加高压电场（一般要达到 50 kV）加速电子产生高能 X 射线，轰击待测目标物产生激发 X 射线。通常 X 射线源的释放能量要达到目标待测物的 K 层电子的结合能，但是对于铅、汞和铀等元素的 K 层结合能大于 50 keV，微型 X 射线管光源只能激发 L 层电子产生 L 层发射光谱（L lines），需借助滤镜进行识别探测。典型土壤中元素的 K 电子层和 L 电子层射线强度值及理论检出限值（无干扰情况下）如表 3-7 所示。

表3-6　典型X射线管光源特征

阳极材料	常规电压范围 /kV	K 层电子激发能级 K_α/keV	元素分析范围
Cu	18 ～ 22	8.04	钾到钴（K lines） 银到钆（L lines）
Mo	40 ～ 55	17.4	钴到钇（K lines） 铕到氡（L lines）
Ag	50 ～ 65	22.1	锌到铈（K lines） 镱到锌（L lines）

表3-7　土壤中典型无机元素K电子层和L电子层射线强度值及理论检出限值

元素	CAS 编号	射线强度 /keV				理论检出限 /×10⁻⁶
		K_α	K_β	L_α	L_β	
Sb (Antimony)	7440-36-0	26.36	29.73	3.6	3.84	<20
As (Arsenic)	7440-38-0	10.54	11.73	1.28	1.32	<5
Ba (Barium)	7440-39-3	32.19	36.38	4.47	4.83	<20
Cd (Cadmium)	7440-43-9	23.17	26.1	3.13	3.32	<10
Ca (Calcium)	7440-70-2	3.69	4.01	0.34	0.34	<50

续表

元素	CAS 编号	射线强度 /keV				理论检出限 / × 10⁻⁶
		K$_\alpha$	K$_\beta$	L$_\alpha$	L$_\beta$	
Cr (Chromium)	7440-47-3	5.41	5.95	0.57	0.58	<10
Co (Cobalt)	7440-48-4	6.93	7.65	0.78	0.79	<10
Cu (Copper)	7440-50-8	8.05	8.91	0.93	0.95	<10
Fe (Iron)	7439-89-6	6.4	7.06	0.71	0.72	<10
Pb (Lead)	7439-92-1	74.97	84.94	10.55	12.61	<5
Mn (Manganese)	7439-96-5	5.9	6.49	0.64	0.65	<10
Hg (Mercury)	7439-97-6	70.82	80.25	9.99	11.82	<5
Ni (Nickel)	7440-02-0	7.48	8.26	0.85	0.87	<10
K (Potassium)	7440-09-7	3.31	3.59			<50
Se (Selenium)	7782-49-2	11.22	12.5	1.38	1.42	<5
Ag (Silver)	7440-22-4	22.16	24.94	2.98	3.15	<10
Tl (Thallium)	7440-28-0	72.87	82.58	10.27	12.21	<5
Ti (Titanium)	7440-32-6	4.51	4.93	0.45	0.46	<10
V (Vanadium)	7440-62-2	4.95	5.43	0.51	0.52	<10
Zn (Zinc)	7440-66-6	8.64	9.57	1.01	1.03	<5

（2）检测器

检测器是指将被测物体激发产生的 X 射线转化为可测量电信号的部分。常见的固态检测器包括 Si（Li）、HgI_2、硅 PIN 二极管和硅漂移检测器（SDD）。在这些检测器中，最新的手持式仪器中引入的 SDD 具有最高的分辨率（120 ～ 139 eV）和最大的计数率。以电子伏特（eV）表示的分辨率是衡量检测器分离能量峰能力的度量单位。某些元素产生的峰在光谱中彼此接近。如果一种元素的浓度很高，可能产生一个峰，该峰可能掩蔽浓度较低的其他元素附近峰。分辨率越高（即 eV 值越低），检测器就能够越好地分离特征峰。

（3）数据处理存储系统

每个设备厂家都会通过一个软件包，根据源反向散射估算的样品厚度以及其他参数，将光谱数据转换为根据工厂校准数据确定的浓度结果。该数据处理存储系统允许将包括光谱数据在内的数据下载到电脑进行进一步评估。通常仪器制造商会设置其软件包以查找特定的元素数组。

3.5.2 土壤污染探测应用

　　手持式 X 射线荧光检测仪具有高效、便携、准确等特点，可用于矿石样品、合金、贵金属、废旧金属回收、考古、限制有害物质指令（RoHS）、土壤环境调查等。一般手持式 X 射线荧光检测器一次能同时测定土壤或沉积物中的 25 种以上的元素，其中包括砷、钡、镉、铬、铜、铅、汞、硒、银和锌等重点关注的无机元素，但是对于原子序数较小的轻元素的检测效果较差，检出限要大于相对重的元素。由于手持式 XRF 基本上不需要消解和复杂的前处理，这种测试方法测试过程相对较快，通常 XRF 仪器设备需要开机预热 15 ～ 30min，单个样品的测试时间在 1 ～ 5min 左右。

　　土壤样品 XRF 检测有原位检测和采样检测两种模式（如图 3-41 所示）。原位检测就是利用 XRF 设备对未扰动的土壤进行检测，测试前需去除其中的大颗粒碎块、树叶、根茎等杂质，然后压实整平测试区域；采集样品进行检测是将待测样品进行采集整理后，将土壤样品进行均质化混合均匀放进容器中进行检测，具体测试流程如图 3-42 所示。

　　在现场利用 XRF 进行土壤污染测试时，如果前处理适宜且操作过程得当，这种现场测试数据与实验室的数据具有较好的一致性。通常土壤介质的特性、土壤含水率、元素间干扰以及测试位置都会对测试结果产生影响，其中部分因素可以通过样品预处理和实验设计进行避免或控制其影响到最低水平；而有些影响因素可能无法避免，则需要在结果表征时一并考虑。为了获取更加有效的测试数据，现场操作人员需要了解这些潜在影响因素并适当应对。

(a) 原位检测　　　　　　　　　　　　　　　　(b) 采样检测

图 3-41　土壤样品 XRF 两种测试模式

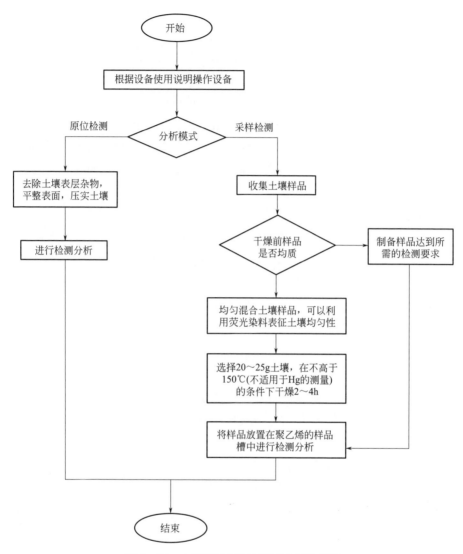

图 3-42　土壤样品 XRF 测试流程示意图

（1）土壤介质物理特征影响

　　XRF 测试点主要集中在待测物体的表面很小的区域，单次测量的有效面积仅为 1cm² 左右，X 射线有效穿透土壤表面的深度只能达到 0.1 ~ 1 mm。因此土壤的粒径、均匀程度、异质性和样品表面等指标会对测量结果产生较大的影响。为了克服这种土壤物理特征对测试结果的影响，可以在现场原位测试过程中进行多点测试，例如可以在同一测试面上测试 3 ~ 5 次，取均值作为最终结果，能够尽可能减少测试误差。同时也建议将土壤样品装在塑料样品袋中适当均化，然后在正面、反面等多个方位进行多点测试，确保能够反映待测土壤样品的总体情况。

另外，在采样测试模式下可以尽可能多采集样品（一般 300g 以上），放置于塑料样品袋中，通过剔除土壤大块杂质、破除土壤颗粒、充分混合均质化等过程降低样品的异质性影响。另外，如果测试精度要求较高，可以将干燥后的土壤样品研磨，并过 60 目及其以下的筛子，将筛下土壤样品放置在样品杯中，表层覆盖薄层聚酯膜，然后再进行抵近测试。另外，针对塑料样品袋中或覆盖薄膜中的痕量元素的影响，可以采用空白测试的方法扣除背景影响。

（2）土壤含水率影响

由于土壤中的水分可能对反射信号的传输产生抑制性影响，含水率在 5%～20% 范围内时对测试结果干扰相对较小，但是当土壤中含水率大于 20% 以上时，可能对测试结果产生较大的影响（图 3-43）。如果土壤或沉积物中含水率过大，需要通过风干或烘箱（在不高于 150℃ 的条件下进行烘干 2～4h，至样品恒重）进行干燥预处理，但是不要使用微波进行加热预处理，因为土壤中金属物质可能会在微波作用下发生迁移造成浓度异质性增加，进而增加 XRF 测试结果的误差。但是要注意，如果土壤中有汞这种具有挥发特性的目标待测物，土壤加热干燥预处理可能会加速挥发损失，只能采用风干的方式进行预处理。

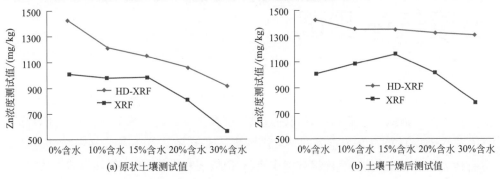

(a) 原状土壤测试值　　(b) 土壤干燥后测试值

图 3-43　不同含水率土壤干燥前后锌浓度 XRF 测试结果（HD-XRF 是指另一仪器信号 ）

（3）元素间干扰影响

土壤中部分元素可能会产生 X 射线吸收或增强的现象，例如铁会吸收铜激发产生的反射 X 射线，同时受到土壤中低浓度铬的影响；由于铅和砷的激发反馈信号峰值较近，土壤中高浓度铅存在的情况下可能会掩蔽低浓度砷的测量结果。临近峰值的分辨率的问题，可以通过优化算法的方法进行改善，具体要参考不同测试设备的技术说明书。

（4）测试位置影响

对于土壤和沉积物等固态环境样品，一般 X 射线的有效探测深度范围仅为 0.1～1mm 左右，因此探测器前窗至被测物体的距离如果不一致，可能会造成 X

射线信号衰减导致的测量误差。测试过程中尽可能保持探测器前窗至被测物体的距离一致，可以减少此类影响或控制其影响程度。最好可以在探测器前窗覆盖一层一次性的聚乙烯薄膜或塑料袋，这样可以把探测器紧贴在待测样品的表面直接测试，每测一个样品更换一层覆盖膜，既能减少距离增加导致的信号衰减，又可以避免交叉污染。

3.5.3 地下水污染探测应用

通常手持式的 XRF 仪器也可以测试水中的金属元素，但是由于水样中的痕量金属浓度较低，通常不能直接进行测试。一般可以通过将水样中的待测元素富集并从液相中分离出再进行测试。例如可以通过滤膜将水中的离子富集到离子交换膜并干燥后再测试，或者使用琼脂胶固化水样中的待测离子然后干燥成薄膜测试，甚至通过螯合剂与待测离子沉淀后再进行固相测试。

3.6
土壤气体测试

由于石油、化工等行业的长期和广泛使用，加油站、油田、储油罐、化工厂和焦化厂等产生泄漏、遗撒和排放问题造成土壤被污染，其中苯系物、氯代烃等挥发性有机污染物 (VOC) 是最重要的一类污染物。由于 VOC 的易挥发逸散特性，采集具有代表性的 VOC 样品是确保其健康风险评估结果准确的重要保证。通常情况下，污染场地中的 VOC 除直接吸附于土壤介质或溶解于地下水介质中外，还通过相分配作用部分赋存于土壤孔隙气体中（即土壤气体中）。在稳定系统中，污染物在各相之间存在平衡分配关系。根据平衡关系，建立以土壤气为核心的多介质浓度关系。在土壤体系中，污染物在土壤（有机质）、土壤水、土壤气三相中达到平衡状态，则按照分配系数法，可以从土壤气污染物浓度推算出土壤污染物浓度：

$$C_s = C_{sg} \times \frac{\theta_{ws} + K_{oc} \times f_{oc} \times \rho_b + H \times \theta_{as}}{H \times \rho_b} \qquad (3\text{-}2)$$

式中，C_{sg} 为土壤气中的气相污染物浓度；C_s 为土壤污染物浓度；θ_{ws} 为土壤中孔隙水体积比；θ_{as} 为土壤中孔隙气体体积比；H 为亨利常数；K_{oc} 为土壤有机碳、孔隙水分配系数；f_{oc} 为土壤有机碳质量分数；ρ_b 为土壤的容积密度。

同样，根据亨利常数含义可以建立土壤气 VOC 浓度与地下水中浓度的关系：

$$C_{\text{w}} = C_{\text{sg}} \times \frac{1}{H}\tag{3-3}$$

式中，C_{sg} 为土壤气中的气相污染物浓度；C_{w} 为地下水污染物浓度；H 为亨利常数。

掌握场地中 VOC 污染情况，不仅可以通过土壤和地下水采样分析，还可以通过监测土壤气中的 VOC 进行综合判断。传统的土壤气或蒸气入侵主要是用于监测和判断地下挥发性有机污染物对人体健康的影响情况，但是目前土壤气监测也逐步被引入到判断地下土壤和地下水污染羽刻画和污染物迁移变化情况（图 3-44）。土壤气测试可以大大提高在其他介质中采样的准确性和精确度，并提供包气带土壤污染源特征。例如，监测发现土壤气体中 VOC 的浓度升高，研究人员能够更好地选择土壤和地下水采样的位置，尤其是在可以使用现场实验室设施分析土壤气样品的情况下；在不了解废物处置历史且采样土壤或地下水的时间或资源有限的地区，土壤气采样特别有价值。除了用于指导土壤和地下水采样外，直压推进的土壤气体采样器还可以用作动态监测程序的一部分，判断地下污染物长期降解与变化情况。

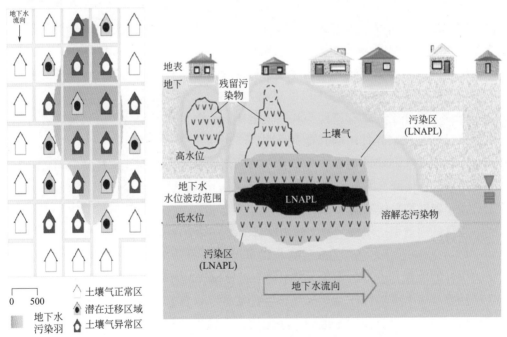

(a) 污染分布平面图　　　　　　　　　(b) 污染分布垂直截面示意图

图 3-44　土壤气与土壤和地下水污染羽的关联性示意

3.6.1 土壤气的采集

土壤气的监测方法主要有现场在线测试和采样监测两种，前面直压测试技术介绍了一些在线测试方法，此节主要讨论土壤气采样监测的方法。土壤气采样器可以分为两大基本类别：连续型和离散型。连续型采样工具以嗅探模式驱动，即在采样工具向下转进时会连续收集土壤气样品。而离散型采样则是将采样工具转进至目标深度，然后收集样本。根据所选的土壤气采样器，可以将工具推至下一个采样深度，或者在再次使用之前将其移除并清洁。在同一钻孔中，离散型采样工具需要多次使用。离散型采样工具的优点是可以从精确的深度收集样品，从而更加准确地定位污染源。连续型采样工具的优势在于可以更快地表征不同土壤层的污染特征。但是，与离散型采样工具相比，由于土壤气传输管中 VOC 的残留迟滞特性，连续型采样工具的误报率更高。

（1）连续型采样工具

连续型采样工具（图 3-45）主要由钻杆顶端上方的过滤模块和内部具有土壤气传输功能的探头组成。气体进入探头并通过泵或惯性作用被带到地面，可以直接采集土壤气体。待一个样品采集完成后，又将前进到新的目标深度再次采样。该系统的优点是可以在多个深度收集土壤气体样本，同时通过岩土工程传感器获得土壤地层变化情况。采集到的土壤气体可以使用光电离或火焰电离检测器等在线检测设备进行现场分析测试，也可将样品储存在注射器、注射器小瓶或 Tedlar 气袋中，然后转移至气相色谱仪等现场检测仪器中进行分析测试，或者将采集到的土壤气体保存在 Summa 罐中以供异地实验室进行分析测试。

连续型采样工具具有速度快和方便的优点，但是对于部分工具可能会由于有机气体可能会被采样杆中的其他气体稀释，以及采样设备中残留的 VOC 等原因，产生误报或交叉污染。此外在细颗粒土壤或沉淀物中取样时，取样端口可能会被泥沙堵塞，从而降低采集到高质量代表性样品的机会。

（2）离散型采样工具

常见的离散型土壤气采样工具由钻杆、进样筛管（向下钻进时，缩进钻杆中）和一个可伸缩式钻头组成。该工具将钻进至所需的采样深度，然后将钻杆回拔，钻头留在原位置，进样筛管暴露至土壤中，土壤气透过筛管层进入到采集系统中。再使用真空泵和管路将土壤气样品带至地表样品保存容器中。一个目标样品采集完成后，将采样工具拔回至地面，净化后再次钻进到其他深度或将其移动到其他位置采样。收集到的土壤气体样品可以在现场进行检测分析，也可以将其富集至吸附管中供以后分析。该工具还有改进型的，允许在井下更换管道，从而不需要将采样系统每次都拔回至地表重新贯入。

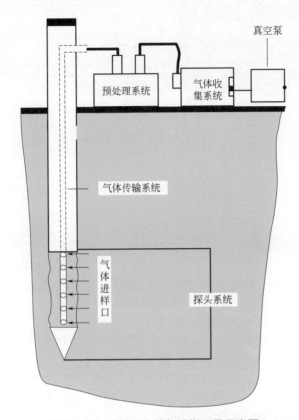

图 3-45 连续型土壤气采样工具示意图

　　另外，还有一些改进型的采样系统，可以使用双层管装置来取回所有钻杆，并保持气体采样室常开。这种系统对于松散、易坍塌的土壤或沉积物层采样具有较好的效果。另外，还有一些土壤气体采样工具还具备操持采样端口清洁的设计，避免交叉污染。有些采用半透膜的系统，只允许目标待测气体进入（排除地下水和颗粒物等杂质），这样采集到的土壤气可以直接进入地表的分析测试仪快速测定。土壤气分层监测井示意图如图 3-46 所示。

　　常见的土壤气保存方式包括密闭注射器、Tedlar 气袋、Summa 罐和吸附管等，不同的保存方式的保存时间、保存条件等存在较大的差异。正式采样前，需要根据可获得的实验室检测条件、污染物检出限及检测方法确定样品的保存方式，土壤气样品保存方式、最大保存时间及相关技术要求如表 3-8 所示。

(a) 分层采样井管　　　　　　　　　(b) 分层井管原理示意

(c) 土壤气分层监测井

图 3-46　土壤气分层监测井示意图

表3-8　典型土壤气样品保存方式对比

存储器	实物照片	样品最大存储时间	备注
密闭注射器		一般仅适用于具备现场实验室分析条件的采样，最大存储时间不能超过 30min	玻璃材质或内衬特氟龙的塑料材质，采集氯代挥发性有机物，应选用棕色注射器或采取其他措施确保注射器避光。常温保存，运输过程不应冷冻
Tedlar 气袋		不能超过 24h	特氟龙或内衬特氟龙的聚乙烯材质。采集氯代挥发性有机物，应选用棕色气袋或采取其他措施确保气袋避光。样品不能充满气袋体积的 2/3，常温保存，运输过程不应冷冻

存储器	实物照片	样品最大存储时间	备注
Summa 罐		不能超过 30d	不锈钢且内部经过硅烷化处理，常温避光保存，运输过程不应冷冻
吸附管	进、排气口　吸附管外壁　吸附剂	不能超过 14d	不锈钢或铜质，4℃避光保存，装填的吸附剂需根据污染物种类及检出限进一步确定。采样过程中，往往串联两根吸附管，避免吸附管穿透。吸附管中装填填料的类型需根据土壤气中目标挥发性有机物进行确定

注：样品保存时间从现场采集完样品开始计算。

　　上述的工具主要都属于土壤气主动采样类型，主动采样主要取决于土壤的质地、土壤有机质含量、土壤湿度等理化性质。例如，土壤颗粒较大的土质条件更适合主动采样，但是当土壤含水率大于 60%（体积比）时，土壤气体吸附材料活性炭的吸附效率会降低 50%。而被动采样主要适合黏性土壤相对较多的土壤；同时由于被动采样过程相对较长的采样周期，该采样方法比较适用于挥发性相对较弱的污染物（亨利常数相对较低的污染物）。图 3-47 为典型的土壤气主动采样和被动吸附采样的对比分析。

图 3-47　土壤气主动采样和被动吸附采样的对比分析

　　除主动式土壤气采样技术以外，近年来被动式土壤气采样技术备受关注。土壤气被动采样技术指利用置于各种装置中的特定吸附剂，吸附土壤气体中的污染物，并进行检测分析，可针对 VOC、SVOC 以及汞蒸气等。土壤气被动采样结果中，通常污染物的多少以总质量表示，而不能以浓度表示，因此不能直接作为风险评价计算的依据。目前，越来越多的研究正在尝试通过污染物的吸附量来预测土壤气中的污染物浓度，进行污染源识别、污染物空间分析、监测土壤气动态变化定性或半定量分析。挥发性有机气体被动吸附采样技术研究流程如图 3-48 所示。

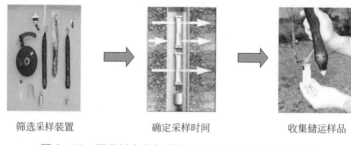

筛选采样装置　　　　　　确定采样时间　　　　　　收集储运样品

图 3-48　挥发性有机气体被动吸附采样技术研究流程

3.6.2　土壤气的测试

所采集到的土壤气应根据样品的保存方式选择合适的测试方法，一般可以借鉴空气中 VOC 测试方法。其中现场的 VOC 测试方法包括移动气相色谱、气相色谱 - 质谱等仪器，实验室检测可能根据样品保存方式的不同需要在检测仪器前增加吸附解析（吸附柱保存样品）预处理。表 3-9 为美国 EPA 常用空气中 VOC 污染物检测方法。

表3-9　美国EPA常用的空气中VOC污染物检测方法

标准编号	标准名称	备注
Method TO-1	Tenax® 吸附和 GC/MS 检测器测试空气中挥发性有机物方法 Method for the Determination of Volatile Organic Compounds (VOC) in Ambient Air Using Tenax® Adsorption and Gas Chromatography/Mass Spectrometry (GC/MS)	Tenax® 吸附管
Method TO-2	碳分子筛吸附和 GC/MS 检测器测试空气中挥发性有机物方法 Method for the Determination of Volatile Organic Compounds (VOC) in Ambient Air by Carbon Molecular Sieve Adsorption and Gas Chromatography/Mass Spectrometry (GC/MS)	碳分子筛吸附
Method TO-3	冷冻预浓缩技术和气相色谱（FID/ECD）检测空气中挥发性有机物方法 Method for the Determination of Volatile Organic Compounds in Ambient Air Using Cryogenic Preconcentration Techniques and Gas Chromatography with Flame Ionization and Electron Capture Detection	冷冻预浓缩

标准编号	标准名称	备注
Method TO-12	冷冻预浓缩技术和直接 FID 检测空气中非甲烷总烃有机物方法 Method for the Determination of Non-methane Organic Compounds (NMOC) in Ambient Air Using Cryogenic Preconcentration and Direct Flame Ionization Detection (PDFID)	
Method TO-15	气相色谱直接进样法测试空气（容器保存）中挥发性有机物法 Determination of Volatile Organic Compounds (VOC) in Ambient Air Using Specially Prepared Canisters With Subsequent Analysis By Gas Chromatography	气相色谱直接气体进样测试
Method TO-15A	GC-MS 直接进样法测试空气（容器保存）中挥发性有机物法 Determination of Volatile Organic Compounds (VOC) in Air Collected in Specially Prepared Canisters and Analyzed by Gas Chromatography–Mass Spectrometry (GC-MS)	气相色谱 - 质谱直接气体进样测试
Method TO-17	吸附管主动吸附采样测试空气中挥发性有机物法 Determination of Volatile Organic Compounds in Ambient Air Using Active Sampling onto Sorbent Tubes	

　　土壤气的测试结果可以与土壤气风险筛选值进行比较，判断是否可能具有潜在污染风险或需要进一步的详细调查采样。表 3-10 为常用的国内外土壤气 VOC 风险筛选参考值。具体可以根据实际情况选择使用或进行具体的风险判断。

表3-10　国内外典型土壤气VOC风险筛选参考值　　　　　单位：μg/m³

污染物	北京 (DB11/T 1278)		美国区域风险筛选值		美国新泽西州		美国加利福尼亚州	
土地利用类型	居住	工商业	居住	商业	居住	商业	居住	商业
苯	1242	3946	3	31	16	79	36	122
四氯化碳	1821	5788	—	—	31	100	25	85
氯仿	356	1132	1	11	24	27	—	—
二溴氯甲烷	1610	5117	1	9	43	43	—	—
1,1- 二氯乙烷	7179	22816	15	150	76	380	—	—
1,2- 二氯乙烷	315	1002	1	9	20	24	50	167
1,2- 二氯丙烷	1060	3368	2	24	23	61	—	—
乙苯	4546	14446	10	97	49	250	—	—
二溴乙烯	65	208	—	—	—	—	—	—
1,1,2,2- 四氯乙烷	1821	5788	—	4	34	34	—	—
1,1,2- 三氯乙烷	673	2138	2	15	27	38	—	—
三氯乙烯	1177	4759	4	43	27	150	528	1770
氯乙烯	1828	5808	—	—	13	140	13	45
一溴二氯甲烷	773	2456	42	420	4800	61000	—	—
1,2,3- 三氯丙烷	197	795	3	31	—	—	—	—

4

污染场地修复过程中精准调查与监测技术

4.1
场地修复技术选择补充调查技术

目前，国内污染场地修复施工单位在进场后，一般要结合前期场地调查和风险评价结果，综合考虑拟实施修复工程技术的特点，再次开展补充场地环境调查。其主要目的包括：

（1）核实前期调查结果，准确划定修复范围

前期场地环境调查往往由于目标的局限性和基于符合计量认证规范技术手段的制约，以及时间、经费等因素的制约，其确定的污染修复范围精度和准确度往往不能满足后续工程施工的要求。另外，管理流程、资金准备等原因可能会造成场地环境调查与污染修复工程实施间隔时间较久，部分可能长达 1 ～ 2 年，期间污染物发生了一定的迁移转化，前期确定的修复范围可能发生较大的动态变化情况，例如污染源还在不断释放，导致污染羽不断扩展变大，或者污染源已经被清除或者释放完毕，相应的污染羽逐步收缩变小，不同情景下的修复措施需要进行相应的调整优化。因此，修复工程施工单位在正式工程开始之前，需要进行补充调查，通过高密度的采样或在线监测的方法，核实和修正前期划定的修复范围。

（2）追溯污染来源及重污染区，明确修复重点

在实际场地修复工程施工过程中，除了要明确目标修复区域的范围，还要着重掌握潜在的污染源、重污染区域、轻污染区域等详细污染状况，不同污染区可能采取不同的修复技术或组合。例如在污染源区，有 NAPL 相的存在，需要首先进行源的去除；而在离源区稍近的重污染区，需要采取原位化学氧化快速降低污染物浓度；在距离更远的污染羽边界附近中低污染区域，可以采取强化生物降解的方式，对污染物进行低成本的修复处理。这种采用系列修复技术组合进行修复的模式，可以有效提高修复工程效率、降低修复成本。目前，国内外很多大型复杂场地在修复工程开始前，基本上都要进行这种目的的补充调查。

（3）掌握场地特征参数，优化修复工艺

近年来，以 SVE、原位化学氧化、监测自然衰减等为代表的创新型原位修复技术在国内快速发展，这些技术应用的前提条件是除了对场地的污染特征准确掌握，还要获取更多的地层剖面变化、地下水位变化、地下水氧化还原电位、无机盐浓度变化等水文地质条件，甚至温度、特征微生物、微生物丰度与数量等潜在影响污染物代谢降解的指示性指标。通过补充调查获取上述场地特征参数，可以为修复工程技术优化设计提供重要的支撑，同时帮助后期工程实施过程中的快速运行调参，提高修复效率和速率。

与前述的修复前常用调查与监测技术略有不同，修复过程中的补充调查技术可能更侧重于针对已知特征污染物和大致范围已经确定的情况下，更加准确地、细化地表征污染赋存和动态变化情况，因此更加依赖于创新型、高技术含量的新技术方法，如稳定同位素技术、分子诊断技术以及动态监测技术等。

4.1.1 单体同位素溯源技术

（1）基本工作原理

单体同位素分析技术（Compound Specific Isotope Analysis，CSIA）是近年来在有机污染物溯源及环境行为分析领域中快速发展的新技术之一。CSIA 基本原理是利用有机物在降解过程中，由于动力学同位素效应导致重质同位素（如 ^{13}C、^2H、^{37}Cl、^{18}O、^{15}N）在残留物中富集（偏正），在产物中逐渐贫化（偏负），进而通过测定目标元素的同位素富集值，判断目标物是否发生降解反应。与其他技术相比，CSIA 技术不仅能够定量地研究有机物在环境中的转化，还可以研究转化过程中的机理，因此获得了广泛的应用。

1976 年，Sano 等将样品经过气相色谱分离后的产物放入质谱仪，测定了人类尿液中 ^{13}C 标记的阿司匹林代谢产物（少量安息香酸甲酯及其他代谢产物）的碳稳定同位素比值。Matthews 和 Hayes 等采用类似装置分析了 ^{13}C 富集的混合酯类和 ^{15}N 富集的氨基酸 (由 ^{15}N 富集的人体血清蛋白制得) 中的 $^{13}C/^{12}C$ 和 $^{15}N/^{14}N$，并且将其命名为气相色谱 - 同位素比值质谱 (Gas Chromatograph Isotope Ratio Mass Spectrometer，GC-IRMS) 技术。这些开创性工作为现代 CSIA 技术奠定了坚实基础。到 20 世纪 90 年代，单体同位素分析已经发展成为一种成熟的现代分析方法（左海英，2015）。

20 世纪 90 年代 CSIA 技术开始被引入到地下水污染分析领域，目前已广泛应用于典型污染物的来源解析和环境归趋等过程中。例如碳稳定同位素技术已被应用在 PAH、BTEX 和氯代烃等污染物的溯源过程，同时还可以对地下水中甲基叔丁基醚（MTBE）、苯等典型挥发性有机污染物的生物代谢和化学降解过程进行评估。由于污染源中的重质同位素（^{13}C、^{2}H、^{37}Cl、^{18}O、^{15}N）的丰度相对于轻质同位素（^{12}C、^{1}H、^{35}Cl、^{16}O、^{14}N）的比值与降解产物具有显著的差异，所以能够对二者进行有效区分。例如，在地下水中有机物所含的 C 元素，微生物在降解过程中更喜欢优先消化其中的轻质同位素（^{12}C），因此就会造成残留的母体化合物中的重质同位素（^{13}C）的比例相对升高，而在其代谢产物中 ^{13}C 的比例会相对下降。而如果污染物仅是由于稀释等非降解因素导致浓度下降，其中的碳稳定同位素比值则会保持不变。基本原理如图 4-1 所示。

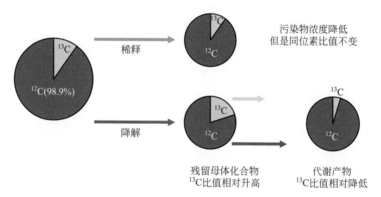

图 4-1　氯代烃稀释和生物降解过程 CSIA 结果对比示意

（2）测试技术方法

目前常用的单体同位素测试分析工具为气相色谱 - 同位素比值质谱 (Gas Chromatograph Isotope Ratio Mass Spectrometer，GC-IRMS)。GC-IRMS 仪器原理示意图如图 4-2 所示。一般样品首先通过气相色谱进行分离，然后进入离子化反应器，相应的 C 和 H 元素分别转化为 CO_2 和 H_2，然后再进入 IRMS 中测试其同位素比值。对于 Cl 元素，则不需要转化目标分子，进入 GC 分离后进入质谱仪（同位素质谱或普通四级杆质谱仪）中，并在电子源中电离，通过包含和非包含 ^{37}Cl 的成对参比同位素离子体，测定其中的 $^{37}Cl/^{35}Cl$ 比值。该实验中需要至少两种不同的同位素标准物进行校准，并且要求标准物质的化学性质相同，例如要测定 TCE 中的 $^{37}Cl/^{35}Cl$ 比值，需选用 TCE 参比标准物。

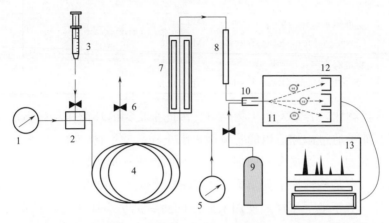

1—GC载气压力控制器；2—GC进样室；3—待测样品；4—色谱分离柱；5—氧气压力控制器（$^{13}C/^{12}C$）；6—反冲阀；7—热转化器（燃烧室）；8—脱水全氟磺酸膜；9—参比标准气体（CO_2或H_2）；10—敞口分离界面；11—IRMS：离子源和离子束；12—IRMS：法拉第杯；13—数据收集和处理系统

图 4-2　GC-IRMS 仪器原理示意图

在环境科学领域，同位素比值一般用 δ 符号表示，具体如下公式：

$$\delta^H E = (^H E/^L E_{样品}) / (^H E/^L E_{标样} - 1) \tag{4-1}$$

式中，$\delta^H E$ 表示样品中目标元素与标准物质的同位素比值差；$^H E/^L E$ 表示元素 E 的重质和轻质同位素比值。

由于 δ 值通常很小，实际中常常乘以 1000（例如 $\delta^{13}C=0.0032$，通常写作 $^{13}C=3.2‰$）。表 4-1 中列出了典型元素的国际参比标准。

表4-1　典型元素的参比标准及同位素丰度

元素同位素比值	参比标准物	标准物同位素比值	重质原子丰度 /%	轻质原子丰度 /%
$^2H/^1H$	维也纳标准海水平均值（Vienna Standard Mean Ocean Water, VSMOW）	1.5575×10^{-4}	0.015	99.985
$^{13}C/^{12}C$	维也纳皮迪河碳酸盐岩（Carbonate-Vienna Pee Dee Belemnite, VPDB)	1.1237×10^{-2}	1.11	98.89
$^{15}N/^{14}N$	空气 AIR(Air)	3.677×10^{-3}	0.366	99.634

续表

元素同位素比值	参比标准物	标准物同位素比值	重质原子丰度 /%	轻质原子丰度 /%
$^{37}Cl/^{35}Cl$	标准海水氯化物平均值（Standard Mean Ocean Chloride，SMOC)	0.319766	24.23	75.77
$^{81}Br/^{79}Br$	标准海水溴化物平均值（Standard Mean Ocean Bromide，SMOB)	0.97	49.31	50.69

通常有机物比较容易发生生物降解，因此采集到的环境样品需要采取合适的保存方式。如果通过添加适当的防腐剂来阻止样品的生物降解，并采取适当的措施以防止待测物因蒸发或衰减而损失，那么同位素比值可以在 1～3 个月的时间内保持稳定，在某些情况下甚至更长。BTEX 化合物可以保存 4 周，而 PCE 可以保存 4 个月。对于地下水样品使用最广泛的防腐剂是添加 36% 的盐酸 1∶1 水稀释溶液，使样品的 pH 值＜2。对于大多数地下水样品，40mL 顶空瓶中只需添加 3～5 滴 1∶1 盐酸稀释液即可。美国 EPA 的吹扫捕集方法明确规定可以通过添加盐酸调节 pH＜2 来保存样品。

由于通常地下水样品中的污染物浓度相对较低，尤其是在污染羽边缘及其外部区域，或者污染物已经发生降解的区域，必须使用有效的萃取或预处理技术。常用的地下水样品预处理技术包括：

① 吹扫捕集。对于挥发性地下水污染物，例如汽油组分和氯代烃，最近几年已经成功地建立了吹扫捕集（P&T, purge and trap）的方法。这种方法使用吹扫气（一般使用高纯氮气）吹扫水样中的化合物，使其被捕集阱吸附，然后这些化合物通过加热释放并随载气进入气相色谱 - 同位素质谱仪。这种方法可以处理较大量的水样（高达 100mL），不受非挥发性基质的干扰，能够得到"干净"的色谱图。

② 固相微萃取。挥发性有机物的前处理方式，除了吹扫捕集，还可以采用固相微萃取（SPME, solid phase micro-extraction）。这种方法是将微型光纤直接浸没到水样中或暴露在它的顶部空间（顶空固相微萃取），其聚合物涂层吸附有机化合物，光纤随后放入气相色谱的进样口中加热，目标物随载气进入气相色谱 - 同位素质谱仪。因为预浓缩步骤依赖于动力学控制的吸附而非挥发，SPME 不仅可以分析如吹扫捕集一样的挥发性有机物，而且也适用于直接浸渍模式下挥发性较低的目标化合物的测定。

③ 固相萃取。对于半挥发性有机污染物，可以采用固相萃取（SPE, solid phase extraction）对水溶液进行前处理。由于干扰基质成分常常被同时提取出来，

为了避免基质的干扰，有必要进行提取物的进一步纯化，例如可以采用二氧化硅清理或超高压液相色谱分离，类似于土壤和沉积物分析。

（3）实际应有情况

一般情况下 $\delta^H E$ 比值的测试不确定度为 $\pm 0.05\%$，因此观测到的富集变化度应该至少在 0.1%，为了保守起见，测试出的同位素分离系数需要大于 0.2% 时，才能说明污染物发生降解现象。同样 $\delta^{13}C$ 在不同类型污染物降解过程中的富集系数变化不同，例如在 TCE 中污染物浓度降低（变化）20% 时，相应的 $\delta^{13}C$ 变化就能到达 0.2%，说明污染已经发生降解；而对于苯、甲苯等烃类化合物浓度降低 60% 时，相应的 $\delta^{13}C$ 变化才能达 0.2%，如图 4-3 所示。因此，对于苯系物、多环芳烃等烃类化合物，采用碳和氢的 CSIA 值共同判断污染物生物降解，要比单独采用富集系数变化较的小的 $\delta^{13}C$ 更加准确。

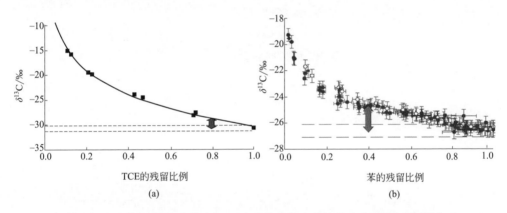

图 4-3　TCE 和苯的生物降解 $\delta^{13}C$ 富集系数变化特征（USEPA, 2008）

图 4-4 为加拿大某 PCE 污染场地两个典型的断面，其中断面 1 和断面 2 分别位于污染泄漏源地下水下游 60m 和 220m 的位置。从断面 1 的 PCE 浓度分布情况来看，该污染羽宽度达 60m 左右，可能存在不同的泄漏点；同时碳同位素比值结果也证实了该断面范围内可能存在 3 个潜在的泄漏点（A、B、C）。而在下游的断面 2 中，污染物浓度有逐渐变化成单一中心高浓度的趋势，如果仅从该变化情况来看，该断面的污染源相对只有 1 个，但是如果从碳同位素比值的分布情况来看，下游断面依然可以区分出 3 个甚至更多的泄漏点。同时，下游的断面 2 的碳同位素比值总体高于断面 1，说明在污染物向下游迁移的过程中可能产生显著的生物降解现象。

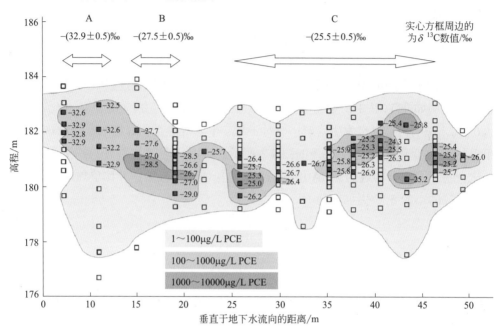

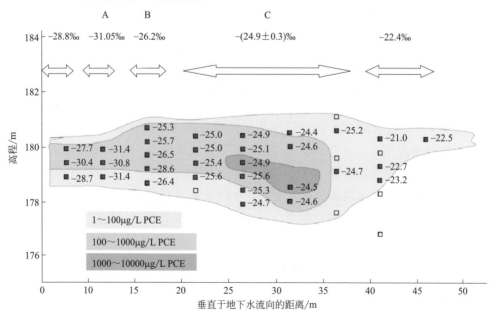

图 4-4　典型 PCE 污染场地地下水流向上 2 个断面的污染物浓度和碳同位素比值

　　目前国内外有许多利用碳同位素结合污染浓度变化情况进行污染源分析和综合判断地下污染羽的变化情况。美国加州某石油泄漏污染场地的 MTBE 污染羽的 $\delta^{13}C$ 数据直接证明了该场地可能存在 1 个以上的污染源，并且结合地下水 MTBE 浓度分布、TPH 浓度等辅助参数，判断出在不同区域 MTBE 生物降解速率存在显著差异，并在此基础上修正原来估计的污染羽范围和衰减速率等关键环境风险管控技术参数。张敏等（2017）通过对某石油泄漏污染场地开展甲苯碳稳定同位素分析，发现该场地浓度最高的两个监测井的 $\delta^{13}C$ 值差异仅有 0.1‰，远小于美国 EPA 的 2‰显著降解标准，再次印证了污染浓度分布的结果，为污染源中心。而其他监测井与这两个井的最大 $\delta^{13}C$ 值差异达到 7% 左右，说明在污染羽的外部区域发生了显著的降解。同时从不同区域污染羽 $\delta^{13}C$ 值的变化幅度来看，生物降解程度依次为"侧翼污染羽＞下游污染羽＞下游源区"，可能的原因是侧翼区域污染物主要通过缓慢的弥散作用迁移，历时较长，微生物降解作用充分；而下游区域受对流作用影响，污染物移动较快，微生物降解作用相对较弱（图 4-5）。因此，从碳稳定同位素的角度既可以简单地识别潜在的污染源位置，又可以综合判断地下水污染羽的潜在迁移和变化情况，是一种有效的直接进行污染溯源的技术方法。

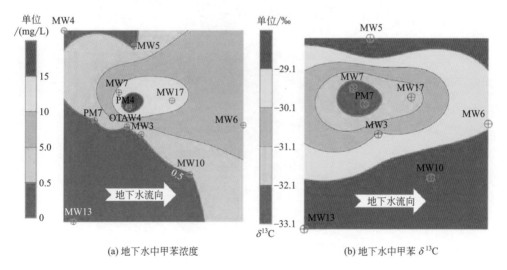

(a) 地下水中甲苯浓度　　　　　　　　(b) 地下水中甲苯 $\delta^{13}C$

图 4-5　某场地地下水汇总甲苯浓度和
$\delta^{13}C$ 变化二维平面插值对比分析

4.1.2 分子环境诊断技术

分子环境诊断技术（Environmental Molecular Diagnostics，EMD）主要是指通过分析环境中污染物转化过程中的同位素、微生物、基因或酶等微观变化情况的一类新型的高科技方法的统称。这些技术前期发源于医药、国防和工业生产等领域，由于具有良好的效果，最近一二十年快速被引用到场地环境管理领域。该类方法能够提供传统监测分析所不具备的更为直接、有效的数据，可全面支撑环境管理决策。近年来在土壤、沉积物、地下水和地表水等环境介质中生物、化学特征分析方面快速发展，尤其在污染场地特征分析、污染源解析、污染降解潜力分析、污染物降解机理及过程监测等领域具有广泛的应用（如图 4-6 所示）。根据美国 EPA 的统计情况，已经有数千场地应用到 EMD 技术。美国环境州际技术与管理委员会（ITRC）对环境治理领域的专业技术和管理人员的调查发现，大部分被调查人员都非常认可分子环境诊断技术在场地环境管理领域的重要作用，其中约34.8% 的被调查人员具有相关的 EMD 使用经验。

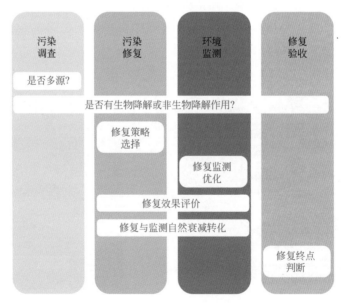

图 4-6　分子环境诊断技术在环境管理不同阶段中的应用

基于技术原理的不同的 EMD 可以分为两大类：化学技术，特别是单体同位素分析技术（CSIA）为代表，以及分子生物技术（Molecular Diological Techniques，MBT）。CSIA 可测量污染物中的稳定同位素（通常为碳、氢或氯等），这些信息有助于确定特定化学和生物化学反应影响污染物的程度。当污染物通过自然或工程发生降解时，污染物中每种稳定同位素的相对含量会发生变化。反之，污染物同位素组成在很大程度上不会受到诸如稀释等非降解过程的影响。同时该技术还可以用于化学品的溯源、降解机理和降解速率判断。MBT 也称为基于分子生物学的 EMD，用于确定环境中存在的微生物生化能力。在许多情况下，特定的微生物会导致某些污染物的降解，一些基于分子生物学的 EMD 技术可以检测和量化这些特定的微生物。其他基于分子生物学的 EMD 可以确定微生物是否正在积极降解特定的污染物。这些 EMD 还可以识别参与这些过程的非特定微生物（未知微生物）。通过这些类型的分析，可以回答微生物的生化能力、活性以及微生物种群变化等诸多环境难点问题（图 4-7）。

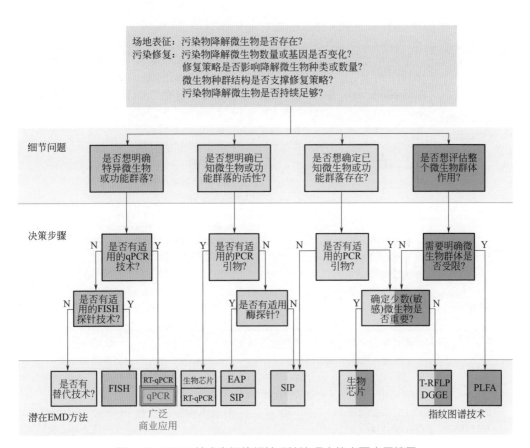

图 4-7 EMD 技术在污染场地环境治理中的主要应用情景

目前常用的分子环境诊断技术主要包括：单体同位素分析技术（CSIA）、定量聚合酶链式反应技术（qPCR）、逆转录定量聚合酶链式反应技术（RT-qPCR）、微生物指纹图谱识别技术（如 PLFA、DGGE、T-RFLP 等）、基因芯片（Microarrays）、稳定同位素探针（SIP）、酶活性探针（EAP）、荧光原位杂交（FISH）等。这些技术的主要工作原理、潜在用途及优缺点分析等如表 4-2 所示。

表4-2　典型分子环境诊断技术概述

技术名称	工作原理	主要用途	优点	局限性
单体同位素分析技术（CSIA）	分析污染物中特定稳定同位素的量化比值	• 识别污染来源 • 监测和量化污染物的降解过程	• 商业应用广泛 • 提供污染物降解直接证据 • 判断降解机理和降解速率 • 有效识别多个污染源	• 需要多批次采样 • 需要明确关键污染物的分馏系数和降解微生物
定量聚合酶链式反应技术（qPCR）	定量扩增微生物中的特定DNA片段，确定具有污染物降解功能的特定微生物或者功能基因的丰度	• 检测降解污染物的特定微生物或功能基因，为监测自然衰减技术评价和生物修复技术可行性分析提供决策证据	• 关键功能微生物和生物降解基因测试已商业化应用 • 可定量确定特定微生物和功能基因丰度 • 可量化评估特定微生物数量 • 监测降解微生物群落和动态变化	• 对特定微生物的数量有要求，当微生物达到一定数量时才能准确定量
逆转录定量聚合酶链式反应技术（RT-qPCR）	通过检测生物降解相关基因的表达，为微生物活性提供间接证据		• 可为生物降解基因的表达和生物降解活性提供间接证据	• RNA 的取样和保存困难 • 不能进行定量 • 暂无规模商业化推广
微生物指纹图谱识别技术	基于特定生物分子组成（如卵磷脂、DNA 或RNA）的特性来区分微生物或者群落结构，主要包括 PLFA、DGGE、T-RFLP 等方法	• 判断微生物群落特征 • 确定微生物亚群 • 定量活性生物量	• 可提供特定时段内微生物群落多样性和变化等基础信息 • 能跟踪微生物群落中个体生物的变化情况	• 对于部分微生物及群落结构（如古菌）难以定性识别和定量判断 • 对人工生物修复和自然降解难以判别

续表

技术名称	工作原理	主要用途	优点	局限性
基因芯片 （Microarrays）	一种生物芯片，应用已知核酸序列作为探针与互补的靶核苷酸序列杂交，进行定性与定量基因丰度分析	• 提供更精确的微生物证据，确定污染物特定降解微生物的类别及活力，阐明特定微生物降解污染物的生物地球化学过程	• 可提供特定时段内微生物群落多样性和结构变化等基础信息 • 能跟踪微生物群落中个体生物的变化情况	• 只能推测生物修复能力 • 测试结果解释需要专业指导 • 暂无规模商业化推广
稳定同位素探针（SIP）	通过向环境样品中添加同位素标记的目标化合物，再运用分子生物学技术对稳定同位素标记的生物标志物进行分析，识别特定的功能微生物	• 测定特定微生物是否发生生物降解 • 识别具有生物降解功能的特定微生物	• 可提供污染物生物降解直接证据 • 识别降解微生物类别，为后续研究提供基础信息	• 同位素标记物合成费用较高 • 暂无规模商业化推广
酶活性探针（EAP）	用酶缺乏底物特异性的特点，利用替代底物参与特定酶作用下的污染物降解过程	• 通过化学分析，定量判断特定污染物的生物降解潜力和活性，已在氯代烃和石油烃污染场地的生物降解过程中应用	• 定量特定污染物降解酶的活性，为污染物生物降解提供间接证据	• 很多微生物的相关分析方法缺乏 • 特定分析的实验室间的重现性不高
荧光原位杂交（FISH）	根据核酸碱基互补配对原理，通过带有荧光基团的抗体去识别半抗原，进行环境样品中目标基因的检测	• 评估能降解污染物的特定微生物的数量和活性	• 可确定功能微生物的存在，并间接测定其活性 • 提供微生物空间分布的可视化信息表征 • 能测量总生物量	• 针对不同微生物的探针种类相对较少 • 暂无规模商业化推广

目前，分子环境诊断技术已经应用于多环芳烃、石油烃、氯代烃、农药等有机污染场地的环境调查、修复可行性评估、修复过程监控和修复效果评估等领域，尤其是在氯代有机物的源解析和生物降解过程监控等领域。美国环境安全技术认证计划（ESTCP，The Environmental Security Technology Certification Program）曾采用 CSIA 和 qPCR 两类分子环境诊断技术相结合的方法，对某 TCE 污染场地地

下水生物降解过程进行跟踪监测，发现分子诊断技术在场地环境基础信息调查、修复辅助判断和修复过程监测等阶段都起到了非常重要的作用。例如在场地调查过程中发现相对较高的硫酸根可能是抑制脱氯球菌（*Dehalococcoides mccartyi*，Dhc）进行厌氧还原脱氯降解的重要环境因素之一，同时辅助研究人员通过添加乳酸钠等生物刺激物以激活土著 Dhc 的生长和降解作用，同时在外源引入专性的 Dhc 生物刺激底物两周以后，能够有效地监测到还原脱氯效果。最终相应的具有还原脱氯作用的 Dhc 菌群和功能基因数量增加了 4 ~ 7 个数量级，与此同时 TCE 浓度大幅降低，相应的降解产物二氯乙烯（DCE）、氯乙烯（VC）也逐步产生和被降解，同时最终降解产物乙烯也明显升高，都为本场地污染物生物降解提供了直接的科学证据。此外，TCE、DCE 和 VC 的 $\delta^{13}C$ 值也出现明显的富集，再次证明了氯代有机物的生物降解过程。Davis 等（2008）通过对美国纽约某氯代有机溶剂污染场地进行长期的污染物浓度和 qPCR 分子监测技术的跟踪观测（如图 4-8 所示），发现 TCE 降解过程中脱氯球菌的数量与 TCE 脱氯降解密切相关，且适量的生物刺激手段可以显著增加 Dhc 丰度和氯乙烯还原酶的数量，最终能够促进 TCE 逐步降解至无毒的最终产物乙烯，从而为后期修复技术选择和优化提供了非常重要的直接证据。近年来我国国内的分子生物技术和同位素分析技术也得以快速发展，并在医药、工业和科研领域积累了很多经验，部分商业化应用已经在推广过程中。这些都为场地环境补充调查提供了很好的应用基础条件。

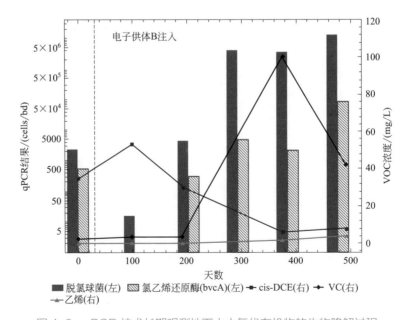

图 4-8　qPCR 技术长期观测地下水中氯代有机物的生物降解过程

4.1.3 污染羽动态监测技术

在污染场地修复前通常需要采取精准调查技术，从污染物浓度空间分布情况、时序变化情况、指示性地球化学和生物学特征参数变化情况等因素，综合对地下污染范围（污染羽）进行准确的定位和三维分布刻画，尤其是采用气相抽提、原位化学氧化、原位还原等原位修复技术时，要重点关注污染羽的动态变化情况。一般情况下污染羽的变化状态可以分为三种主要类型：稳定型、扩大型和缩减型。当污染物的扩散速度与降解速度基本相同时，污染羽处于一种动态稳定平衡状态；当污染物的降解未发生或降解进行得不够充分，不足以抵消从污染源持续向外扩散的速度时，污染羽处于扩大型；如果污染源已经得以有效控制或去除，相应的污染物降解速度大于污染扩散速度，从而导致污染羽呈不断收缩状态。具体如图4-9所示。

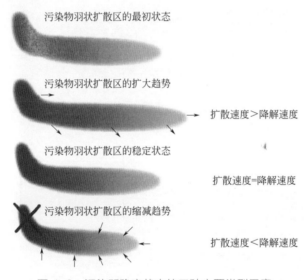

图4-9　污染羽稳定状态的三种主要类型示意

如果地下污染羽已经达到稳定状态，相应的修复技术可能在既定的时间内能够达到预计的修复目标；如果污染羽还在处于不断扩大的过程中，则说明潜在的污染源或重污染区（二次污染源）还未能得到有效的控制，可能会造成预计修复目标很难在既定的时间内完成，甚至造成修复工程失败等严重后果；如果污染羽已经处在逐步收缩减小的过程中，且有相应的污染物自然降解地球化学和生物学证据，则可以对相应的修复工程进行适当的优化调整，提高污染修复效率。

污染羽的稳定状态是一个三维空间分布的动态变化情况，因此需要通过设计针对性的监测点位（井）布设和时序监测计划，对污染羽进行精准调查监测。通常监测点位的密度和空间分布情况与地质、水文地质和空间尺度等因素密切相关，精准地布设点位非常重要且非常困难。一般可以根据污染羽大致分布情况，在垂直于污染羽主导流向的方向上设置不同的代表性断面，断面的位置和间距可以分别考虑在污染羽的上游边界处、污染源区、下游污染羽开始扩展区、污染羽下游潜在的边界处。另外在垂直方向采样点的布设方面可以重点关注潜在污染羽顶部、中间核心区和底部三个典型深度，设置多深度的组井（clustered monitoring points），具体如图 4-10 和图 4-11 所示。

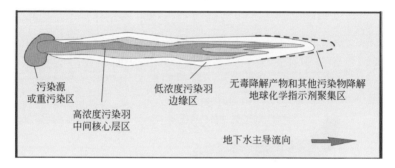

图 4-10　典型污染羽潜在不同代表性分区情况

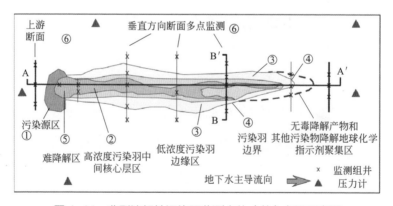

图 4-11　典型溶解性污染羽监测点位（井）布设示意图

　　通常来讲不同污染物在土壤和地下水中赋存形式、迁移模式和扩散速率等存在较大的差异，相应的地下污染羽的形态和大小各异。图 4-12 为常见的苯系物、三氯乙烯、溶解盐等典型污染物在地下水中污染羽大小统计情况（Alvarez 和 Illman，2005 年）。相对而言，苯系物由于自身生物降解较为容易，其污染羽远小于自身生物降解较为困难的氯代有机物溶剂类污染物。对于氯代烃等重质有机污染物，其在土壤中的迁移分布规律与 LNAPL 和其他溶解态的污染物存在显著的差异。由于其密度相对比水大，更容易向下迁移，因此容易顺着土壤中的裂隙或优势通道快速迁移，局部富集形成 DNAPL，相应的污染羽与常规污染物存在较大的差异。因此，对于存在 DNAPL 的污染羽，相应的监测点位（井）的布设应该更加重点关注污染源区，通过设置有效的土壤气监测组井和地下水监测组井，监测污染源的动态变化情况。具体如图 4-13 所示。

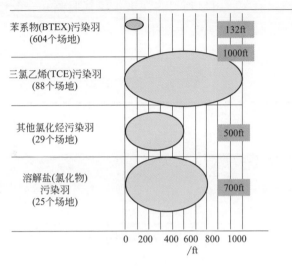

图 4-12 典型污染物类型的统计污染羽大小情况

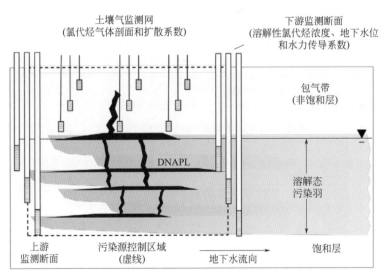

图 4-13 DNAPL 污染羽监测点位（井）布设示意图

通常影响污染羽变化的因素除了污染源的持续补给导致的输入通量增加外，还涉及溶解稀释扩散、生物降解等输出通量（如图 4-14 所示）。其中输出通量包括溶解性输出通量和气相输出通量两个组成部分，其中地下水溶解性输出通量大小与场地水力传导系数、污染源的空间分布、溶解性烃类化合物、溶解氧、硝酸盐、硫酸盐、铁离子、锰离子等地球化学参数密切相关，这些参数可以通过钻孔和地下水监测井获取；非饱和层的气相输出通量与土壤气中烃类化合物、氧气和甲烷气剖面浓度变化情况有关，可以通过多深度土壤气监测井获取相关的检测数据，表4-3中为相关量化评估技术参数及功用。

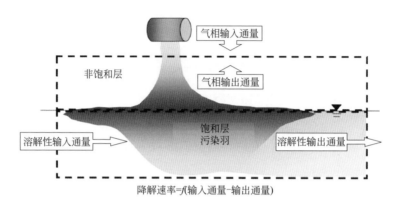

图4-14　污染羽降解变化情况

表4-3　污染源输出通量量化评估相关参数

作用类型	数据	作用原理
物理性溶解稀释	监测井静水位	确定水力坡度和地下水流向
	上下游地下水中溶解性污染物浓度	污染物浓度增加是溶解扩散直接证据
溶解性生物降解	溶解性的电子受体（如溶解氧、硝酸根、硫酸根等），以及产物（亚铁离子、二价锰离子）	地下水上下游中溶解氧、硝酸根和硫酸离子浓度降低和 Fe^{2+}、Mn^{2+} 浓度增加是生物降解作用发生的地球化学证据
	地下水中甲烷气浓度	溶解性甲烷气浓度增加是厌氧产甲烷菌生物降解的证据
非饱和层气相挥发	钻孔剖面气态污染物浓度	如果剖面土壤气体污染物浓度由下至上逐步降低，则说明存在深层污染源向上挥发的情况
	土壤中污染物组分变化	如果不同位置土壤中污染物组分相对污染源的组分发生变化，则说明可能存在挥发

作用类型	数据	作用原理
非饱和层气相挥发生物降解	呼吸作用和降解指示性土壤气（O_2、CO_2、CH_4）剖面浓度变化	如果剖面由下至上土壤气中氧气浓度逐步降低，而 CO_2 或 CH_4 浓度逐步增加，则说明生物降解作用存在。其中 CH_4 还可以通过碳稳定同位素的方法进行区分是污染源降解产生，还是土壤背景值产生
	土壤剖面污染物浓度	需要长期监测和大样本数据，观察浓度变化趋势

4.2
场地监测自然衰减修复潜力调查与评估

4.2.1 监测自然衰减技术

很多污染场地在自然状态下具备能够满足生物降解的环境和营养条件，在无须人为干预的情况下就能发生污染物生物降解作用。于是研究人员就通过监测场地中的针对特定污染物的功能性微生物及降解过程，进而充分证明场地具有自然衰减能力，这种新型的修复策略或技术被称为"监测自然衰减"（MNA，monitored natural attenuation）。监测自然衰减与对场地放任不管、不作为完全不同，它更多是在基于充分的监测调查评估后做出的一种低成本的修复方式。该技术通常与其他污染源去除技术联合使用，如在去源性主动修复技术应用且处理至中低污染水平后，然后采用此技术进行长期风险管控，最终达到预期修复目标。这种技术或技术组合是近年来快速发展的一种修复策略或技术。

MNA 技术主要利用场地自然环境中的自然生物降解作用、化学作用和物理稀释作用对污染物的联合作用（如图 4-15 所示），降低污染物的总量、毒性、迁移性、体积或浓度，从而起到控制污染风险的作用。MNA 技术作为一种效费比相对较高的风险控制技术，在石油烃、苯系物、氯代烃、重金属等污染地下水的风险控制领域得以广泛的应用。据统计美国地下储罐（UST）中石油类泄漏造成地下水 BTEX 污染的场地，约 50% 采用了 MNA 技术进行修复或风险管控。与其他传统修复技术相比，监测自然衰减技术具有综合费用低、扰动小、人体健康和环境影响微弱等优点，但是相对修复周期较长。这种监测自然衰减技术通常修复周期为 2 ～ 10 年，大致修复费用约为 5 万～ 25 万美元 / 英亩（1 英亩 =4046.8564m² ）。

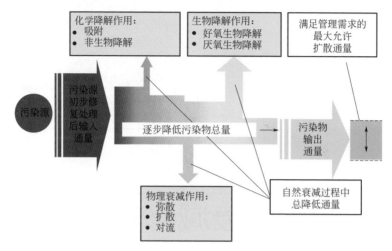

图 4-15　污染物自然衰减作用机理示意图

如果存在如下情况，则不应该单独使用监测自然衰减技术进行地下水污染修复。

① 污染羽处于扩张状态：意味着污染物持续释放速率大于自然衰减速率，MNA 很难有效控制污染状态。

② 难以实施有效监测：基岩裂隙水或喀斯特岩溶地貌等复杂的水文地质条件，可能造成污染物迁移和自然衰减过程很难进行有效监测。

③ 存在敏感受体：场地污染已经对周边人体健康或环境安全（如饮用水、地表水或蒸气入侵室内空气等）产生危害。另外，如果地下水空隙流模型计算结果表明，污染物迁移至潜在受体（或取水点）的时间会对潜在受体造成不可接受的风险。

④ 存在 NAPL 相污染物：如果地下水中存在 NAPL 相的污染物，则需要先采取其他修复技术有效去除 NAPL 相污染物，否则不能单独采用 MNA 技术进行修复。

4.2.2　监测因子及方法

作为一种有效的修复技术，决定监测自然衰减成功与否的因素包括：

① 充分的污染场地调查与表征；

② 基于场地特征充分掌握情况的长期监测计划；

③ 对于污染源的有效控制或去除（如需要）；

④ 基于修复目标的合理时间规划。

其中充分的污染场地调查与表征包括：精确的场地概念模型、饱和层介质组成、水力传导特征、污染物的空间分布和动态变化趋势等关键信息。通常确定污染场地是否适合采用监测自然衰减或进行监测自然衰减潜力评估，需要监测提供如下三个层级的证据：基础证据、次级证据和第三层级证据。

（1）基础证据：污染羽特征

MNA 的有效性主要是通过对呈稳定状态或缩减状态的污染羽中的污染物浓度随时间逐步降低而表征的。因此需要在场地调查阶段、补充调查阶段，通过设计有效的监测网络对关注污染物进行充分的调查和空间刻画。通常精准调查（例如用土壤气调查或 MIP 测试方法）结果能够最大可能地准确进行污染空间分布情况表征，同时获取场地岩性、水文地质、地球化学等参数。图 4-16 为典型的监测井布设示意图，这种监测分布通常要覆盖到上游对照区、污染源区、纵向污染羽范围、横向污染羽范围、污染羽边缘和下游控制区等关键位置。

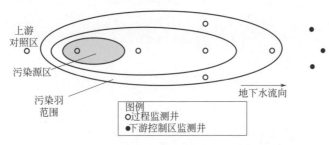

上游
对照区

污染源区

污染羽
范围

地下水流向

图例
○过程监测井
●下游控制区监测井

图 4-16 MNA 地下水监测井（点位）布设示意图

监测结果表明污染羽的状态是扩张态、稳定态或收缩态。扩张态的污染羽往往在锋面（前进方向）呈浓度梯度下降，但是随时间可能有逐步增加的趋势，这种状态下可能存在污染源没有得到有效控制的情况，不建议单独采用 MNA；如果污染羽的尾部呈浓度梯度下降，且下游控制区监测点位中污染浓度能够稳定达标，则认为污染羽处于收缩态或稳定态，这种状况下比较适合采用 MNA 技术进行污染风险控制（图 4-17）。

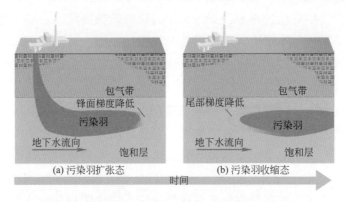

包气带
锋面梯度降低
污染羽
地下水流向
饱和层
(a) 污染羽扩张态

包气带
尾部梯度降低
污染羽
地下水流向
饱和层
(b) 污染羽收缩态

时间

图 4-17 地下水污染羽的不同状态

除了对于污染羽的形态图形化直观描述，以污染物空间插值等值线图、污染物浓度时序变化曲线图、污染羽迁移路径上随距离的浓度变化散点图等为代表的污染变化趋势也是表征污染羽特征的重要方式之一。污染物随时间变化情况的插值图需要考虑稀释衰减、弥散和生物降解等因素，目前可以参考使用 MODFLOW、MT3DS、AT123D、BIOSCREEN、BIOCHLOR、REMChlor、NAS 等商业化的溶质运移模型。在使用这些软件进行污染羽预测时，一定要考虑场地水文地质参数的异质性（包括垂直方向和水平方向的）和动态变化性。如果忽略了污染物自身生物降解作用，可能造成预测情况与实际情况产生较大的差异。例如在某 BTEX 污染场地污染羽变化情况预测时，仅仅考虑扩散、稀释等物理衰减作用，忽略了生物降解作用，从而导致预测污染羽变化范围与实测情况显著差异（如图 4-18 所示）。

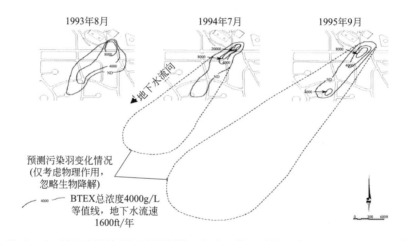

图 4-18　地下水污染羽迁移预测情况与实际情况对比图（黑实线为实际情况）

（2）次级证据：地球化学条件

地下饱和层的地球化学参数是污染物降解或衰减作用发生的典型指示性指标，是判断污染物发生变化的重要证据。对于有机污染物场地，这些地球化学参数包括：最终电子受体、降解中间产物以及其他理化指标；对于重金属污染场地，则主要包括溶解氧、碳酸盐、硫化物、氧化还原电位等可能与重金属离子发生沉淀作用的理化指标。

对于大部分有机污染物的生物降解作用都可以理解为生物化学氧化 - 还原反应，即一种物质（电子供体）失去电子被氧化，而另外一种物质（电子受体）得到电子被还原。如果有机污染物被氧化，则其他物质被还原，这些被还原的物质则被统称为最终电子受体（TEA，terminal electron acceptor），如氧气、硝酸盐、硫酸盐和三价铁等。这些最终电子受体的浓度等值线图和分布情况，一般地下呈规律性分布（如图 4-19 所示），可以为污染羽的变化提供一些指示性参考。氧气是好氧生物降解最重要的 TEA，如果地下水中的浓度在 0.5 mg/L 以上，则认为处于有氧环境，好氧生物降解可以起主导作用，氧气含量越高，好像生物降解能力越强。如果地下水中氧气浓度小于 0.5 mg/L，则硝酸盐、三价铁和硫酸盐为主要的最终电子受体。表4-4 中列出了影响厌氧生物降解的关键地球化学参数。典型 PCE 污染地下水监测自然衰减测试数据动态变化情况如图 4-20 所示。

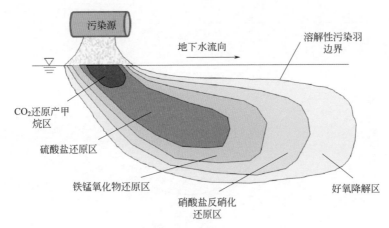

图 4-19　地下水污染羽不同位置的最终电子受体还原作用概念模型

表4-4　影响厌氧生物降解的关键地球化学参数

参数名称	数据用途	降解变化趋势	典型数值	TEA 作用机制
溶解氧（DO）	小于 0.5 mg/L 意味着厌氧生物降解	逐步降低	< 0.5 mg/L	好氧生物降解
硝酸根	在缺氧条件下的生物作用电子受体	逐步降低	< 1 mg/L	反硝化作用
Fe^{2+}	在缺氧还原条件下三价铁还原产物	逐步增加	> 1 mg/L	三价铁还原
硫酸根（SO_4^{2-}）	在缺氧条件下的电子受体	逐步减少	< 20 mg/L	硫酸盐还原
甲烷	如果甲烷产生，则意味着产甲烷菌进行有机碳降解	逐步增加	> 0.5 mg/L	产甲烷作用
碱度	判断水的酸碱缓冲能力；同一含水层取样代表性指标	逐步增加	大于背景值的 2 倍	好氧降解、反硝化、三价铁还原和硫酸盐还原
氧化还原电位（ORP）	反映地下水相对氧化或还原能力的指标，受地下水有机物生物降解影响	逐步降低	< -100 mV	好氧降解、反硝化、三价铁还原和产甲烷作用

续表

参数名称	数据用途	降解变化趋势	典型数值	TEA 作用机制
pH	厌氧和好氧生物降解对 pH 都比较敏感		正常在 5～9 之间	
氯离子	同一含水层取样代表性指标；含氯有机物最终还原脱氯降解产物	逐步增加	大于背景值的 2 倍	还原脱氯或含氯有机物的直接氧化产生无机氯离子

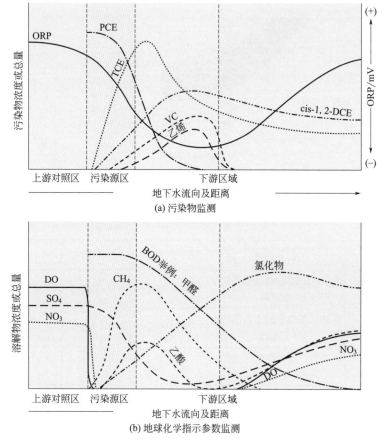

图 4-20　典型 PCE 污染地下水监测自然衰减测试数据动态变化情况

（3）第三层级证据：分子生物学证据

分子生物学证据主要通过测试环境介质中的特定生物指示剂（如特定核酸序列、多肽类、蛋白质或脂类），揭示和评估污染物的降解过程，具有快速、可靠等优点。分子生物学证据是评估自然衰减的另一种有效证据，通常通过实验室检测的方法发现本土微生物对目标污染物的特殊降解功能，或者通过稳定同位素组分变化定性识别微生物的降解和定量判断降解潜力。通常这种证据主要用于自身降解速率相对较慢，或降解效应不太明显的非石油类有机污染物和无机污染物，如TCE、TCA、VC 等氯代有机溶剂，以及汽油中的 MTBE 等污染物。常用的分子生物学证据方法包括 PCR、PLFA、CSIA 等，如表 4-5 所示。

表4-5 典型的分子生物学证据方法及适用范围

方法名称	适用范围
PCR	识别和定量分析特定 DNA 序列，尤其是具有特定污染物降解能力的微生物或功能基因
qPCR	测试特定酶，例如 TCE 还原酶（tceA）、VC 还原酶（vcrA、bvcA），表明具有 TCE 脱氯降解潜力，甚至完全脱氯降解至乙烯的能力
PLFA	对微生物菌群结构进行量化评估，以判断生物量及其健康程度
DGGE	识别特定功能微生物，并评估微生物密度
CSIA	通过特定元素的稳定同位素分馏比，证明污染物原位生物降解及程度

4.2.3 监测自然衰减的应用

目前 MNA 技术在石油烃污染地下水修复和风险管控领域应用相对较多，同时也用于氯代烃、MTBE 等有机污染物的修复，还涉及对重金属和放射性物质等无机污染物进行的风险管控。目前美国 EPA、美国海军、ITRC、新泽西州、威斯康星州都颁布了相应的技术指南或规范，同时也出台了许多管理规定，并且在很多司法判决中得到认可。尤其是 MNA 作为后续处理技术与其他技术组合使用时，越来越得到社会各界的广泛认可，但是目前还少有完全通过 MNA 修复达到预定修复目标的案例。这些都为 MNA 技术的应用提出了更高的要求，尤其是如何在应用前开展有效的修复潜力调查和评估。

通常监测自然衰减技术应用需要经过场地信息回顾、场地概念模型回顾、自然衰减评估数据筛查、明确数据补充调查、补充数据、重构场地概念模型、数据分析和假设检验、进行暴露途径分析、整合自然衰减融入场地长期管理策略等 9个步骤，具体如图 4-21 所示。

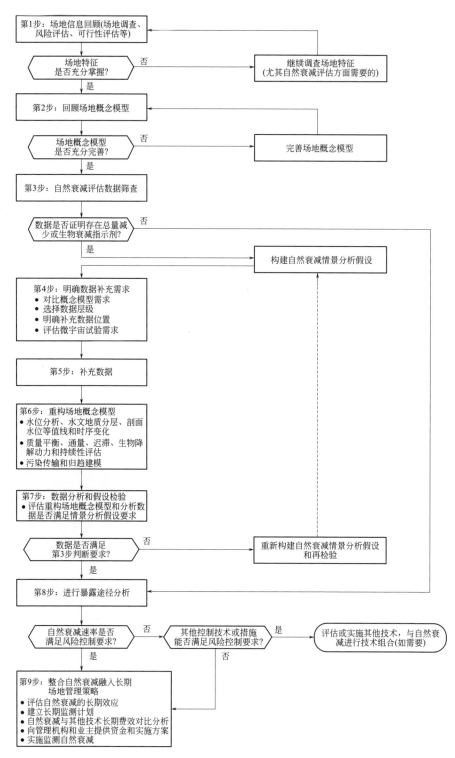

图4-21 监测自然衰减技术评估与应用技术流程

石油类污染物中主要的石油烃、苯、甲苯、乙苯和二甲苯（BTEX）等烃类化合物组分的生物降解，主要受到电子受体可用性的限制。只要电子受体足够，生物降解过程通常会持续进行，直到将所接触的污染物全部降解为止。一般情况下在大多数（不是全部）水文地质环境中，都有足够的电子受体供应，所以烃类化合物的自然生物通常比较明显。但是，含有多个氯原子的有机溶剂［例如四氯乙烯（PCE）和三氯乙烯（TCE）］在自然条件下主要通过还原性脱氯生物降解，该过程需要电子受体（氯代烃）和充足的电子供体。电子供体包括烃类化合物或其他类型的人为碳（例如，垃圾渗滤液）或天然有机碳。如果在除去氯代脂肪烃之前，地下环境中的电子供体已经耗尽，那么生物还原性脱氯将停止，自然衰减可能不再对人体健康和环境构成保护作用。这是石油类烃类化合物和氯代脂肪烃生物降解过程之间最显著的差异。因此，与石油烃类污染羽相比，预测氯代脂肪烃污染羽的长期行为更加困难。因此，需要对其关键自然衰减机制有一个很好的了解，并监测收集所有相关参数，以评估自然衰减的潜力。

通常氯代脂肪烃的自然衰减过程可以分为非生物降解和生物降解两大类，其中生物降解又可以根据环境条件不同分为好氧生物降解作用和厌氧生物降解作用，以及由于其他非功能性生物产生的酶或辅酶因子对氯代烃引起的共代谢作用。由于地下环境中氧气含量相对较低，很多好氧生物降解微生物和共代谢微生物属于兼氧微生物。图 4-22 为典型氯代脂肪烃的自然降解途径及作用机理示意。要判断氯代烃是否能发生自然生物降解或已经发生生物降解，以及自然生物降解的能力大小，通常需要对场地土壤和地下水中关键的污染物化学组分和地球化学参数进行有效监测，并根据厌氧生物降解初步判断标准（如表 4-6 所示）进行综合评分。然后根据场地综合得分（如表 4-7 所示），判断其监测自然衰减潜力的大小以及是否能够进入下一步筛选分析。

表 4-8 为两个案例场地的实际监测数据和相应的降解潜力初步评分结果，其中场地 1 原为消防训练营，主要污染物为氯代有机溶剂和燃料油。燃料油中的烃类化合物能够有效地降低地下水中的 ORP 值，从而为氯代烃的还原脱氯降解作用提供良好的促进条件。调查评估发现该场地具有良好的自然衰减能力，可以直接进行下一步的评估测试。场地 2 是一个原干洗店，主要污染物仅包括氯代有机溶剂。主要是因为含氯有机清洗剂被倾倒至场地原有干涸的枯井内，污染物主要赋存于浅层的富氧非承压含水层中，能够提供作为微生物生长的溶解性小分子有机碳的数量很少。调查评估发现，该场地当时的自然衰减能力非常弱，需要考虑其他替代 MNA 修复技术的选用。

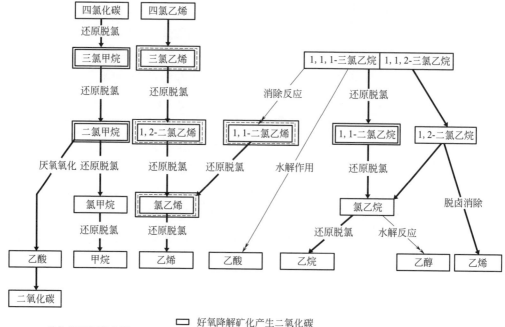

图 4-22 典型氯代脂肪烃的自然降解途径及作用机理示意

表4-6 氯代烃厌氧生物降解潜力初步评估表

序号	分析指标	结果	指标说明	分值
1	DO	< 0.5 mg/L	还原脱氯作用的浓度上限	3
		> 5 mg/L	无法还原脱氯；但 VC 可能好氧降解	−3
2	NO_3^-	< 1 mg/L	更高浓度时可能与脱氯作用竞争还原	2
3	Fe^{2+}	> 1 mg/L	有发生还原脱氯反应潜力；三价铁氧化 VC 潜力	3
4	SO_4^{2-}	< 20 mg/L	更高浓度时可能与脱氯作用竞争还原	2
5	S^{2-}	> 1 mg/L	具有发生还原脱氯反应潜力	3
6	CH_4	< 0.5 mg/L	VC 可能好氧降解	0
		> 0.5 mg/L	最终还原产物；VC 富集	3
7	ORP（Ag/AgCl 电极）	< 50 mV	具有发生还原脱氯反应潜力	1
		< −100 mV	很可能发生还原脱氯反应	2

续表

序号	分析指标	结果	指标说明	分值
8	pH 值	5 ~ 9	还原脱氯最佳 pH 值范围	0
		＜ 5 或＞ 9	还原脱氯不利 pH 值范围	-2
9	TOC	＞ 20mg/L	碳源和能量源，驱动脱氯反应；可以是自然来源，也可以人为外加	2
10	温度	＞ 20℃	超过 20℃生物反应加速	1
11	CO_2	＞ 2 倍背景值	最终氧化降解产物	1
12	碱度	＞ 2 倍背景值	CO_2 与含水层矿物反应产物	1
13	Cl^-	＞ 2 倍背景值	有机氯脱氯产物指示剂	2
14	H_2	＞ 1nmol/L	有发生还原脱氯反应潜力；VC 可能富集	3
		＜ 1nmol/L	VC 好氧降解	0
15	挥发性脂肪酸	＞ 0.1mg/L	复杂生物降解中间产物；碳源和能量源	2
16	BTEX	＞ 0.1mg/L	碳源和能量源，驱动脱氯反应	2
17	PCE		污染源	0
18	TCE		污染源 /PCE 降解产物	0/2①
19	DCE		污染源 /TCE 降解产物（若 cis-DCE 占总 DCE80% 以上，则可能为降解产物；1,1-DCE 可能为 TCA 降解产物）	0/2①
20	VC		污染源 /DCE 降解产物	0/2①
21	1,1,1-TCA		污染源	0
22	DCA		TCA 还原降解产物	2
23	四氯化碳		污染源	0
24	CA（氯乙烷）		DCA 或 VC 还原降解产物	2
25	乙烯 / 乙烷	＞ 0.01 mg/L	VC 或乙烯还原降解产物	2
		＞ 0.1 mg/L	VC 或乙烯还原降解产物	3
26	氯仿		污染源 / 四氯化碳降解产物	0/2
27	二氯甲烷		污染源 / 氯仿降解产物	0/2
场地综合得分				

① 确定场地中没有此污染源，属于降解产物才能赋分。

表4-7　氯代烃厌氧生物降解潜力综合得分评价

序号	综合得分	生物降解潜力评价
1	0～5	厌氧生物还原脱氯降解能力不足
2	6～14	厌氧生物还原脱氯降解能力有限
3	15～20	厌氧生物还原脱氯降解能力较强
4	大于20	厌氧生物还原脱氯降解能力很强

注：此MNA降解潜力评价仅针对氯代烃的厌氧还原脱氯作用

表4-8　典型案例场地监测数据和自然降解潜力评分结果

序号	测试指标	场地1		场地2	
		监测结果	得分	监测结果	得分
1	DO	0.1 mg/L	3	3 mg/L	-3
2	NO_3^-	0.3 mg/L	2	0.3 mg/L	2
3	Fe^{2+}	10 mg/L	3	未检出	0
4	SO_4^{2-}	2 mg/L	2	10 mg/L	2
5	CH_4	5 mg/L	3	未检出	0
6	ORP	-190 mV	2	+100 mV	0
7	Cl^-	3 倍背景值	2	1 倍背景值	0
8	PCE	1000 μg/L	0	①	0
9	TCE	1200 μg/L	2	1200 μg/L	0
10	cis-DCE	500 μg/L	2	未检出	0
11	VC	50 μg/L	2	未检出	0
12	总分	—	23	—	1

① 该场地污染源是 TCE，未进行 PCE 监测。

对于重金属和其他无机污染场地的监测自然衰减修复应用过程，影响污染物最终迁移归趋的主要影响因素包括 pH、ORP、CEC、铁氧化物、硫化物、碳酸盐等地球化学参数。但是由于无机元素的类型各异，有呈阳离子态的，也有主要以阴离子态存在的，每种关注污染物的监测自然衰减的关键影响因素各异，具体可以参考表4-9。针对不同类型的污染物，通过监测评估这些无机污染物的衰减修复潜力。一般通过情景分析法将污染场地基于其重要特征，分为六种情景。每个情景方法的共同特点是抽象出其中重要的污染衰减参数或特征，这六种情况主要包含三个主要因素的函数：氧化/还原电位（ORP）；阳离子交换能力（CEC）；沉积物氧化铁表层和固体，以及三个次要因素（pH、硫/硫化物和总溶解固体），这些因素组合形成六种情景，并给出了基于半定量指标——阻滞系数 R（如阻滞系数 $R > 1000$ 时，则被认为迁移能力为低），将污染物迁移能力分为低、中、高三种级别（如图4-23所示）。不同情景下典型无机污染物在pH（4～9）的移动性如图4-24所示。

表4-9　典型金属类污染物自然衰减影响因素

污染物名称	自然衰减途径	数据要求	注意事项
砷 As(Ⅲ) As(Ⅴ)	吸附至氢氧化铁上形成硫化物沉淀	E_h 硫化物浓度	低 pH 值破坏碳酸盐和氢氧化铁 低 E_h 值溶解氢氧化铁 与磷酸盐竞争吸附到铁氧化物上
钡 Ba（Ⅱ）	吸附至氢氧化铁上形成硫化物和碳酸盐沉淀	硫化物浓度 碳酸盐浓度	低 pH 值破坏碳酸盐和氢氧化铁 低 E_h 值溶解氢氧化铁 如有硫化物易于形成沉淀
锶 Cs（Ⅰ）	吸附到黏土夹层中	黏土含量 CEC 值	高浓度 NH_4^+ 可能会减少吸附量 黏土特性和矿物组分影响吸附量
镉 Cd（Ⅱ）	吸附至氢氧化铁、形成碳酸盐矿物质形成硫化物沉淀	氢氧化铁量、pH 值、碱度、钙离子、E_h、硫化物浓度	低 pH 值破坏碳酸盐和氢氧化铁 低 E_h 值溶解氢氧化铁，但有利于硫化物沉淀；有机酸和耦合剂减少吸附
铬 Cr（Ⅵ）	被有机质和亚铁还原，吸附至氢氧化铁上，形成难溶性 $BaCrO_4$ 和 $Cr(OH)_3$	E_h、电子供体浓度、pH 值（低 pH 值条件下还原加速）	低 pH 值破坏碳酸盐和氢氧化铁 低 E_h 值溶解氢氧化铁，但有利于硫化物沉淀；要考虑潜在还原剂（硫化物和亚铁）的量
钴 Co（Ⅱ）	吸附至氢氧化铁和碳酸盐矿物质	氢氧化铁量、pH 值、碱度、钙离子浓度	低 pH 值破坏碳酸盐和氢氧化铁；低 E_h 值溶解氢氧化铁
铜 Cu（Ⅱ）	吸附至氢氧化铁、碳酸盐矿物质和有机质	氢氧化铁量、pH 值、碱度、钙离子浓度	低 pH 值破坏碳酸盐和氢氧化铁；低 E_h 值溶解氢氧化铁

续表

污染物名称	自然衰减途径	数据要求	注意事项
铅 Pb（II）	吸附至氢氧化铁、碳酸盐矿物质和有机质上；形成难溶硫化物和磷酸盐沉淀	氢氧化铁量、pH值、E_h、碱度、钙离子、硫化物、有机碳浓度	低 pH 值破坏碳酸盐和氢氧化铁，容易铅溶出；低 E_h 值溶解氢氧化铁，但有利于硫化物沉淀；有机酸和耦合剂减少吸附
汞 Hg(II)	形成难溶硫化物；易于与有机物亲和	E_h、硫化物、有机碳浓度	甲基化导致高毒性甲基汞通过生物链富集
镍 Ni(II)	吸附至氢氧化铁、碳酸盐矿物质	氢氧化铁量、pH值、E_h、碱度、钙离子、硫化物浓度	低 pH 值破坏碳酸盐和氢氧化铁，容易溶出；低 E_h 值溶解氢氧化铁，但有利于硫化物沉淀；有机酸和耦合剂减少吸附
铀 U(VI)	吸附至氢氧化铁，形成难溶盐矿物，还原成难溶态盐	氢氧化铁量、pH值、还原剂的数量	低 pH 值破坏碳酸盐和氢氧化铁，高 pH 值/溶解性碳酸盐减少吸附，低 E_h 值溶解氢氧化铁，但有利于硫化物沉淀；有机酸和耦合剂减少吸附
锌 Zn(II)	吸附至氢氧化铁、碳酸盐矿物质上，形成硫化物沉淀	氢氧化铁量、pH值、E_h、碱度、钙离子、硫化物浓度	低 pH 值破坏碳酸盐和氢氧化铁，低 E_h 值溶解氢氧化铁，有机酸和耦合剂减少吸附

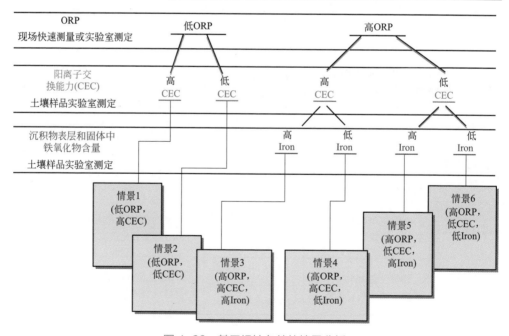

图 4-23 基于场地条件的情景分析

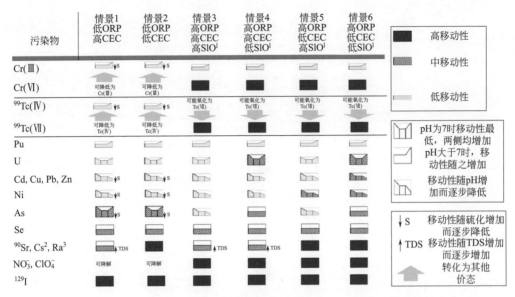

图 4-24　不同情景下典型无机污染物随 pH（4 ～ 9）变化的移动性

4.3
场地原位修复技术效果监测技术

　　效果监测（performance monitoring）可以看作是对重复观察或测量的收集和分析，以评估环境状况的变化和实现绩效目标的进展情况（EPA，2004）。监测是基于特定效果评价目标和特定环境条件下的特定时段内，通过合适的采样方法获取场地的现场数据（包括物理、化学和生物类等），以确定特定时间点的状态和 / 或趋势。效果监测的数据、方法和终点与效果评估目标密切相关，以达到场地环境管理要求。

　　原位修复技术的效果监测包括过程监测和修复后监测两个主要阶段。其中，过程监测主要目的是优化修复过程；而修复后监测主要通过修复施工前后的对比，判断是否达到预期修复目标。针对不同的阶段目标，修复效果监测需要设计不同的监测计划、选择合适的监测方法并最终落实到不同监测行动中。具体的修复计划实施技术路线可以分为不同的步骤完成，图 4-25 为常用的技术路线。

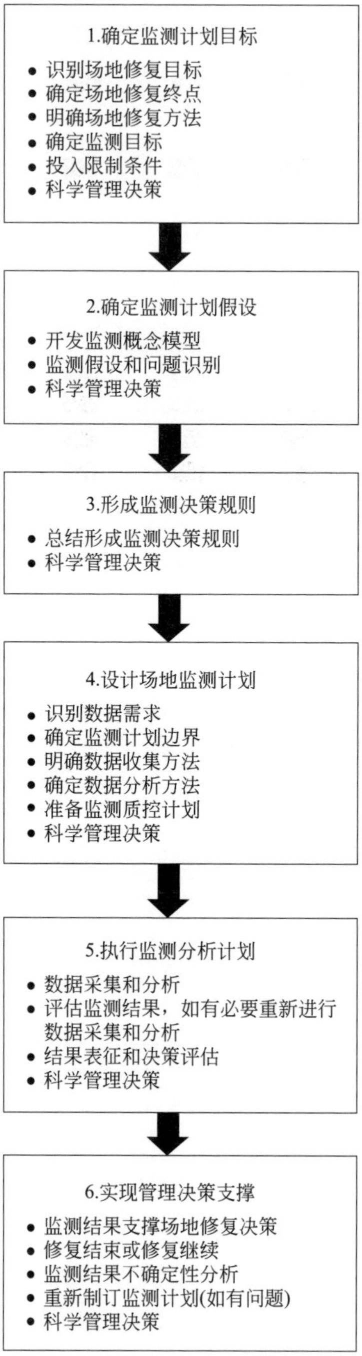

1.确定监测计划目标

- 识别场地修复目标
- 确定场地修复终点
- 明确场地修复方法
- 确定监测目标
- 投入限制条件
- 科学管理决策

2.确定监测计划假设

- 开发监测概念模型
- 监测假设和问题识别
- 科学管理决策

3.形成监测决策规则

- 总结形成监测决策规则
- 科学管理决策

4.设计场地监测计划

- 识别数据需求
- 确定监测计划边界
- 明确数据收集方法
- 确定数据分析方法
- 准备监测质控计划
- 科学管理决策

5.执行监测分析计划

- 数据采集和分析
- 评估监测结果，如有必要重新进行数据采集和分析
- 结果表征和决策评估
- 科学管理决策

6.实现管理决策支撑

- 监测结果支撑场地修复决策
- 修复结束或修复继续
- 监测结果不确定性分析
- 重新制订监测计划(如有问题)
- 科学管理决策

图 4-25　场地修复效果监测计划实施技术路线

在制订监测计划时要注意修复目标和效果监测目标的不同含义。通常最终修复目标是指基于管理标准要求的预期要达到的可量化的标准限值，通常是一个长期的目标。要到达这个长期的最终目标，可以分成不同的修复阶段分步实施。尤其是对于地下水和地表水污染修复项目，长期的最终修复目标一般是基于质量标准的无差别的标准限值，而不是基于每个场地具体条件计算出的风险控制值。而修复效果监测目标通常包括场地具体风险控制值，另外还可能包括修复过程中不同的阶段目标。修复效果目标是通过分阶段监测与评估，判断最终修复目标能否成功实现的重要科学管理决策支撑点。

通常的修复效果监测目标包括如下内容：

①前处理达到污染源控制或有效切断暴露途径。

②通过工程控制措施将污染限定在某一特定区域。

③将地下水中污染物浓度降低至一定水平，后续可通过自然衰减达标。

④将地下水中污染物浓度降低至蒸气入侵筛选值水平。

⑤通过工程控制措施达到蒸气入侵控制或地表水保护目标。

⑥注入修复药剂控制污染羽继续扩散或保护敏感受体，同时要避免二次污染产生。

表4-10中以DNAPL污染场地为例，示例说明了不同修复阶段的修复效果目标及可能的监测方法。

表4-10 DNAPL污染场地修复监测对比分析

修复目标	监测方法	监测指标	衍生指标	复杂程度	相对精度
吸附相降低	土壤钻孔	土壤浓度	吸附浓度	操作由简单到中度复杂；需要统计分析	中等，取决于数据的统计使用
溶解相降低	地下水采样	水中浓度	污染羽大小、污染组分	操作程度和判断简单	中等值高度
污染源抽出	抽出水监测	体积和浓度	污染物总量去除	操作程度和判断简单	高度，取决于监测频率
污染源降解	地下水采样	降解产物浓度	原位修复降解总量	操作中度复杂，需密集采样和化学计量分析	低精度，难以进行质量平衡核算
污染物残留	土壤钻孔	土壤浓度视觉观察	污染分布、吸附总量	操作中度复杂，需密集采样和地统计学分析	由低到中度，随点状监测的测试密度增加而增加

续表

修复目标	监测方法	监测指标	衍生指标	复杂程度	相对精度
污染物残留	示踪剂测试	示踪剂浓度	污染物体积饱和度	高度复杂，需要数理分析和抽注测试	中度到高度，受污染表征水平限制
	地下水采样	水中浓度	水中浓度	中度复杂，数学模型需要密集采样	低精度，与源质量减少的相关性是不确定的
迁移性降低	土壤钻孔	土壤浓度视觉观察	NAPL 存在和饱和度	操作由简单到中度复杂	低精度，与迁移性降低的相关性是不确定的
	产品测量	NAPL 厚度	NAPL 厚度	简单	低精度，与迁移性降低的相关性是不确定的
毒性降低	土壤钻孔	吸附态浓度	污染物组成		
	地下水采样	水中浓度	毒性参数浓度		
质量通量降低	断面监测井	水中浓度水力传导系数水力梯度	达西通量、质量通量、质量流量	中度复杂，密集采样，井距不宜过大	中度，随点状监测的测试密度增加而增加
	断面通量测量	污染物吸附总量	达西通量、质量通量、质量流量	中度复杂，密集采样，井距不宜过大	
	集成抽水试验	抽出井污染物浓度随时间变化	质量流量、污染羽平均浓度	高度复杂，需要数理分析和抽出测试	

在实际场地修复过程中的监测，因不同修复对象和修复技术的差异，存在较大的差异。例如，原位化学氧化修复有机污染场地的过程是一个污染物总量消除的过程，但是很难像其他修复技术那样准确测定地下的污染物去除总量。这就意味着效果监测更加困难，并且更加依赖于修复前后对比测试。同时由于修复药剂的反应是一个动态过程，且受其他非污染物的干扰，因此原位化学氧化修复效果监测的重点内容既包括过程中的效率监测，又包括修复后的效果监测。其中修复过程中的效率监测通过测量药剂注入前、注入中和注入完毕后的氧化剂浓度、体积、流速、环境介质中的浓度和持久性，进行综合表征。表 4-11 为原位化学氧化修复技术效果监测关键参数。

表4-11 原位化学氧化修复技术效果监测关键参数

介质或位置	参数	作用
注入井下游地下水监测井（注入前后）	污染物浓度	修复过程和修复效果判断
	氧化剂浓度	评估氧化剂持久性和影响半径
污染源区土壤	污染物浓度	修复效果判断
注入井（注入过程）	注入流量	基于含水层水力传导系数控制
抽出井氧化剂回收（如果有抽注循环）	抽出流量	判断流体流通特性
注入井下游地下水监测井（注入前、中、后）	DO、pH、温度、电导率、ORP等场地条件参数	评估系统效率
	示踪剂（溴化物等）	观测氧化剂传质时间和分布情况
	金属（如铁、锰、砷等）	评估潜在堵塞可能性
	水质指标（硫酸根、氯离子、硝酸根等）	判断二次污染的影响程度

目前国内外有机污染场地修复过程中较为常见的原位热处理技术，在应用过程中需要进行充分的过程监测和修复效果监测，才能保证取得良好的预期效果。美国得克萨斯州某空军基地受TCE污染场地的原位电阻加热（ERH，electrical resistance heating）修复过程中，通过设置12口地下水监测井组成的监测网络，进行效果监测。具体监测要点如表4-12所示。

表4-12 某TCE污染场地ERH修复效果监测要点

评估对象	监测目标	监测要点	监测方法
电源输入	评估电能热转化效率	输入功率	仪器读数
地下温度	评估电加热效率	温度	热电偶温度计读数
真空传播	评估系统抽提污染物效率	真空压力	手持式气压传感器
TCE去除总量	量化评估污染治理效果	蒸气浓度	Summa罐采集气样
		温度	温度计读数
		真空度	手持压力计

续表

评估对象	监测目标	监测要点	监测方法
TCE 去除总量	量化评估污染治理效果	压差	手持压力计
		冷凝液浓度	采集冷凝后水样
		冷凝液流量	冷凝液流量计
土壤气结果	评估 ERH 在降低土壤气中 TCE 浓度的效果	现场测试浓度	现场 PID 监测
土壤结果	评估 ERH 在降低土壤中 TCE 浓度的效果	土壤中 TCE 浓度	钻孔土壤样品实验室检测分析
地下水结果	评估 ERH 在降低地下水中 TCE 浓度的效果	地下水中 TCE 浓度	采集地下水样品实验室检测分析

近期的研究表明污染修复效果监测，除了针对传统的污染物化学浓度和场地地球化学参数的非连续采样监测外，还可以通过污染物降解过程中的温度场变化以及代谢产物 CO_2 的实时在线监测技术，进行修复过程的连续动态监测。这些实时监测技术相对采样测试较为简单，测试精度和成本都比传统的污染检测更具竞争力。例如正常的地下环境中 CO_2 和 O_2 相对含量稳定，如果每个区域土壤出现二者比值的异常，则可能是由于地下污染物降解所引起的，图 4-26 中 8.15m、9.9m 和 16.8m 处 CO_2 浓度快速增加可能是由于微生物活性增加，结合污染物浓度的降低情况，可以作为生物降解作用的间接监测指标。

美国科罗拉多大学研究人员利用有机污染物生物降解过程中产生热量从而导致区域地下温度显著变化（如图 4-27 所示），利用密集的热电偶温度探针实时监测地下温度变化，估算每日和累计的污染物降解量。这样就可以做到对监测效果的远程、低成本实时监控。图 4-28 为某实际监测案例，中间红色区域表明下方的 LNAPL 生物降解导致的温度增加范围达到 2 ~ 2.5℃，最大到 2.7℃，这一温度增加趋势与污染物生物降解密切相关，这种温度变化与表层 CO_2 释放通量也具有类似的一致性。这种方法可以为 LNAPL 污染降解提供一种高精度、低成本、实时远程监控方案，同时也可以为蒸气入侵地表阻隔效果提供一种长期监测方案。

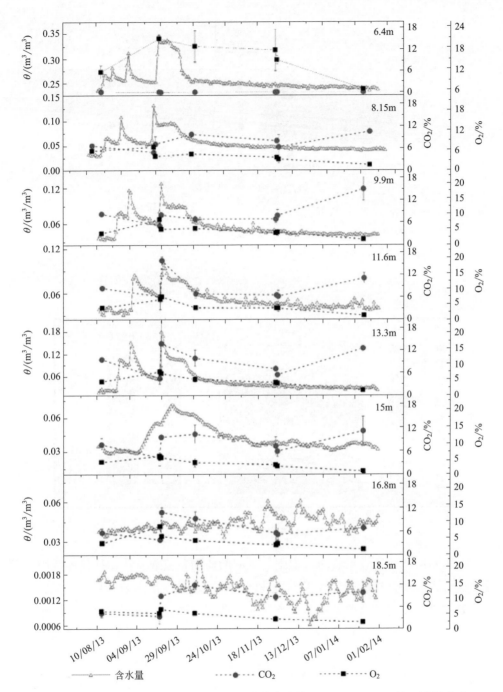

图 4-26　不同深度土壤气中 O_2 和 CO_2 浓度变化情况 (Moshkovich 等, 2018 年)

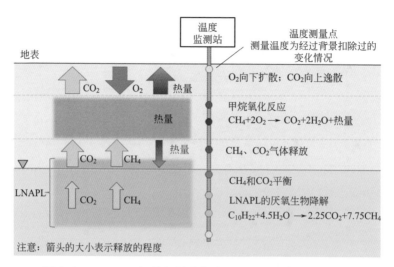

图 4-27　LNAPL 污染场地生物降解过程温度监测原理示意

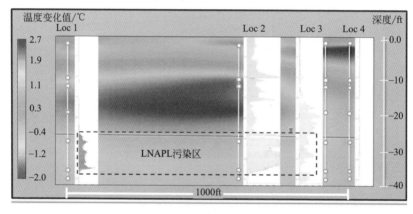

图 4-28　典型 LNAPL 污染场地生物降解过程温度场监测示例

　　在实际场地修复效果监测过程中，单一的监测参数或方法往往仅能反映出部分规律。为了综合判断修复过程中的进展情况，及时优化关键修复技术参数，实际修复效果监测通常需要采用多种方法联合使用，尤其是新型的分子环境诊断技术手段，例如单体同位素比值（CSIA）、特殊生物指示剂（降解微生物或功能基因）等。Bouchard 等 (2018) 通过对某石油烃污染场地的原位空气汽提（in-situ air sparging）修复过程，采用多种分子环境诊断技术与传统化学监测分析相结合的方法进行效果监测和判断（如图 4-29 所示）。结果表明分子环境诊断技术在修复技术起作用的初始阶段能够起到良好的监测效果，尤其是在污染物细微变化的定性判断方面，但是在量化评估污染物的去除时还需要与传统监测方法联合使用才能起到更好的效果。

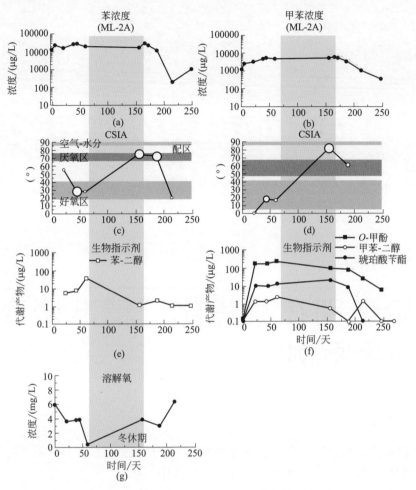

图4-29 分子环境诊断与传统化学监测联合进行苯系物修复效果监测（Bouchard等，2018年）

5
污染场地精准调查案例与应用

5.1
污染识别在某焦化厂精准调查中的应用案例

5.1.1 场地概况

我国南方某焦化厂为钢铁厂配建的独立生产厂区，供应年产300万吨铁和钢的焦炭和燃气的能力。主要原辅用料为：炼焦用洗精煤、硫酸、洗油、重苯溶剂油、氢氧化钠、铁刨花、纯碱、偏钒酸钠、蒽醌二磺酸钠、酒石酸钾钠、轻柴油、氨水等。每年产焦炭58万吨、煤焦油29331吨、硫酸铵6294吨、新硫铵10686吨、轻苯6913吨、酚钠盐25吨、次硫代硫酸铵896吨、硫氰酸铵1374吨、焦炉煤气2.38亿立方米。

焦化厂占地面积约37万平方米，主要包括焦化厂办公大楼及公共福利设施，西面的动力车间，南部的备煤车间与炼焦车间，北部的机修车间及回收车间，以及与焦化厂相连的2万气柜、5万气柜与3MW发电机组等。焦化厂前身是用土法炼焦的炼焦车间，始建于1958年；1975年正式成立焦化厂，后经历多次技改变迁，于2015年正式停产。该场地历史沿革情况汇总如表5-1所示。

表5-1 焦化厂历史沿革情况

序号	时间段	历史名称	主要生产工艺	原辅材料	备注
1	1958 年之前	农田	—	—	—
2	1958～1963 年	钢铁厂炼焦车间	土法炼焦	—	厂区西南部新开河小码头一带，不在此次调查范围
3	1975～1983 年	钢铁厂焦化分厂	单热型单炉炼焦	炼焦用洗精煤、硫酸、洗油、重苯溶剂油、氢氧化钠、铁刨花、纯碱、偏钒酸钠、蒽醌二磺酸钠、酒石酸钾钠、轻柴油、氨水等	炼焦车间、苯库、古马隆、蒸苯蒸氨车间、焦油泵房、焦油库区、锅炉房区、干熄焦、燃气柜
4	1983～1995 年	钢铁厂焦化分厂	1995 年技改，增加复热式炼焦炉一套		
5	1995～2011 年	钢铁厂焦化分厂	2006 年 60 万吨干熄焦工程改造；2011 年完成焦炉热修复项目		
6	2011～2015 年	钢铁厂焦化分厂	正常生产		
7	2015～2016 年	—	停产搬迁	—	设备和构筑物 2016 年底拆除完毕

5.1.2 场地水文地质条件

场区地处冲海积平原与丘陵山前区交界部位，基底岩石为古生界志留系的粉砂岩和泥质粉砂岩。根据前期资料，第四纪以来的三次海侵，均对本区产生了影响，但以其中的第Ⅱ、Ⅲ次影响更大。全区沉积了一套冲积相、冲积海相、冲湖相、湖相与泻湖相地层。近山边主要沉积了中更新世（Q_2）的坡积相亚黏土夹碎石层和全新世（Q_4）冲湖相、湖相、冲海相黏土、亚黏土与淤泥质亚黏土层。

根据本次钻孔资料，参考 1988 年的工程勘察资料，将本场区地层分为 9 个层位，4 个亚层（夹层），现从上到下分述如下。

Ⅰ素填土。分布于全区，厚度 0.6～2.2m，局部表层 15～50cm 为素混凝土，孔隙充水，透水性较差。

Ⅱ含砾粉黏。分布于场区东北部，厚 2.4～4.2m，褐黄孔隙充水，含水率较高，稍密，透水性极差。

Ⅲ粉质黏土。分布于场区东部、南部，层厚 1.6～4.8m，孔隙充水，透水性极差。实验测得渗透系数很小，但差别很大，处于 10^{-4}～10^{-7}cm/s 数量级区间。

Ⅲa 黏质粉土。分布于场区东部、南部，层厚 2.3 ～ 4.1m。孔隙充水，含水率中等，基本处于饱和状态，透水性差。

Ⅲb 黏质粉土。分布于场区南部，层厚 2.9 ～ 7.0m，孔隙充水，含水率高，稍密，透水性差。

Ⅳ粉质黏土。以灰黄色为主，局部褐黄、青灰色。层厚 1.3 ～ 3.8m，分布于场区中部、南部，含水率略低，透水性极差。实验测得渗透系数很小，比较均匀，处于 $10^{-7} \sim 10^{-8}$cm/s 数量级区间。

Ⅴ粉质黏土。层厚 1.0 ～ 4.8m，主要分布于场区南部，中北部也有零星分布。孔隙充水，含水率中等，密实，透水性极差。实验测得渗透系数很小，比较均匀，处于 $10^{-7} \sim 10^{-8}$cm/s 数量级区间。

Ⅵ粉质黏土，层厚 1.9 ～ 3.2m，主要分布于场区南部，零星分布于场区东部，含水率中等。孔隙充水，结构密实，透水性极差。

Ⅵa 含黏性土碎石，褐黄，密实，碎石占比约 55%，粒径 1 ～ 7cm 不等，黏性土充填，含水率低，透水性差。该层透镜体分布有限。

Ⅶ含砾粉黏。受基岩顶面的影响，该层分布范围比较有限，孔隙充水，透水性极差。实验测得渗透系数很小，处于 10^{-6}m/s 数量级。

Ⅶa 砾砂，褐黄色，较松散，碎石占比 55% 左右，粒径一般为 2 ～ 5cm 不等，少量超过 6cm，次菱角形。含少量粉黏，透水性强。该层透镜体分布有限。

Ⅷ全风化层，原岩为砂岩、粉砂岩，原生构造消失，局部原岩结构较清晰。层厚 1.5 ～ 4.5m，主体已风化成泥状或砂状，局部残留少量强风化原岩颗粒，手掰易碎，强度低。以孔隙充水为主，裂隙充水为辅，含水率较低，透水性极差。实验测得渗透系数很小，处于 10^{-7}m/s 数量级。

Ⅸ强风化砂岩、粉砂岩，以褐黄色为主，原生构造裂隙清晰，风化节理略发育。裂隙面可见灰褐色氧化物，锤击易碎，强度较低。裂隙充水，裂隙具有一定张开度和导水性，但整体富水性和导、透水性差。

第Ⅸ层以下，为志留系砂岩、粉砂岩基岩。

场区地下水的补给来源，主要是大气降水的直接入渗。从含水层特征看除了表层的素填土层（厚度 0.6 ～ 2.2m）的透水性较好之外，场区其他的（深部）含水层主要以透水性极差的黏土、粉质黏土为主，渗透系数普遍在 $10^{-6} \sim 10^{-8}$cm/s 数量级区间。东部、南部有较厚的黏质粉土分布，渗透系数主要在 $10^{-4} \sim 10^{-6}$cm/s 数量级区间。另有零星分布的砾砂、含黏性土碎石小透镜体。从地下水等水位线图中看，地下水的水力坡度非常小，最大的仅有 2.5%，最小的小于 0.1%。

5.1.3 生产工艺流程及污染分析

焦化厂主要生产工艺为煤在炼焦炉炭化室内生成的荒煤气经冷却、冷凝和各种吸收剂吸收处理后得到煤焦油、氨、粗苯、硫化氢、氰化氢、净煤气等化工原料。氨用于制取硫酸铵、浓氨水或无水氨，进一步制取尿素、硫酸铵等化肥。氰化氢和硫化氢的回收，制成硫磺、硫氰酸钠、硫代硫酸钠、黄血盐等化工产品。荒煤气中冷却下来的煤焦油则是重要的化工原料，可以用来生产轻油、酚油、萘油、洗油、蒽油及改性沥青等。

焦化厂整体工艺流程如图 5-1 和图 5-2 所示。其中 2004 年煤气净化系统工艺进行了改造，2009 年增加了烧结脱硫和新硫氨生产。

典型的焦化行业的生产设施分为六个部分：①备煤区；②焦炉区；③化工产品回收区；④污水处理区；⑤动力区；⑥罐槽区。各个生产工艺过程中潜在特征污染物的排放如下。

（1）备煤区

外购的各类精煤由卸煤机械卸料至煤场，以及焦化生产过程中的其他物质（如筛焦的焦粉、脱硫工段脱色用活性炭、冷凝工段焦油渣等）运输至煤场后，采用配煤机械倒运或抓取相应数量的原料煤，按比例分别输送至配煤仓内，经配煤混合后破碎至一定颗粒大小并调湿后输送至煤塔待用。

备煤区负责原料煤的储存、加工和输送，为炼焦生产提供合格的装炉原料。大气排放源是来自煤的装卸、混配、粉碎、皮带运输过程中煤尘的飞扬。排放的大气污染物主要是烟尘、二氧化硫、氮氧化物。煤中含有少量的重金属，长期受到雨水淋溶，可能导致备煤区的土壤受到污染。备煤区工艺流程及产排污环节如图 5-3 所示。

（2）焦炉区

装煤车按作业计划从煤塔取煤，经计量后装入炭化室内，由高炉煤气和焦炉煤气组成的混合煤气提供热源，在隔绝空气条件下间接加热煤。煤料在炭化室内经过一个结焦周期（经过干燥、热解、熔融、黏结、固化、收缩等过程）的高温干馏制成焦炭并产生荒煤气。炭化室内的焦炭成熟后，用推焦车推出，经拦焦车导入熄焦车内去熄焦工段。

煤在炭化室干馏过程中产生的荒煤气汇集到炭化室顶部空间，经过上升管、桥管进入集气管。约 700℃左右的荒煤气在桥管内被氨水喷洒冷却至 90℃左右（集气管冷凝）。荒煤气中的焦油等同时被冷凝下来。煤气和冷凝下来的焦油等同氨水一起经过吸煤气管送入冷凝鼓风工段。炼焦工艺流程图如图 5-4 所示。

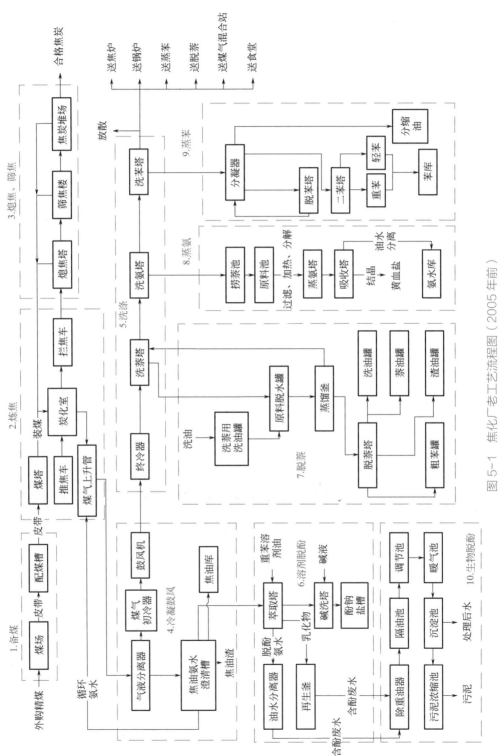

图 5-1　焦化厂老工艺流程图（2005 年前）

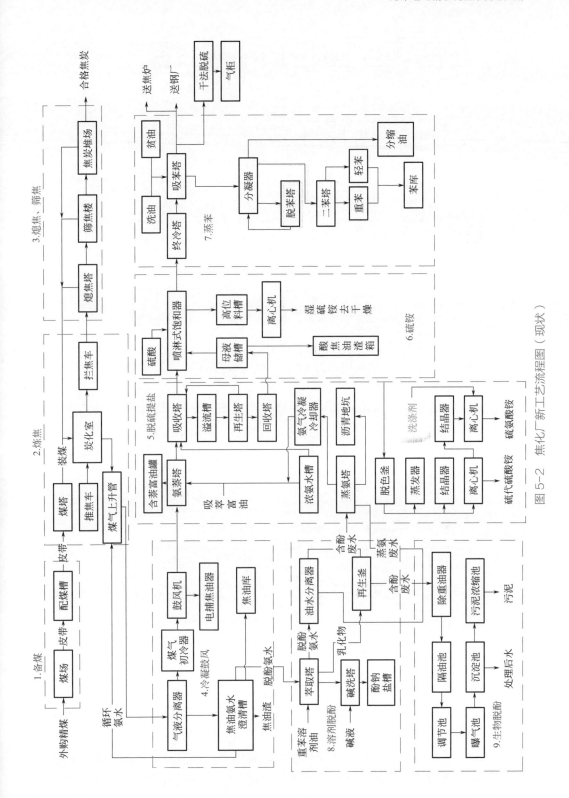

图5-2 焦化厂新工艺流程图（现状）

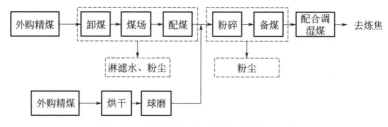

图 5-3　备煤区工艺流程及产排污环节

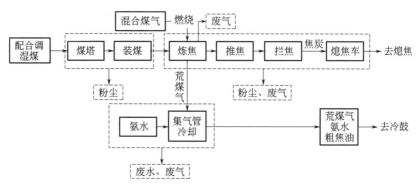

图 5-4　炼焦工艺流程图

湿熄焦：熄焦车开进熄焦塔后，启动熄焦水泵，并控制熄焦时间。熄焦时大约有 20% 的水蒸发，未蒸发的水流入粉焦沉淀池，澄清后的水流入清水池循环利用。熄焦后的焦炭卸至凉焦台上，停放 30 ～ 40min，使其水分蒸发和冷却。湿熄焦工艺流程图如图 5-5 所示。

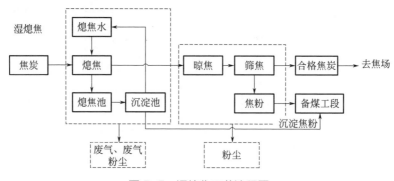

图 5-5　湿熄焦工艺流程图

筛焦：筛焦按粒度大小将焦炭分为 60 ～ 80mm、40 ～ 60mm、25 ～ 40mm、10 ～ 25mm、＜ 10mm 等级别，主要设备有辊轴筛和共振筛。将大于 40mm 的焦炭用辊轴筛筛出，经胶带机送往块焦仓。辊轴筛下的焦炭经双层振动筛分成其他三级，分别进入仓库。筛焦过程的排放源为筛焦过程中排放的焦尘，经除尘后的废气通过烟囱排放。主要固体废弃物是除尘系统的下灰。

荒煤气与喷洒氨水冷凝焦油等沿吸煤气主管首先进入气液分离器，煤气与焦油、氨水、焦油渣等于此分离。分离下来的焦油、氨水和焦油渣一起进入焦油氨水澄清槽，经过澄清分为三层：上层为氨水；中层为焦油；下层为焦油渣。沉淀下来的焦油渣经刮板输送机连续刮送至漏斗处排出槽外。焦油则通过液面调节器流至焦油中间槽，由此用泵送至焦油储槽，经初步脱水后，再用泵送往焦油库。氨水由澄清槽的上部满流至氨水中间槽，再用循环氨水泵送回焦炉集气管喷洒以冷却荒煤气。这部分水称为循环氨水。

经气液分离后的煤气进入数台并联的立管式间接初冷器内用水间接冷却。煤气走管间，冷却水走管内。随着煤气的初步冷却，煤气中的绝大部分焦油气、大部分水汽和萘在初冷器中被冷凝下来。萘溶解于焦油中。煤气中一定数量的氨、二氧化碳、硫化氢、氰化氢和其他组分则溶解于冷凝水中，形成冷凝氨水。焦油和冷凝氨水的混合液称为冷凝液。冷凝液自流入水封槽，再用泵送入机械化氨水澄清槽，与循环氨水混合澄清分离，分离后所得的剩余氨水送去脱酚和蒸氨。由管式初冷器出来的煤气还含有一定浓度的雾状焦油，被鼓风机抽送至电捕焦油器，其中绝大部分焦油雾除去后，送往下一工序。

鼓风冷凝装置各储槽排气，排放来自焦炉的老鼓风冷凝装置各储槽排放废气，经洗净塔水洗后排入大气。煤气管道水封、初冷器等处产生的含酚废水进入管网，最终进入污水处理厂。固体废弃物主要是冷凝工段产生的焦油渣。冷凝、鼓风工艺流程图如图 5-6 所示。

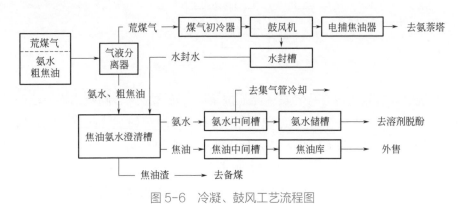

图 5-6　冷凝、鼓风工艺流程图

（3）化工产品回收区

回收区主要是从煤焦油中回收大量化工产品，根据不同的沸点分离出轻油、洗油、萘油、沥青等化工产品。

① 洗萘、脱萘。煤气经由鼓风机后经电捕焦油器进入填料洗萘塔，与塔顶下来的循环洗萘油逆流接触进入萘的吸收。洗萘油从塔底流入循环油槽，再用循环油泵抽送至洗萘塔顶部喷洒，当循环洗油中萘达到一定浓度后，将洗萘富油全部送往脱萘工序进行脱萘再生。

由洗萘工艺来的洗萘富油，在富油罐内加热脱水后用泵装入蒸馏釜。在釜内首先加热脱水，然后依次切取轻油馏分、萘油馏分。在脱水和馏出轻油阶段，蒸气不经过精馏柱，而直接进入冷凝器，冷凝液经油水分离器分离后，轻油进入轻油槽。蒸出的萘油馏分经过精馏柱、分缩器及冷凝器后，流入萘油馏分槽。蒸馏釜内的脱萘贫油自流入贫油冷却器，经冷却后注入贫油槽，然后回洗萘系统。

脱萘后的贫油送回贫油槽，净贫油用循环油泵送至循环油槽。脱萘再生消耗的洗油由洗苯系统的贫油泵供给。洗萘、脱萘工艺流程图如图 5-7 所示。

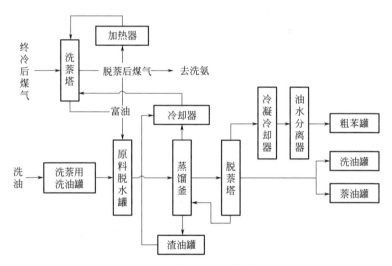

图 5-7　洗萘、脱萘工艺流程图

② 洗氨、蒸氨、黄血盐。煤气经油洗萘后，依次进入带隔板式终冷段的三段空喷洗氨塔和两个木格填料洗氨塔。当油洗萘系统故障时，终冷空喷洗氨塔可兼水洗萘作用，萘从三联池捞出。洗氨后形成富氨水去蒸氨。富氨水以入脱酚后氨水先进入原料氨水槽以澄清焦油，再通过填有焦炭块的过滤器滤出氨水中焦油，与蒸氨塔废水换热，由分解塔分解后进入蒸氨塔。塔底以直接蒸气作为热源加热塔底溶液，并有蒸吹作用，使废水含氨量不大于 0.01%。从塔顶逸出的蒸气为氨、水池和二氧化碳、硫化氢和氰化氢等混合物。塔底废水去生物脱酚。

从塔顶逸出的氨气进入加热器，再进入氰化氢吸收塔。脱除了氰化氢的氨气逸出进入分缩器，氨气温度降低，依次经冷凝器、油水分离器后送往氨水库。吸收塔塔底黄血盐溶液达到一定浓度后，则提出一部分作为结晶母液，在结晶槽内搅拌结晶，离心后上清液去循环碱液系统，晶体打包得到黄血盐。洗氨、蒸氨、黄血盐工艺流程图如图 5-8 所示。

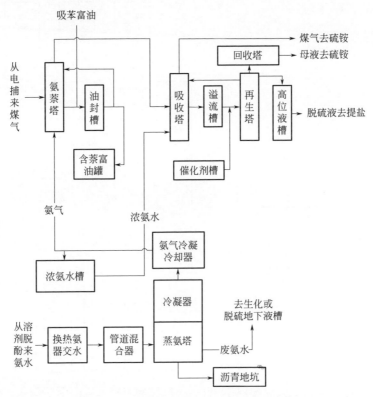

图 5-8　洗氨、蒸氨、黄血盐工艺流程图

③ 洗苯、蒸苯。从洗氨来的煤气在洗苯塔内与洗油逆流接触后，煤气中的苯族烃含量少于一定浓度后送往焦炉或其他用户使用。生成的洗苯富油在粗苯冷却器与脱苯塔来的粗苯蒸气换热后，再进入贫富油换热器，进入脱水塔脱水，从脱水塔底部排出后泵入管式加热炉升温室后进入脱苯塔。脱苯塔顶部逸出的是粗苯蒸气，经冷却后进入粗苯油水分离器，分出水后流入粗苯中间槽，部分粗苯回流。脱苯塔塔底排出的热贫油自流入贫富油换热器与富油换热，再冷却后去洗苯工序。

回流后剩余的粗苯抽送至两苯塔进一步分馏，塔顶逸出的轻苯经冷却、油水分离后进入轻苯回流槽，一部分送至两苯塔回流用，其余部分满流至轻苯中间槽，去苯库。塔侧引出的重质苯经油水分离后进入重质苯中间槽，送往古马隆工序。洗苯、蒸苯工艺流程图如图 5-9 所示。

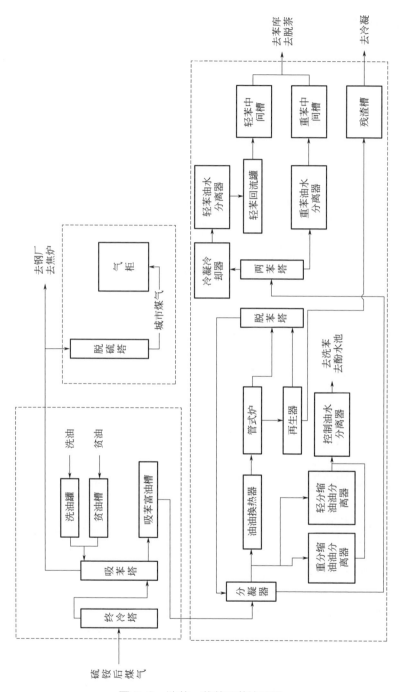

图 5-9　洗苯、蒸苯工艺流程图

　　④ 脱硫、提盐。焦化厂采用改良蒽醌二磺酸钠法（改良 ADA 法）脱硫。煤气经初冷、鼓风、氨萘塔后进入脱硫系统。煤气进入脱硫塔，与塔顶喷淋液（碱性）

逆流接触, 脱除硫化氢后煤气经液沫分离器分离后送硫铵系统。吸收了硫化氢的溶液从塔底流入循环槽, 并泵入再生塔底部, 同时, 向再生塔鼓空气, 氧化 ADA, 再生后溶液自流入脱硫塔循环使用。

再生塔内形成的硫泡沫浮于塔顶, 自流入硫泡沫槽, 经澄清后, 清液返回循环槽, 硫泡沫经过滤成为硫膏, 硫膏进入熔硫釜, 熔融分离后形成硫黄。当脱硫液中硫氰酸钠含量大到一定程度后, 即抽取部分脱硫液去提盐, 通过蒸发、结晶制取大苏打和粗制硫氰酸盐。脱硫、提盐工艺流程图如图 5-10 所示。

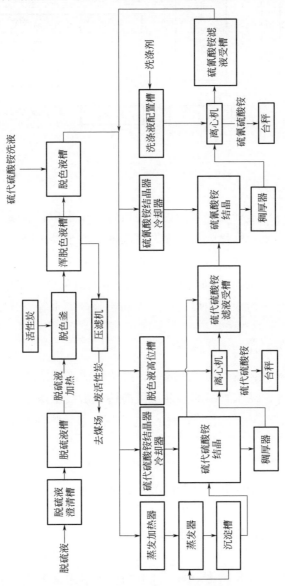

图 5-10 脱硫、提盐工艺流程图

⑤ 新硫铵。脱硫后的煤气首先进入煤气预热器加热到适合温度后进入饱和器，其中的氨被硫酸吸收，饱和器不断产生硫铵，当达到一定浓度后，就会有硫铵结晶。将结晶母液送往结晶槽结晶，经离心后形成硫铵晶体，经干燥后包装。硫酸由高位槽按所需流量加入硫铵母液满流槽、循环槽或直接加入饱和器中。新硫铵工艺流程图如图 5-11 所示。

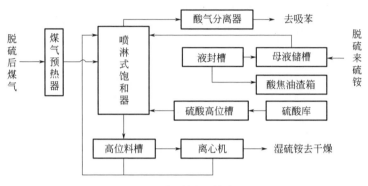

图 5-11　新硫铵工艺流程图

（4）污水处理区

焦化厂内设有污水处理厂来处理焦化废水，废水中含有酚、苯、氨、氰、硫化氢和油等有害物质。焦化废水是煤经高温及中温干馏、煤气净化以及化工产品精制过程中所产生的废水，是一股污染物组成极复杂、浓度高、毒性大且难处理的工业污水。其主要来源是剩余氨水，它是煤干馏及煤气冷却过程产生的污水；煤气净化过程产生的污水，如煤气经冷水和粗苯分离水等。其中，剩余氨水是氨氮的主要来源。

污水处理设施包括污水处理厂、泵房、各装置区的污水池，这些构筑物为水泥材质，使用年限较长后容易产生裂缝，高浓度污水渗漏造成构筑物下方土壤和地下水污染。另外，污水管线的渗漏也可能造成沿线土壤污染，存在的污染物可能有 PAH、BTEX、石油烃、总挥发酚、重金属、氟化物和氰化物。

（5）动力区

为供给生产所需动力、蒸气和采暖，焦化厂现有 1 座锅炉房，已于 2007 年停用。潜在污染物以重金属和多环芳烃类、石油烃为主。另外，焦化厂区内目前有两个变电所及分散的变压器站，共计 13 台油浸变压器，于 1975 年左右开始使用，可能存在 PCB（多氯联苯）场地污染。

（6）储罐区

焦化行业有各种物料储罐、槽，部分为地下或半地下式，主要分布在化学品

污染 排放	污染物 种类	污染 途径
	多环芳烃、	遗漏污
油水分离		
焦油、		

、调查访问，收集场地现状和历史资料及相关文件，对焦化厂……产品、生产工艺、污染物排放情况和处理处置方式进行分析，……确定该场地的污染途径主要有：生产过程中有机物料存储、使用过程中……、渗漏；污水处理设施及污水管线的渗漏以及老旧生产线拆迁改造施工过程中造成的再污染，污染范围与场地生产布局关系较为密切。污染识别阶段初步场地概念模型如表5-2所示。

表5-2 焦化厂污染识别初步场地概念模型

序号	分区	生产活动	污染排放	污染物种类	污染途径	污染介质	可能污染区域
1	原料及产品堆场区（原料堆渣场、煤场、焦炭堆场）	原料及产品储存	煤炭中的重金属	煤尘、重金属	雨水淋洗	表层土壤	储煤场及周边
			煤尘无组织排放	煤尘	风力作用下扬尘	表层土壤	储煤场及周边
		原料及产品转运	煤尘排放、焦炭遗洒	煤尘、焦炭	大气扩散、雨水淋洗	表层土壤	周边环境
2	焦炉生产区（炼焦、熄焦、冷鼓）	装车	煤尘排放	煤尘	大气扩散	表层土壤	周边环境
		炼焦	焦炉烟气无组织排放	多环芳烃、苯系物、酚、氰化物等	大气扩散	表层土壤	焦炉周边、整个厂区及厂外环境
			焦炉烟囱排放				
		推焦	推焦烟气无组织排放				
		熄焦	熄焦烟气排放				

				污染介质	可能污染区域
	氨水、焦油渣的储存，地下槽、污水池	罐、槽的渗漏、遗洒	苯系物、酚、氰化物等	遗洒、渗漏污染附近及槽、罐体下土壤	表层、深层土壤、地下水	槽、罐区域
	脱酸、蒸氨、洗苯	硫酸吸收塔尾气	二氧化硫、氮氧化物	大气扩散	表层土壤	附近区域
		加热炉排气	二氧化硫、氮氧化物	大气扩散	表层土壤	附近区域
3	化工产品回收区（吸苯、蒸苯、硫铵、脱硫、提盐、焦油库）	粗苯、洗油、硫酸、氨水储存，地下废水池	各种罐、槽的渗漏	多环芳烃、苯系物、酚、氰化物等	遗洒、渗漏污染附近及槽、罐体下土壤	表层、深层土壤、地下水	槽、罐区域
		脱硫	烤胶再生废气排放	硫化物、二氧化硫	大气扩散		
		催化剂存放、配制、储存	遗洒、渗漏	重金属类	遗洒、渗漏污染附近土壤	表层土壤	附近区域
		事故池、反应槽、地下酚水池	渗漏	重金属类、多环芳烃、苯系物、酚	遗洒、渗漏污染附近及槽、罐体下土壤	表层、深层土壤，地下水	槽、罐区域
		粗苯、重苯储存	储罐渗漏、遗洒	苯系物	遗洒、渗漏污染附近及槽、罐体下土壤	表层、深层土壤，地下水	槽、罐区域
		古马隆蒸馏	遗洒	苯系物	遗洒、渗漏污染附近土壤	表层土壤	槽、罐区域
		焦油蒸馏	废气排放	多环芳烃、苯系物、酚、氰化物等	大气扩散	表层土壤	周边地区
		酚盐洗涤	含酚废气排放	酚类	大气扩散	表层土壤	周边地区

续表

序号	分区	生产活动	污染排放	污染物种类	污染途径	污染介质	可能污染区域
4	污水处理区（冷却水、动力水处理）	酚水池、隔油池、均化池、曝气池、浓缩池、沉淀池等	水池渗漏	苯系物、多环芳烃、杂环芳烃、酚、氰化物、氟化物等	遗洒、渗漏污染附近及槽、罐体下土壤	深层土壤、地下水	装置区
5	储罐区（煤气柜区、苯库、煤气调压站）	地下槽、半地下槽	各种罐、槽的渗漏，遗洒	苯系物、多环芳烃、杂环芳烃、酚、氰化物等	遗洒、渗漏污染附近及槽、罐体下土壤	深层土壤、地下水	装置区
6	动力区（锅炉房及变压器站）	重油燃烧、油浸式变电器	渗漏、遗洒	多环芳烃、多氯联苯等	遗洒、渗漏污染附近表层土壤	表层土壤、地下水	周边地区
7	辅助区（仓库、机修及办公区）	机修车间	渗漏、遗洒	多环芳烃、石油烃类等	遗洒、渗漏污染附近表层土壤	表层土壤、地下水	周边地区

焦化场地的污染途径主要是大气有组织和无组织排放源的大气扩散，物料储存、运输、加工过程中的遗洒、渗漏，污水处理设施及污水管线的渗漏。通过大气扩散形式污染表层土壤的主要是焦化厂及周边区域，污染物种类包括苯系物、多环芳烃、杂环芳烃等；由于储罐、槽渗漏污染深层土壤和地下水的区域主要是焦油分厂、煤气精制分厂，污染物种类包括苯系物、多环芳烃、杂环芳烃等。本场地主要污染物包括苯系物（单环芳烃）、多环芳烃、酚、氰化物、重金属、总石油烃、石棉、杂环芳烃，具体分类如表5-3所示。

表5-3 焦化厂潜在污染物类别

种类		潜在污染物
无机物	重金属	汞、镉、铬、铅、锌、镍、铜、砷
	氰化物	氰化氢、氰化钾、氰化钠
有机物	苯系物	苯、甲苯、乙苯、间/对二甲苯、苯乙烯、邻二甲苯、异丙基苯、正丙苯、1,3,5-三甲基苯、叔丁基苯、1,2,4-三甲基苯、对异丙基甲苯、三甲苯、乙基苯

种类		潜在污染物
有机物	多环芳烃	萘、苊烯、苊、芴、菲、蒽、荧蒽、芘、苯并（a）蒽、䓛、苯并（b）荧蒽、苯并（k）荧蒽、苯并（a）芘、茚并（1,2,3-cd）芘、二苯并（a,h）蒽和苯并（g,h,i）芘、1-甲基萘、2-甲基萘
	杂环芳烃	苯乙酮、5-硝基邻甲苯胺、二苯并呋喃、咔唑、苯胺、吡啶盐基
	酚	苯酚、甲酚、临甲酚、间甲酚、混二甲酚
	石油烃	总石油烃

进入土壤中的重金属大部分被土壤颗粒所吸附，在土壤剖面中表现出明显的垂直分布规律，主要富集在表层土中。氰化物是指化合物分子中含有氰基（CN—）的物质，在化学品加工过程中产生，是一类污染环境的剧毒物质，但由于其生物降解性好，在土壤中的浓度不高。

多环芳烃是煤在焦炉中不完全燃烧产生的，通过大气扩散和沉降污染表层土壤，在表层土中广泛存在。多环芳烃进入土壤后与土壤中的有机成分结合，发生一系列的过程如：吸附、迁移、转化和降解等，在光催化、生物积累及生物代谢变迁过程中，多环芳烃一般转化为酚类、醌类及芳香族羧酸类物质，有的转化产物甚至比原始多环芳烃更具毒性。多环芳烃水溶性差，很难通过淋溶、植物吸收或微生物降解而去除，由于多环芳烃向下迁移的速度很慢，因此，主要污染表层土壤，对深层土壤和地下水污染的可能性很小，是焦化行业中典型的一类污染物质。

酚主要来源于剩余氨水、化工产品加工过程中所产生的废水及煤气终冷水，经过污水处理设施及污水管线的渗漏产生的，主要是苯酚、甲酚和二甲酚。杂环芳烃是在回收化学品过程中产生的，毒性相对较小，但苯胺、吡啶等此类物质的挥发性较强，难于生物降解。苯系物是裂解产物，其挥发性强，生物降解性一般，且容易穿透土层进入地下水系统。

焦化厂涉及的主要污染物包括苯系物（单环芳烃）、多环芳烃、杂环芳烃、酚、氰化物等。氰化物是含有氰基 CN—的化合物，无机氰化物如氢氰酸、氰化钠、氰化钾等及有机氰化物均为剧毒物质，其中氢氰酸为无色液体或气体，性质稳定，急性毒性为 LD_{50} 810μg/kg（大鼠静脉）、LD_{50} 3700μg/kg（小鼠经口）、LC_{50} 357mg/m³（小鼠吸入 5min）；氰化钠为白色或灰色粉末状结晶，溶于水，稳定，有微弱的氰化氢气味，急性毒性为 LD_{50} 6.4mg/kg（大鼠经口）、LD_{50} 4300μg/kg（大鼠腹腔）；氰化钾为白色结晶粉末，易潮解，溶于水，稳定，急性毒性为 LD_{50} 6.4mg/kg（大鼠经口）、LD_{50} 8500μg/kg（小鼠经口）。氰化物经口、呼吸道或皮肤进入人体后，极易被吸收。在胃内水解成氢氰酸，再进入血液中，使细胞呼吸受到抑制，造成人体组织的严重缺氧，直至呼吸衰竭而死亡。其他有机类污染物的毒性分析如表 5-4 ～表 5-6 所示。

表5-4 苯系物毒性分析情况

序号	名称	分子式和分子量	一般性质	毒性	对人体健康的影响
1	苯	C_6H_7，78	无色透明强烈芳香气味液体，熔点 5.5℃，沸点 80.1℃，蒸气压 13.33kPa/26.1℃	LD_{50} 3306mg/kg（大鼠经口），LC_{50} 31900mg/m³（大鼠吸入 7h）	致癌物。高浓度苯对中枢神经系统有麻醉作用，引起急性中毒；长期接触苯对造血系统有损害，引起慢性中毒
2	甲苯	C_7H_8，92	无色透明强烈芳香气味液体，熔点 -94.9℃，沸点 110.6℃，蒸气压 4.89kPa/30℃	LD_{50} 5000mg/kg（大鼠经口），LC_{50} 20003mg/m³（小鼠吸入 8h）	对皮肤及黏膜有刺激作用，对中枢神经系统有麻醉作用，长期作用可影响肝、肾功能
3	1,3-二甲苯	C_8H_{10}，106	无色透明强烈芳香气味液体，熔点 -47.9℃，沸点 139℃，蒸气压 1.33kPa/28.3℃	LD_{50} 5000mg/kg（大鼠经口），LC_{50} 19747mg/m³（大鼠吸入 4h）	对眼及上呼吸道有刺激作用，高浓度时对中枢神经系统有麻醉作用，长期接触有神经衰弱综合征
4	1,3,5-三甲基苯	C_9H_{12}，120	无色液体，有特殊气味，熔点 -44.8℃，沸点 164.7℃，蒸气压 1.33kPa/48.2℃	LC_{50} 24000mg/m³（大鼠吸入 4h）	对皮肤、黏膜有刺激作用，对中枢神经系统有麻醉作用，并对造血系统有抑制作用
5	1,2,4-三甲基苯	C_9H_{12}，120	无色液体，熔点 -61℃，沸点 168.9℃，蒸气压 1.33kPa/51.6℃	LC_{50} 18000mg/m³（大鼠吸入 4h）	对眼、呼吸道有刺激作用；对中枢神经系统有抑制作用
6	乙苯	C_8H_{10}，106	无色液体，有芳香气味，熔点 -94.9℃，沸点 136.2℃，蒸气压 1.33kPa/25.9℃	LD_{50} 3500mg/kg（大鼠经口）	对皮肤、黏膜有较强刺激性，高浓度有麻醉作用

续表

序号	名称	分子式和分子量	一般性质	毒性	对人体健康的影响
7	苯乙烯	C_8H_8，104	无色透明油状液体，熔点 -30.6℃，沸点 146℃，蒸气压 1.33kPa/30.8℃	LD_{50} 5000mg/kg（大鼠经口），LC_{50} 24000mg/m³（大鼠吸入 4h）	对眼和上呼吸道有刺激和麻醉作用
8	对异丙基甲苯	$C_{10}H_{14}$，134	无色透明液体，有芳香气味，熔点 -67.9℃，沸点 177.1℃，蒸气压 0.2kPa/25℃	LD_{50} 4750mg/kg（大鼠经口）	对皮肤、眼睛、黏膜和上呼吸道有刺激作用

表5-5 多环芳烃类污染物毒性分析情况

序号	名称	分子式和分子量	一般性质	毒性	对人体健康的影响
1	萘	$C_{10}H_8$，128	白色易挥发晶体，有芳香气味，熔点 80.1℃，沸点 217.9℃，蒸气压 0.13kPa/52.6℃	大鼠经口 LD_{50} 490mg/kg	具刺激作用，高浓度致溶血性贫血及肝、肾损害
2	苊烯	$C_{12}H_8$，152	白色或略带黄色斜方针状晶体，熔点 92.3℃，沸点 265℃	—	—
3	苊	$C_{12}H_{10}$，154	白色针状结晶，熔点 95℃，沸点 277.5℃，蒸气压 1.33kPa/131.2℃	LD_{50} 600mg/kg（大鼠腹腔）	对眼睛、皮肤、黏膜和上呼吸道有刺激性
4	芴	$C_{13}H_{10}$，166	白色小片状晶体，熔点 118℃，沸点 295℃	小鼠经口 LD_{50} 2000 mg/kg	—
5	菲	$C_{14}H_{10}$，178	蒽的异构体，无色有荧光的晶体，熔点 100～101℃，沸点 340℃	大鼠经口 LD_{50} 1800～2000mg/kg	嗅觉阈值浓度为 1000mg/m³，可引起致敏作用
6	蒽	$C_{14}H_{10}$，178	浅黄色针状结晶，有蓝色荧光，熔点 217℃，沸点 345℃	LD_{50} 430mg/kg（小鼠静注）	对皮肤、黏膜有刺激性，易引起光感性皮炎
7	荧蒽	$C_{16}H_{10}$，202	黄绿色结晶或无色固体，熔点 109～110℃，沸点 367℃	LD_{50} 2000 mg/kg（大鼠经口），3180mg/kg（兔经皮）	具腐蚀性，资料报道有致突变作用

续表

序号	名称	分子式和分子量	一般性质	毒性	对人体健康的影响
8	芘	$C_{16}H_{10}$，202	无色、棱形晶体，熔点150℃，沸点393.5℃	LD_{50} 2750mg/kg（大鼠经口），LC_{50} 170mg/m³（大鼠吸入）	长期接触可见头痛、乏力、睡眠不佳、易兴奋、食欲减退、白细胞增加，血沉增速等
9	苯并（a）蒽	$C_{18}H_{12}$，228	黄棕色有荧光的片状物质，沸点435℃，熔点162℃	—	—
10	䓛	$C_{18}H_{12}$，228	白色或带银灰色、黄绿色鳞片状或平斜方八面结晶体，熔点255℃，沸点448℃	—	—
11	苯并（b）荧蒽	$C_{20}H_{12}$，252	熔点167℃，不溶于水		
12	苯并（k）荧蒽	$C_{20}H_{12}$，252	晶体，熔点217℃，沸点480℃	—	—
13	苯并（a）芘	$C_{20}H_{12}$，252	无色至淡黄色、针状、晶体，熔点179℃，沸点495℃	强致癌物，LD_{50} 500mg/kg（小鼠腹腔），50mg/kg（大鼠皮下）	对眼睛、皮肤有刺激作用，是致癌物及诱变剂，有胚胎毒性
14	茚并（1,2,3-cd）芘	$C_{22}H_{12}$，276	黄色片状或针状结晶，有淡绿色荧光；熔点162.5～164℃	—	—
15	二苯并（a,h）蒽	$C_{22}H_{14}$，278	—		
16	苯并（g,h,i）芘	$C_{22}H_{12}$，276	苯中析出叶状晶体，呈鲜艳黄绿色荧光		

表5-6　酚、杂环芳烃类毒性分析情况

序号	名称	分子式和分子量	一般性质	毒性	对人体健康的影响
1	苯酚	C_6H_5OH，94	白色结晶熔块，有特殊气味，熔点40.6℃，沸点181.9℃	LD_{50} 317mg/kg（大鼠经口），LC_{50} 316mg/m³（大鼠吸入）	对皮肤、黏膜有强烈的腐蚀作用，可抑制中枢神经或损害肝、肾功能

序号	名称	分子式和分子量	一般性质	毒性	对人体健康的影响
2	邻甲苯酚	C_7H_8O，108	无色结晶，有苯酚气味，熔点30℃，沸点191～192℃	LD$_{50}$ 121mg/kg（大鼠经口）	对皮肤、黏膜有强烈刺激和腐蚀作用，引起多脏器损害
3	间甲苯酚	C_7H_8O，108	无色或淡黄色可燃液体，有苯酚气味，熔点11～12℃，沸点202℃	LD$_{50}$ 242mg/kg（大鼠经口）、1100 mg/kg（兔经皮）	—
4	对甲苯酚	C_7H_8O，108	无色结晶，有芳香气味，熔点35.5℃，沸点201.8℃	LD$_{50}$ 207mg/kg（大鼠经口）	该物质对环境有危害，应特别注意对水体的污染
5	苯胺	C_6H_7N，93	无色或微黄色油状液体，有强烈气味，熔点-6.2℃，沸点184.4℃，蒸压2.00kPa/77℃	LD$_{50}$ 442mg/kg（大鼠经口）；LC$_{50}$ 665mg/m³（小鼠吸入7h）	主要引起高铁血红蛋白血症，对肝和肾损害
6	咔唑	$C_{12}H_9N$，167	无色单斜片状结晶，有特殊气味，熔点244.8℃，沸点354.8℃	LD$_{50}$ 200mg/kg（小鼠腹腔）	对皮肤有强烈刺激性，使皮肤对光敏感
7	吡啶	C_5H_5N，79	无色微黄色液体，有恶臭，熔点-42℃，沸点115.3℃	LD$_{50}$ 1580mg/kg（大鼠经口）	对眼及上呼吸道有刺激作用，能麻醉中枢神经系统
8	喹啉	C_9H_7N，129	无色液体，有特殊气味，熔点-14.5℃，沸点237.7℃	LD$_{50}$ 460mg/kg（大鼠经口）	对眼、鼻、喉和皮肤有刺激性，吸入后可引起头痛、头晕、恶心

本场地土壤和地下水的污染途径主要包括以下三个方面：

（1）污染物遗撒、泄漏和渗透引起的水平和垂直迁移造成的污染

主要包括产生过程的跑、冒、滴、漏，原料和产成品储存过程及固体废弃物临时存放过程的遗洒和渗漏，污水输送管线和污水处理设施的渗漏等过程。污染物的遗洒和渗漏会造成场地表层土壤的污染，然后再通过雨水的淋溶下渗，向下迁移至深层土壤和地下水，造成土壤和地下水的污染。地下水中的污染物还会在水流作用下通过传输、弥散等迁移造成污染范围的扩大。

（2）大气污染物干湿沉降造成的污染

厂区的生产过程中会产生大气污染物的无组织排放和有组织排放，这些污染物因干湿沉降会降落至下风向地面，经年累月造成地表土壤污染，再通过污染物的垂直迁移污染深层土壤和地下水。

（3）土壤和地下水中污染物的再传输

依据前面的污染识别，本场地极有可能存在污染，场地局部区域的污染物会因出现横向和纵向迁移，造成污染范围的进一步扩大或再分布。

5.1.5　场地污染调查采样

综合场地内土地利用变更情况和企业生产工艺变更情况分析，可知该场地内经过多年的焦化生产，生产产品和工艺变化频繁，污染物类型复杂。但主要生产设备或工段相对集中，潜在污染区域相对集中在场地原生产区域。结合前期资料收集、现场踏勘、工艺流程及污染分析，初步将此次场地评价区域划分为7个调查区域，具体包括：

①1区：原料及产品堆场区（原料堆渣场、煤场、焦炭堆场）。

②2区：焦炉生产区（炼焦、熄焦、冷鼓）。

③3区：化工产品回收区（吸苯、蒸苯、硫铵、脱硫、提盐、焦油库）。

④4区：污水处理区（冷却水、动力水处理）。

⑤5区：储罐区（煤气柜区、苯库、煤气调压站）。

⑥6区：动力区（锅炉房及变压器站）。

⑦7区：辅助区（仓库、机修及办公区）。

该场地现场调查过程中，首先采用判断布点和网格布点相结合原则，进行场地初步采样调查，其中一般区域采用网格布点法布设土壤采样点，网格大概间距为40m；同时对于潜在污染区的重点区域加密布点；对初步调查样品检测结果进行分析评估后，进行补充采样布点，对场地进行补充调查采样。现场采样过程中根据场地实际情况判断，实时调整采样点的位置，确保掌握整个场地的污染状况。在该场地现场调查采样过程中，共分三次进场采样。

第一次采样，在场地污染识别的基础上，根据现场管线遗留情况和场地生产车间、废物存放地点分布情况，结合前期初步污染识别对杭钢焦化厂功能分区情况，按照场地调查规范中要求，采用分区布点、网格布点与判断布点相结合的方式设置初步采样调查点。

第二次采样是在第一次采样检测分析基础上，结合对厂区内原有功能区的识别判断，在潜在污染的"热点"区域进行加密布点即详细采样，准确判断该场地污染范围。根据潜在污染"热点"区位置，结合对厂区内原有功能区的识别判断和地下水流向分析，布设地下水监测井。

第三次采样是在前两次采样的基础上进行精细化布点，对污染区域进行准确判断。焦化厂初步调查污染分区情况如图5-12所示。

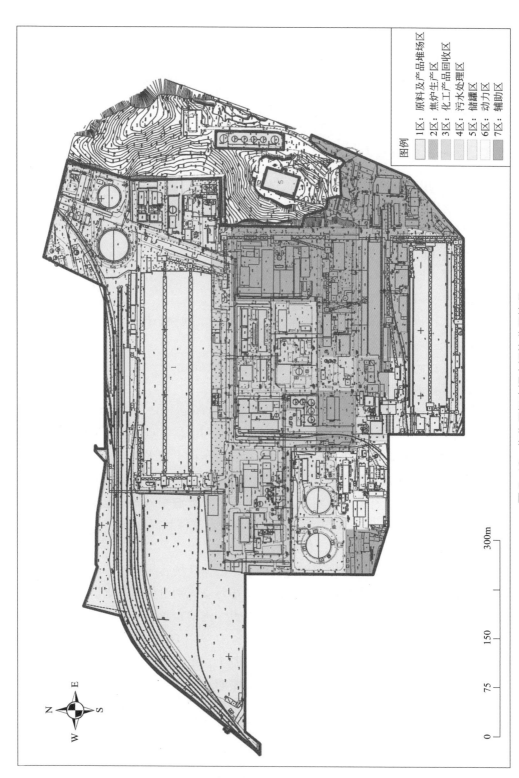

图5-12 焦化厂初步调查污染分区情况

图例

1区：原料及产品堆场区
2区：焦炉生产区
3区：化工产品回收区
4区：污水处理区
5区：储罐区
6区：动力区
7区：辅助区

0 75 150 300m

依据该场地区域水文地质资料，分析场地内工程地质单元层的分布情况及特征，土壤采样点的采样深度自表土向下为：

第1层：采样深度为0.3m。本层为杂填土层，上部为混凝土及建筑垃圾，下部为亚黏土混碎石、碎砖等杂物。埋深为0～1.3m。

第2层：采样深度为1.5m。本层为黏土层，总体呈黄色或褐黄色，局部含有饱和淤泥质。埋深为1.3～2.5m。

第3层：采样深度为3m。本层为亚黏土层，总体为灰黄到褐黄色，为可塑性黏土和硬塑性黏土，含有铁锰质结核。埋深为2.5～3.7m。

第4层：采样深度为5m。本层为亚黏土夹碎石层，总体颜色为棕黄至砖红色硬塑性黏土。为饱和块状结构，含有不均匀碎石，并含有石英颗粒。埋深为3.7～5m。

第5层：5m以下为风化岩层。顶部为全风化泥质粉砂层，下部为中等风化粉砂层。总体颜色为绿黄至灰黄色。埋深为5m以下。本层样品不易取得完整样品，因此可根据各点位实际钻探情况，选取少量典型的样品进行分析检测。依据场地污染识别分区结果，将此次场地评价区域划分为一般调查区域和重点调查区域（潜在污染区域）。潜在污染区域主要集中在场地原污水处理区、重油储罐区、加油站地下储油罐区，以及燃油锅炉附近的区域；一般区域包括场地内各生产车间及配套的机加工车间、辅材库、维修车间、办公楼等。在实际采样过程中，根据现场观察和现场快速测试设备PID的辅助判断，适当调整采样深度和采样层数。

地下水监测井在初见隔水底板以下至少1m位置处终孔。

第二次采样和第三次采样主要根据"热点"区土壤的污染深度确定具体点位的采样深度。并根据现场观察和现场快速测试设备PID的辅助判断，适当调整采样深度和采样层数。

土壤性质勘查主要是通过土壤岩芯样品土工试验分析，获得污染场地的土壤和地下水相关特征信息，包括土壤颗粒粒径分布、含水率、密度、比重、饱和度、渗透特性、地下水水位等，为场地污染风险评价及修复方案的设计实施等提供基础数据，土工试验岩芯样品分析成果如表5-7所示。

综合场地现场调查地层分布和剖面电导率在线测试结果，通过自然邻域插值法对该场地地表下（浅层0～20m）地层进行了三维分层概化，结果如图5-13所示。其中从场地东西方向三维地层切片来看，该场地总体上呈现东高西低的地势（地下部分），南北方向上呈现北高南低的趋势（地下部分），总体上造成区域浅层地下水流向为东北流向西南，但局部由于地下地形分布不规则的原因造成一定的滞水区（低谷地形，地下水流动性弱）。

表5-7 焦化厂土壤钻孔岩芯样品分析结果

| 序号 | 钻孔编号 | 取土深度/m | 天然状态土的物理性指标 | | | | | 颗粒组成 | | | | | | | 渗透系数（温度20℃） | | 快速测定结果（固快） | | 土分类名称（分类标准：GB 50021—2001） |
			含水率W %	容积密度ρ g/cm³	相对密度Gs	饱和度Sr %	孔隙比e0	砾 >20mm %	砾 20~2mm %	砂粒 2.0~0.5mm %	砂粒 0.5~0.25mm %	砂粒 0.25~0.075mm %	粉粒 0.075~0.005mm %	黏粒 <0.005mm %	Kv cm/s	Kh cm/s	黏聚力C kPa	摩擦角φ 度	
1	ZK02-01	1.70~1.90	24.6	2.02	2.73	98	0.684					3.7	68.0	28.3	2.7×10^{-7}	3.6×10^{-7}	37.0	23.0	粉质黏土
2	-02	3.70~3.90	22.0	2.02	2.73	93	0.649					2.3	67.8	29.9	5.0×10^{-7}	6.3×10^{-7}	43.0	22.5	粉质黏土
3	ZK03-01	2.70~2.90	39.0	1.83	2.75	98	1.089					2.0	55.7	42.3	3.0×10^{-8}	3.9×10^{-8}	36.0	14.8	黏土
4	ZK04-01	2.70~2.90	27.6	1.93	2.70	94	0.805					3.7	82.3	14.0	5.6×10^{-4}	7.1×10^{-4}	15.0	23.0	粉土
5	-02	4.70~4.90	26.2	1.98	2.74	96	0.746					1.2	64.3	34.5	3.7×10^{-8}	4.9×10^{-8}	48.0	18.4	粉质黏土
6	-03	6.70~6.90	26.8	2.01	2.75	100	0.735					0.5	61.1	38.4	2.1×10^{-8}	4.0×10^{-8}	51.0	19.6	黏土
7	ZK05-01	2.70~2.90	31.6	1.88	2.70	95	0.911					5.8	79.9	14.3	2.7×10^{-4}	3.6×10^{-4}	15.0	22.1	粉土
8	-02	4.70~4.90	25.8	1.97	2.74	94	0.750					0.7	66.1	33.2	2.7×10^{-8}	6.0×10^{-8}	50.0	18.4	粉质黏土
9	-03	7.10~7.30	28.2	1.99	2.74	100	0.765					0.9	63.8	35.3	3.0×10^{-8}	4.5×10^{-8}	47.0	16.3	黏土
10	-04	9.10~9.30	25.6	1.99	2.74	96	0.729					1.7	62.6	35.7	4.2×10^{-8}	4.9×10^{-8}	43.0	9.1	黏土
11	ZK06-01	2.30~2.50	18.9	1.86	2.74	69	0.752		19.2	10.6	10.5	8.0	25.1	26.6			34.0	24.3	粉质黏土夹砾
12	ZK09-01	3.70~3.90	30.0	1.89	2.70	95	0.857					2.0	85.0	13.0	3.9×10^{-4}	5.7×10^{-4}	12.0	24.6	粉土
13	-02	5.70~5.90	35.0	1.81	2.70	93	1.014					1.7	86.6	11.7	6.7×10^{-5}	8.1×10^{-5}	13.0	20.4	淤泥质粉土
14	-03	7.70~7.90	31.0	1.92	2.74	98	0.869					20.0	73.5	6.5	3.0×10^{-3}	3.9×10^{-3}	7.0	31.3	粉砂
15	-04	11.70~11.90						6.2	25.0	7.7	15.2	5.6	40.3						砾砂
16	ZK10-01	1.70~1.90	26.0	1.92	2.71	91	0.778					6.0	73.8	20.2	7.6×10^{-6}	9.2×10^{-6}	23.0	18.7	粉质黏土
17	-02	5.70~5.90	44.8	1.75	2.73	97	1.259					2.0	65.4	32.6	2.0×10^{-8}	2.5×10^{-8}	18.0	7.6	淤泥质粉质黏土

续表

序号	钻孔编号	取土深度/m	含水率 W /%	容积密度 ρ /(g/cm³)	相对密度 G_s	饱和度 S_r /%	孔隙比 e_0	砾 >20mm /%	砾 20~2mm /%	砂粒 2.0~0.5mm /%	砂粒 0.5~0.25mm /%	砂粒 0.25~0.075mm /%	粉粒 0.075~0.005mm /%	黏粒 <0.005mm /%	渗透系数 K_v /(cm/s)	渗透系数 K_h /(cm/s)	黏聚力 C /kPa	摩擦角 φ /度	土分类名称 (分类标准: GB 50021—2001)
18	-03	7.70~7.90	27.1	2.02	2.74	100	0.724					1.6	61.4	37.0	3.1×10^{-8}	4.2×10^{-8}	45.0	18.7	黏土
19	-04	9.70~9.90	29.5	1.95	2.72	100	0.806					2.7	70.5	26.8	6.7×10^{-7}	8.9×10^{-7}	36.0	16.3	粉质黏土
20	-05	11.70~11.90	22.0	2.06	2.73	97	0.617					1.5	70.0	28.5	2.3×10^{-7}	5.8×10^{-7}	47.0	23.0	粉质黏土
21	ZK12-01	2.70~2.90	30.6	1.89	2.72	95	0.880					4.1	75.7	20.2	4.9×10^{-6}	6.3×10^{-6}	23.0	17.5	粉质黏土
22	-02	4.70~4.90	34.3	1.88	2.70	100	0.929					2.3	83.9	13.8	3.7×10^{-4}	5.2×10^{-4}	12.0	27.1	粉土
23	-03	7.70~7.90	28.3	1.96	2.74	98	0.794					0.7	61.9	37.4	3.2×10^{-8}	4.7×10^{-8}	37.0	16.3	黏土
24	-04	9.70~9.90	28.5	1.95	2.73	97	0.799					1.8	69.5	28.7	2.1×10^{-7}	4.2×10^{-7}	32.0	15.1	粉质黏土
25	ZK14-01	1.70~1.90	27.8	1.92	2.73	93	0.817					1.1	66.9	32.0	1.9×10^{-7}	3.1×10^{-7}	39.0	16.3	粉质黏土
26	-02	3.70~3.90	28.6	1.94	2.74	96	0.816					0.9	66.3	32.8	2.2×10^{-7}	4.3×10^{-7}	42.0	15.7	粉质黏土
27	-03	5.70~5.90	23.0	1.99	2.72	92	0.681					1.4	72.0	26.6	3.2×10^{-7}	3.9×10^{-7}	34.0	21.8	粉质黏土
28	-04	8.70~8.90	31.3	1.95	2.75	100	0.852					0.6	55.2	44.2	2.1×10^{-8}	2.9×10^{-8}	53.0	17.2	黏土
29	-05	9.70~9.90	29.0	1.93	2.73	96	0.825					1.2	67.8	31.0	3.2×10^{-7}	5.2×10^{-7}	34.0	15.7	粉质黏土
30	-06	11.70~11.90	29.3	1.89	2.71	93	0.854					3.5	73.2	23.3	3.9×10^{-6}	5.7×10^{-6}	29.0	16.3	粉质黏土
31	ZK15-01	2.70~2.90	26.0	1.93	2.71	92	0.769					2.0	73.8	24.2	7.9×10^{-6}	1.7×10^{-5}	27.0	17.1	粉质黏土
32	-02	8.70~8.90	25.0	1.91	2.69	88	0.760					50.3	42.0	7.7	6.7×10^{-4}	7.2×10^{-4}	8.0	37.5	粉砂
33	-03	9.70~9.90	34.1	1.89	2.70	100	0.916					3.8	82.6	13.6	3.9×10^{-4}	5.7×10^{-4}	12.0	22.3	粉土
34	-04	11.70~11.90	31.1	1.99	2.74	100	0.805					1.5	64.2	34.3	2.7×10^{-7}	4.2×10^{-7}	43.0	18.4	粉质黏土
35	-05	12.70~12.90						29.2	16.5	3.2	16.2	5.5	29.4						砾砂
36	-06	14.70~14.90	23.7	2.04	2.73	99	0.655					0.8	68.0	31.2	3.2×10^{-8}	3.9×10^{-8}	41.0	22.3	粉质黏土

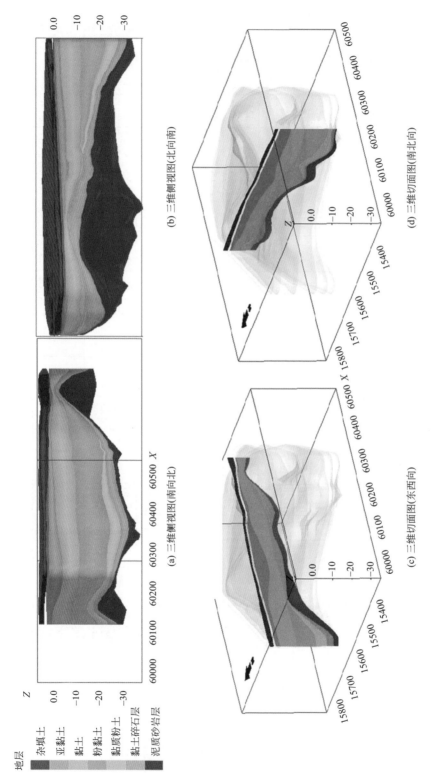

图 5-13 焦化厂浅层地层三维空间分布情况

　　总体上来看，本场地浅层土壤（0～10m）由上至下可以概化分层为：

　　① 杂填土（0～1m）：含有较多建筑垃圾、植物根系等。扰动程度较大。

　　② 素填土（1～2m）：素填土为主，局部区域有黏质粉土。受扰动程度较小。

　　③ 黏质粉土（亚黏土）（2～4m）：黏质粉土沉积层为主，局部含砂，含水量较高，基本处于饱和状态。基本贯穿整个场地。

　　④ 粉质黏土（4～6m）：粉质黏土和黏质粉土交互存在，局部含砂，含水率相对较低，具有一定的阻隔作用。局部区域已经至风化岩层。

　　⑤ 粉质黏土（6～9m）：粉质黏土与黏质粉土为主，质地较硬。含水率低。

　　该场地的污染调查结果表明，土壤和地下水中均存在一定的污染。

　　① 该场地局部区域土壤存在一定的污染，其中土壤中的主要污染物类型以重金属、多环芳烃和苯系物为主。从污染物的空间分布情况来看，重污染区域主要集中在场地中部的吸苯蒸苯车间、脱硫提盐车间和硫铵车间等化产回收区。

　　② 重金属和多环芳烃类物质主要分布在表层0～2m范围的土壤中，污染面积几乎覆盖场地中部化产回收区的全部区域，约占焦化厂整体占地面积的1/3。可能是由于原有生产过程中气源沉降和局部的渗漏泄漏造成的大面积污染，但是由于场地南部和北部两个区域为堆煤场和堆焦厂，较厚的硬化垫层隔绝了大气沉降对表层土壤的污染。

　　③ 萘和苯等挥发性有机物在2～4m的赋存浓度更大，可能由于长期生产过程、原有生产工艺的技改和变更等过程，造成了在化产回收区局部区域的有机污染物渗漏泄漏，尤其是部分罐体的拆解和填埋可能造成了局部区域的深层污染，最大迁移深度达到5～6m左右。

　　④ 地下水样品的检测结果表明，该场地局部区域的地下水部分污染指标超过地下水水质标准严重，主要污染物为硫酸盐、氰化物、硝酸盐、氨氮，以及挥发酚、苯和萘等，其中尤其硫酸盐、氨氮和氰化物等无机盐超标倍数较大。从污染物分布情况来看，这些地下水污染区域也主要集中在场地中部的化产回收区，尤其是硫铵车间周边的区域。综合考虑水文地质调查过程中的关于场地的地层分布情况，该场地表层的滞水流动性较弱，该层水中的污染物横向迁移较慢，总体污染范围相对集中。地下水污染区域与土壤重污染区域基本重合。

5.2
加油站现场筛查测试应用案例

5.2.1 场地概况

　　该加油站于 1992 年建成并投入使用，原加油站大致处于现加油站站房以东区域，地下储油罐位于现加油站的加油泵岛区域（图 5-14）。2004 年原加油站经扩建后地下油罐移至现加油站的地下储油罐区域。2011 年该加油站业主发现加油站存在泄漏现象，遂对该场地进行了初步调查，建立监测井 2 口（AQA 和 AQB）。结果表明该场地土壤和地下水中苯、甲苯、二甲苯等加油站特征污染物均有检出，且部分样点超标。尽管如此，该场地石油类污染物泄漏源及污染范围并不清楚。

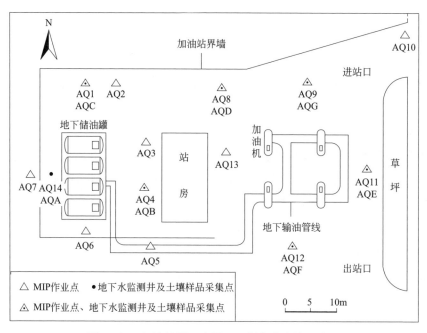

图 5-14　加油站平面布置及采样作业点位示意图

　　该加油站整个站区总面积约 1000m²，包括储罐区、加油区和站房三部分，加油站设置实体围墙与周边场所隔开（图 5-14）。4 台双枪加油机位于站房西侧，南北向布置。罐区位于站区东部，距离站房约 15m，30m³ 储油罐 4 个，罐体高度为3m，采用直埋地下卧式钢制储罐，罐外层有涂漆保护层。输油管线为镀锌钢管，外有涂漆保护层，并用自动管线测漏设备对其每天进行测试。该加油站由油罐车卸油，利用自吸泵将汽油经管线送入加油岛加油枪。地面全部用25cm水泥硬化。

5.2.2　场地污染现场筛查

本次调查首先利用MIP对该场地的大致污染范围进行初步筛查，重点关注污染物的大致迁移范围，尤其是潜在的边界范围。同时在调查过程中通过钻孔采样和现场快速测试对比分析，建立现场直接测试的电信号值与污染物浓度的相关性，为后期污染综合判断提供基础支撑数据。MIP是通过现场控制器加热MIP钻头并控制温度于110～120℃，使钻头周围的挥发性有机化合物受热脱附后渗透进薄膜内，利用循环携行的高纯度载气将污染物传输至位于地面的检测器进行总挥发性有机污染物（TVOC）分析。挥发性有机化合物检测结果和钻头的深度数据将传输至控制及记录器内存储，同时也将深度及FID检测器分析结果同步显示在记录器屏幕上，以便及时掌握地下污染状况。

现场工作设备主要包括配备火焰离子探测器（Flame Ionization Detector, FID）的便携式气相色谱仪（SRI 8610C）以及美国Geoprobe System TM团队所开发的直接贯入设备Geoprobe钻机（6610DT）、半透膜介质探测系统（MIP，membrane interface probe）、MIP现场控制及记录器（MP6500 series）和MIP现场数据处理系统（FC5000 series）等。MIP系统主要由MIP钻管（含半透膜介质气体采集器）、传输线和深度测量系统组成。

在该加油站场地共选取13个点进行MIP现场作业（图5-15）。在进行MIP现场作业前，先采用探地雷达进行地下管线探测，找出潜在重点调查区域并避开地下管线；然后再利用水钻破碎地面水泥层，并用手动钻向下试探1m确认地下无管线等构筑物。在完成前述工作的基础上，将MIP钻管垂直放入钻孔内，通过MIP现场控制器将MIP钻头温度加热至110～120℃，利用Geoprobe钻机的动力将钻头以每分钟50cm的速度匀速向下推进至地下9m处停止。钻头向下钻进的过程中用自带的电导率EC探测传感器实时测量土壤和地下水的电导率，根据电导率数值和现场典型钻孔的土质记录情况，判断场地土壤分层情况，从而为构建场地概念模型提供基础数据。现场某点的MIP读数示例如图5-16所示。

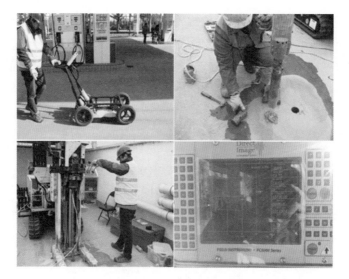

图 5-15　MIP 现场作业情况

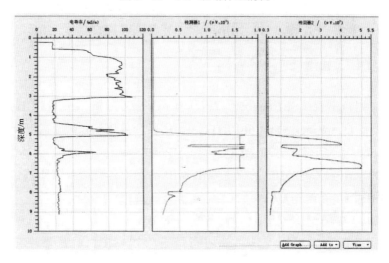

图 5-16　现场某点的 MIP 读数示例

　　为获得加油站场地地层数据，在 AQ1、AQ4、AQ8、AQ9、AQ11、AQ12 等 6 个 MIP 作业点的 0.3m 范围内和加油站场址西界墙内（AQ14）各布设了 1 个土壤钻孔点（终孔深度在 9 ～ 10 m 之间）；为验证 MIP 采样系统分析结果的可靠性，在 AQ1、AQ4、AQ8 等 3 个 MIP 作业点周边 0.3m 范围内的钻孔建立过程中共采集了 35 份土壤剖面样品。选取加油站的特征污染物包括苯系物（苯、甲苯、乙苯、二甲苯、苯乙烯）、甲基叔丁基醚等挥发性有机污染物作为分析测试指标。将利用传统方法所得到的土壤中总挥发性有机污染物（TVOC）含量实测值与 MIP-FID 检测器的电信号值进行了回归分析（n=35）。MIP-FID 检测器信号值与土壤中 TVOC

含量的线性关系如图 5-17 所示。

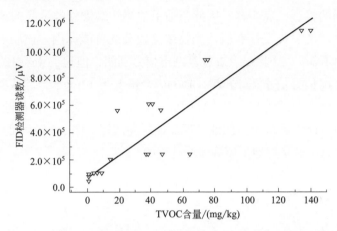

图 5-17   MIP-FID 检测器信号值与土壤中 TVOC 含量的线性关系

土壤中 TVOC 的含量和 MIP-FID 检测器的电信号值的回归方程为：$Y=8390.4X$ ($R^2=0.7413$)。MIP-FID 现场检测结果与传统方法得到的数据之间具有一定的线性关联性，但回归方程的拟合度相对不高。人们过去通常认为数据的不确定性主要来自样品处理和分析测量的不确定性，把数据的质量等同于样品分析的质量。在地下储罐或油品泄漏的场地评估往往利用认证方法在认证的实验室完成分析检测工作，但这种高数据质量等级（Data Quality Level, DQL）方法，导致取得数据必须等数周时间且费用昂贵（USEPA，1997a）。20 世纪 90 年代，人们逐渐认识到数据的质量不仅仅取决于样品分析的质量，更取决于样品采样的代表性。与传统方法相比，尽管 MIP 现场测试方法数据的准确性和精确性会有所降低，但由于分析成本大为降低，可以增加样品的数量，提高采样的代表性，从而提高数据的整体质量。

基于 AQ1 ～ AQ13 等 13 个 MIP 作业点的 FID 检测器电信号值，采用环境可视化系统软件建立了该加油站场地总挥发性有机污染物电信号值三维插值图（图 5-18）。图 5-18 中（a）、（b）、（c）和（d）分别表示 MIP-FID 检测器读数大于 $1 \times 10^5 \mu V$、$2 \times 10^5 \mu V$、$4 \times 10^5 \mu V$ 和 $8 \times 10^5 \mu V$ 时总挥发性有机污染物（TVOC）电信号值的三维分布图。依据 MIP-FID 检测器电信号值与土壤中 TVOC 含量的回归方程，土壤中 TVOC 含量值分别为大于 12mg/kg、24mg/kg、48mg/kg、96mg/kg 时 TVOC 的空间分布。从图 5-18 可以看出该加油站场地地表下 4m 内除现地下储罐附近区域存在较高的 TVOC 电信号值外，场地其余部分的电信号值均低于 $10^5 \mu V$；在该场地地表 4m 以下区域有一明显的电信号高值羽团（电信号值大于 $10^5 \mu V$）。该加油站存在两处电信号高值羽团（电信号值大于 $4 \times 10^5 \mu V$，TVOC 含量高于 48mg/kg），分别位于现地下储罐区域和加油机泵岛区域附近。

地下油罐、输油管线（包括加油机与管线的接头处）因腐蚀或超龄使用造成汽、柴油泄漏的报道已有很多。因此，地下油罐、输油管线油品的泄漏是造成现地下储油罐区域的总挥发性有机污染物浓度较高的可能原因。该场地加油机泵岛及附近区域地下 4m 以下区域存在较高的电信号羽团，但地下 4m 内的 TVOC 电信号值并不高（电信号值小于 $10^5\mu V$，TVOC 含量低于 12mg/kg），基本可以排除输油管线和加油机的油品泄漏造成该处污染。与业主的沟通得知该加油站于 1992 年建成时的原地下储油罐位于该加油站现加油泵岛区域（图 5-14）。因此，加油机下方的污染热源有可能是原地下储罐泄漏造成的。

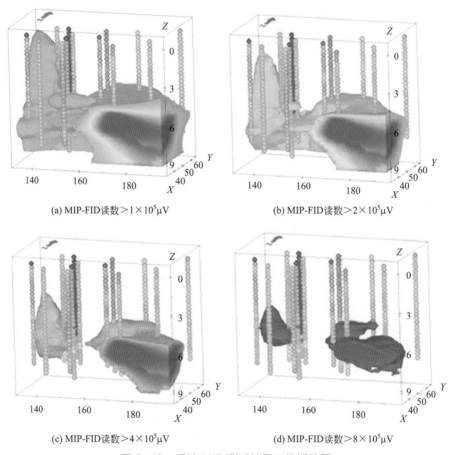

(a) MIP-FID读数＞$1\times10^5\mu V$　　　　(b) MIP-FID读数＞$2\times10^5\mu V$

(c) MIP-FID读数＞$4\times10^5\mu V$　　　　(d) MIP-FID读数＞$8\times10^5\mu V$

图 5-18　场地 MIP 测试结果三维插值图

基于 AQ1、AQ4、AQ8、AQ9、AQ11、AQ12 和 AQ14 等 7 个土壤钻孔资料，采用 C-Tech Development Corporation 开发的环境可视化系统软件 EVS-Pro（Environmental Visualization System）建立该加油站场地三维地层图（图 5-19）。由图 5-19 可知加油站东部人工回填土层较薄（1～2m 厚），西部人工回填土层较厚

（约 4 ～ 5m）。在回填土层下存在一层粉质黏土，在加油站西部较薄，在东部相对较厚（约 1 ～ 2m 厚）。在粉质黏土下存在有较厚的细砂和中砂（在其中间杂有不足 0.5m 的黏质粉土和砂质粉土）。据浅层地下水水位标高等值线图（图 5-20）可知，区内地下水流向主要为自西北向东南部流动。

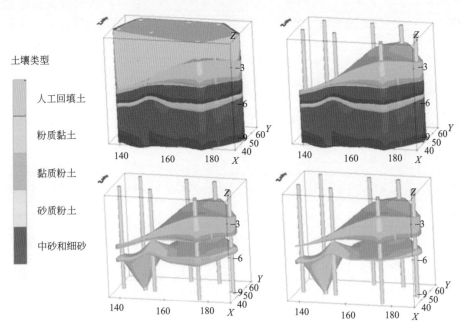

图 5-19　场地三维地层分布图

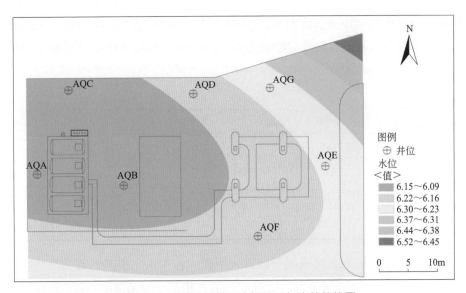

图 5-20　场地浅层地下水埋深及标高等值线图

5.2.3　场地环境调查与污染表征

根据土壤 VOC 现场快速筛选结果，在该加油站共设地下水环境监测井 7 口，其中新建监测井 5 口。在加油站地下水上游，布设 1 口污染源背景监测井（AQA）；在加油站场址地下水下游方向处，且在埋地油罐附近布设 2 口污染源扩散监测井（AQB 和 AQC）；在加油站场址地下水下游方向处，且在加油泵岛附近布设 3 口污染源扩散监测井（AQE、AQF 和 AQG）。布设位置如图 5-14 所示，监测井基本信息见表 5-8。

表5-8　加油站场地地下水监测井信息表

编号	监测井性质	静水位埋深/m	井深/m	井管材质	筛管长度/m	筛管位置
AQA	已有井	6.037	9	PVC	3.0	−5.5 ～ −8.5m
AQB	已有井	6.136	9	PVC	3.0	−5.5 ～ −8.5m
AQC	新建井	6.120	9	PVC	3.0	−5.5 ～ −8.5m
AQD	新建井	6.163	9	PVC	3.0	−5.5 ～ −8.5m
AQE	新建井	6.245	9	PVC	3.0	−5.5 ～ −8.5m
AQF	新建井	6.201	9	PVC	3.0	−5.5 ～ −8.5m
AQG	新建井	6.279	9	PVC	3.0	−5.5 ～ −8.5m

7 口地下水监测井中甲基叔丁基醚（MTBE），苯、甲苯、乙苯、二甲苯和总石油类等特征指标均检出，检出率在 100%，其中 AQC 监测井中存在约 1cm 的浮油。苯、甲苯、乙苯、二甲苯等特征指标超标，最大超标倍数分别为 118、14.57、4.07 和 15.08（表 5-9）。

表5-9　地下水有机污染物超标倍数统计情况

污染物	AQA	AQB	AQC	AQD	AQE	AQF	AQG
苯	0.69	45	存在约 1cm 厚的浮油	1.67	118	461	6.58
甲苯	0.02	1.2		0.17	9.43	14.57	0.57
乙苯	0.01	0		0.05	0.02	4.07	0.02
二甲苯	0.05	1.84		0.47	18.36	15.08	0.7

调查区内浅层地下水污染因子以苯、甲苯、乙苯、二甲苯、石油烃为主，均超过相关标准限值。根据本次工作绘制的主要污染因子等值线图可知（图 5-21 ～图

5-23）各类污染因子的污染羽中心在地下储罐区域和加油机泵岛区域附近（原地下储罐区域），与现场快速筛查的结果较为一致。

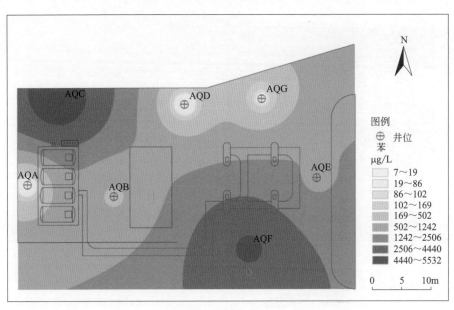

图 5-21　调查区内浅层地下水苯含量分布图

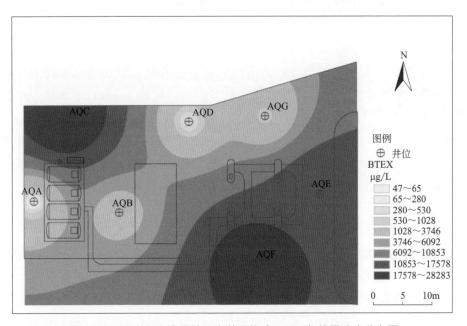

图 5-22　调查区内浅层地下水苯系物（BTEX）总量浓度分布图

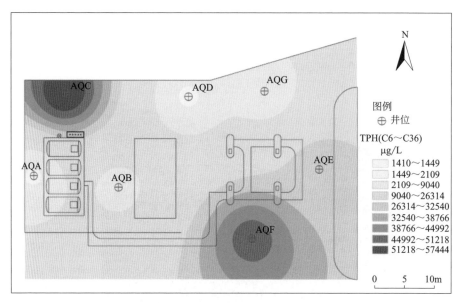

图 5-23　调查区内浅层地下水 TPH（C6 ～ C36）含量分布图

　　综合分析该加油站建站时间长（22 年）、埋地油罐和输油管线缺乏防腐蚀措施和有效二次防护措施，存在较高的油品泄漏风险。根据国外经验来看，埋地油罐和输油管线使用超过 15 年就会存在较高的泄漏风险。此外，该加油站输油管线和地下储油罐均为单层，且无涂漆、阴极保护等防腐蚀措施，也无防渗池和防渗槽等二次防护措施。因此，该加油站存在油品泄漏的可能性。另外，此加油站改造前的老加油站废弃但未清出的埋地油罐是造成加油泵岛处土壤和地下水污染的重要原因。该场地加油机泵岛及附近区域地下 4m 以下区域存在较高的电信号羽团，但地下 4m 内的 TVOC 电信号值并不高（电信号值小于 $10^5\mu V$，TVOC 含量低于 12mg/kg），基本可以排除输油管线和加油机的油品泄漏造成该处污染。与业主的沟通得知该加油站于 1992 年建成时的原地下储油罐位于该加油站现加油泵岛区域。因此，加油机下方的污染热源有可能是原地下储罐泄漏造成的。

　　另外，调查结果表明该场地包气带的防污能力较弱，泄漏的油品易于迁移至地下水。钻孔资料显示，整个场地区域均存在砂质粉土、黏质粉土以及碎石和砖块混杂的人工回填土层，厚度在 0.5 ～ 1.5m 之间；地表下 2m 至地下 15m 之间存在较厚的砂质粉土 / 粉质砂土、中砂 / 细砂土层（间杂有不足 0.5m 的黏质粉土和砂质粉土）。因此，该加油站场地包气带的防污能力较弱，泄漏的油品易于迁移至地下水。

5.3
场地概念模型应用于精准调查的案例

5.3.1　场地概况

我国北方地区某有机溶剂厂，是于 1986 年初成立的村办集体企业，厂区面积约 2000m²，最多时有职工近 20 人。该厂以生产乙二氨、二氯乙烷等有机溶剂为主，原材料是化工二厂的下脚料——焦油。该厂主要是通过蒸馏塔将焦油蒸馏提取乙二氨、二氯乙烷等，月耗用原材料约 100t，生产出的成品和废渣料随产随销。1989 年该有机溶剂厂停产搬迁，搬迁时没有留存任何废水及废料，但不排除原企业生产过程中存在废弃物倾倒、遗洒等情况。之后该场地作为一小型加工厂，后一直作为临时物流基地使用，2018 年最终停用。场地周边为市政道路和居民区，场地南侧有临时道路，也纳入主要调查范围（如图 5-24 所示）。据了解，由于该场地停产后续土地利用扰动较大，周边区域已经建成居民小区，现场踏勘时发现调查区域内有刺鼻异味存在。

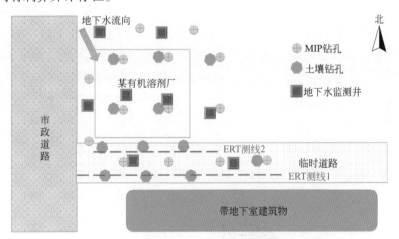

图 5-24　某有机溶剂厂场地调查平面布置图

5.3.2　场地污染识别

该场地地处平原地区，地貌类型属于河流堆积地貌中的洪冲积缓倾斜平原。区域地势略低，地形平坦，自西北向东南缓缓倾斜，地面坡度 2% ～ 0.4‰，海拔高程 26 ～ 34m。该调查区域第四系厚度约 160m。场地地层除表层为厚度 1.7 ～ 2.5m 的人工堆积杂填土①层，其下为第四纪洪冲积沉积物，其地层岩性从上至下依次为：

- 新近代沉积的黏质粉土、砂质粉土②层，厚度 1.8 ～ 2.0m。褐黄色，可塑，湿～饱和，土质不均，为中压缩性土。
- 新近代沉积的中细砂③层，灰、灰黄、褐黄色，湿～饱和，稍密，厚度 3.1 ～ 3.6m。
- 第四纪洪冲积形成的黏质粉土④层，褐黄色，可塑，中密，饱和，含少量黑色有机质。厚度 1.6 ～ 3.1m。
- 第四纪洪冲积形成的粗砂⑤层，褐黄色～灰色，含少量砾石，饱和。力学强度高，富水性好。厚度 0.9 ～ 3.2m。
- 第四纪洪冲积形成的粉质黏土、黏质粉土⑥层，褐黄色，中上密，土质不均，可塑，局部硬塑，夹砂质粉土，饱和。厚度 6m 左右。

场地所在区域地层主要为多层砂及砂砾石层与黏性土互层，含水层主要由 4 ～ 5 层砂及砂砾石层组成，地下水埋深在 10m 左右，单层厚度一般小于 6m。在 20 世纪 90 年代以前，该区域第四系潜水地下水位埋深一般 5 ～ 7m，主要受大气降水的影响。年内最低水位出现在 5 ～ 6 月份，年内最高水位一般出现在 8 ～ 9 月份。

通过场地踏勘、调查访问，收集场地现状和历史资料及相关文件，初步判定该场地的污染途径主要有：生产过程中物料存储、使用过程中的遗洒渗漏；生产储罐等泄漏；固废滴落淋溶造成的污染，潜在污染区域与场地生产布局关系较为密切。污染物通过遗洒进入表层土壤，通过淋滤、渗漏进入下层土壤和地下水，对场地内的土壤和地下水造成污染。该场地污染整体初步概念模型见图 5-25。

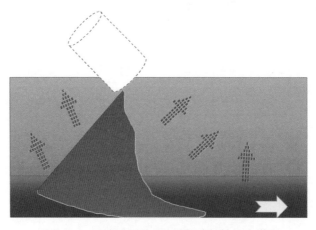

图 5-25 污染识别阶段构建初步场地概念模型

5.3.3 场地环境初步调查

污染识别结果认为该场地土壤和地下水存在被污染的可能性，需要进行下一步的场地调查采样及分析工作。由于该调查地块范围较小，现场采样时建议采用判断布点和网格布点相结合的方法确定采样位置，并且分阶段进行现场采样、实验室检测分析及污染判断。现场调查采样过程中主要采用相对保守的思路，进行挥发性有机物（VOC）、半挥发性有机物(SVOC) 和总石油烃(TPH) 及重金属全扫描分析，避免遗漏所有特征污染物。

初步调查发现土壤样品中 VOC、SVOC、TPH 均存在超标情况。VOC 类的超标污染物主要是苯及氯代有机物，其中 1,1,2- 三氯乙烷最高检出浓度超过 1000mg/kg，远超过饱和溶解度，可能存在自由相污染。污染最严重的点位相对集中，污染深度最深为 10.2m 左右。地下水样品检测结果表明，地下水中 VOC 类超标最为严重的是 1,1,2- 三氯乙烷，最高浓度值超过 500 mg/L，超过水的饱和溶解度，可能存在 DNAPL。另外其他污染物主要包括氯乙烯、1,2- 二氯乙烷、三氯乙烯、1,1,2- 三氯乙烷、四氯乙烯和氯仿。

初步调查发现场地的地层结构特殊，原溶剂厂东西剖面的地层结构变异显著。最西侧由上至下分别为杂填土、薄粉土夹层、细砂，由西向东杂填土层层厚逐步增加，粉土层层厚逐渐加大且变为黏粉，下层的砂层厚度逐步减少。结合南北方向其他钻孔的剖面图（图 5-26），初步分析该场地所在区域原可能为一古河道，后被冲积砂层填满，建厂前可能通过人工平整和表层回填。这种特殊的地层条件可能造成污染物快速向下迁移，并在迁移至地下水含水层后，水平迁移范围大幅扩大，造成周边的污染。根据这些信息，该场地的污染概念模型可以进行适当的优化更新，如图 5-27 所示。

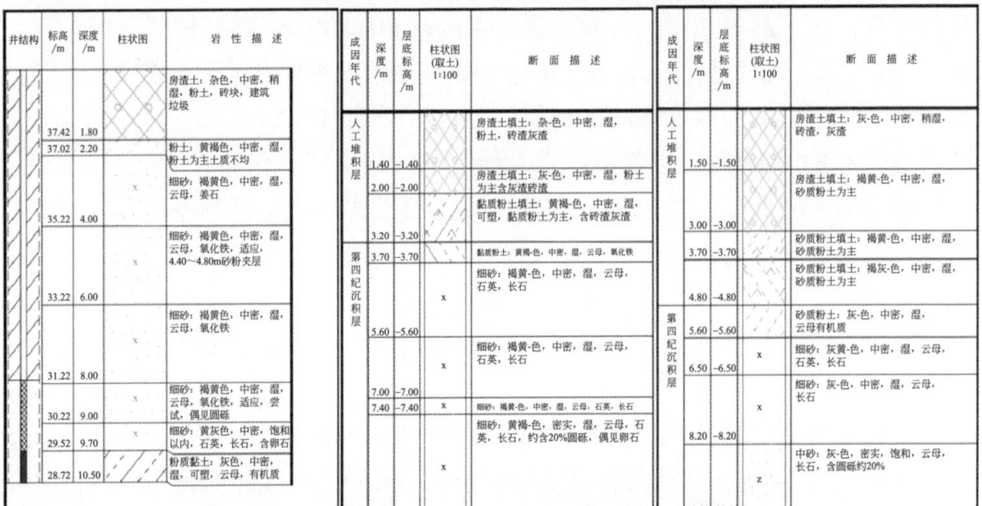

图 5-26　垂直于地下水流向的剖面典型钻孔剖面图

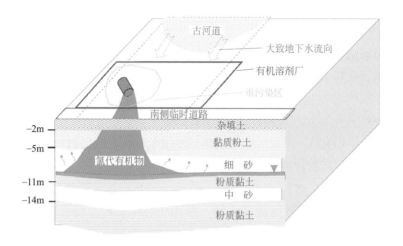

图 5-27　初步调查后场地概念模型（中期）

5.3.4　场地环境详细调查

根据初步采样调查结果和专家意见，详细调查可以分两阶段进行。首先，利用 MIP 和高密度电阻法进行现场辅助调查判断，初步判定污染源的位置及潜在污染边界，确定该地块详细调查的范围；然后再进行详细调查现场土壤钻孔和地下水采样，这些点位主要布设在潜在的污染边界区域，以核实或确定地下污染物的空间分布情况，同时根据污染羽的浓度梯度和空间分布情况，判断场地主要的污染源以及是否存在多个污染源。

本次调查共设置 14 个 MIP 探测点。每个 MIP 调查点的调查深度为 12m 左右，间隔采样深度不超过 5cm；对每个采样点进行 FID、PID、XSD 检测分析。为了验证 MIP 的原位探测结果，设置了 6 个 MIP 调查对照采样点进行土壤样品密集采样分析，并与 MIP 的调查结果进行验证。点位分布如图 5-24 所示。此外，本次调查选用高密度电阻率法，以物探技术对大面积疑似重质非水溶相有机物（DNAPL）污染分布的区域进行探测。同时结合取样结果等资料，可验证场地土壤污染局部电性特征与深度变化趋势，并以物探成果具体影像描绘地下污染及地层现况，进而准确评估污染深度与污染区域，为后期施工提供可靠信息。本次调查共布设高密度电法测线 2 条，同时收集了有关区域性地质资料。具体测线布设信息如图 5-24 所示。

根据土壤采样对照点的不同深度的土壤性质和 MIP 测量电导率 EC 值进行对比分析，土壤的性质与 EC 值有明显的相关性，EC 值大于 50mS/cm 可以看作是渗透性较差的粉土、粉质黏土；EC 值小于 50mS/cm 可以看作是渗透性较好的砂土、砂质粉土。EC 值与土壤采样对照点的土壤性质对照如图 5-28 所示。

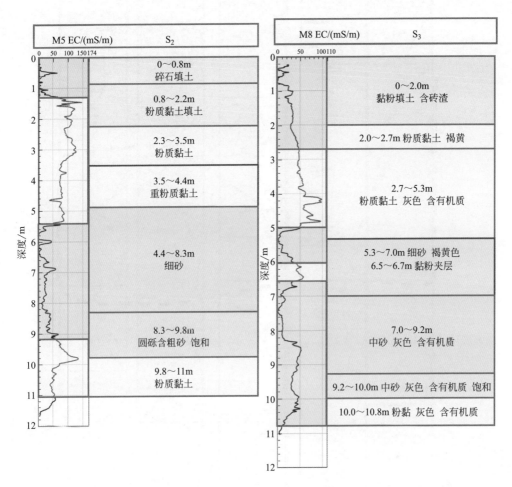

图 5-28　典型土壤钻孔土壤质地记录与钻孔剖面 EC 测量值与对比

　　根据场地所在区域的东西方向和南北方向的 EC 测量值剖面图（图 5-29 和图 5-30 所示）可以看出，在调查范围内深度在 15m 以上分布有两个迁移性能较好的砂层，第一个在深度为 8m 以上的包气带区域，第二个在深度为 10 ～ 12m 范围内的潜水含水层。二者之间局部区域分布一层厚度不一的粉土夹层。这些砂层可能是造成氯代有机污染物向下快速迁移以及横向扩散的主要原因，尤其到了饱和层后通过地下水的作用以及 DNAPL 的作用在含水层底部富集并快速移动。

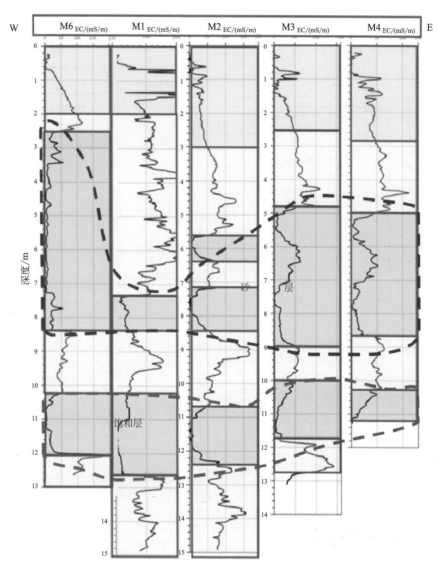

图 5-29　场地南侧东西方向断面地层变化情况

　　MIP 配置的 PID、FID、XSD 检测器结果表明，大部分剖面测量信号表明 XSD 响应值较为明显。结合根据土壤样品的检测结果，超标的污染物主要为氯代有机物，结合污染物的超标情况以及筛选值大小，使用 1,1,2- 三氯乙烷与对应的 MIP 中的 XSD 检测结果进行对比分析，使用趋势线方程 $y=116.19x+18377$ 计算，当 1,1,2- 三氯乙烷为 600μg/kg 时，土壤中总的有机氯 XSD 对应的检测值约为 160000μV。为了保守确定污染范围，将 XSD 值大于 140000μV 的作为超过筛选值的潜在污染区域。通过各点位的 XSD 测量值进行三维插值分析，确定了潜在污染区域为原溶剂厂的南部区域，且污染羽已向外迁移至南侧的临时道路下方。

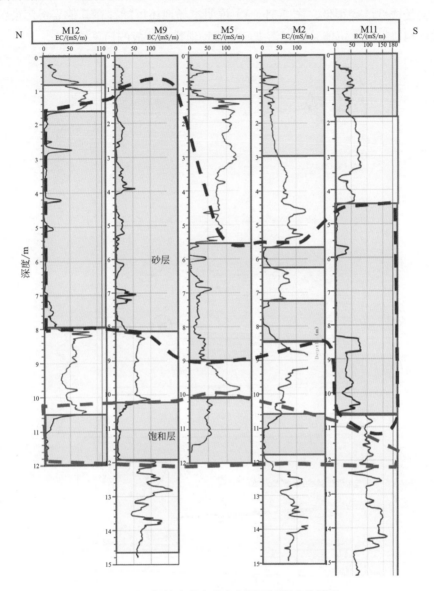

图 5-30 场地中部南北方向断面地层变化情况

从图 5-31 中可以看出不同区域的典型 MIP 探测剖面的测量信号变化情况，可以看出地下污染物的潜在空间分布情况。其中图 5-31（a）为潜在的污染源，XSD 测量值从 1m（表层 1m 可能存在扰动、挥发和生物降解等作用）开始由上至下不断降低，最深到达第二个含水层（埋深 15m 左右）；图 5-31（b）为潜在污染羽的边缘区域，埋深 10m 以内 XSD 都很低，但是到了第一个含水层（10m 左右），

XSD 异常升高，但是信号值相对较低，说明可能是污染物随水力作用迁移至本区域，但是浓度已经很低；图 5-31（c）说明本场地还可能存在其他表层污染源，但是浓度相对较低，可能是后期污染倾倒或场地扰动造成的污染扩散。

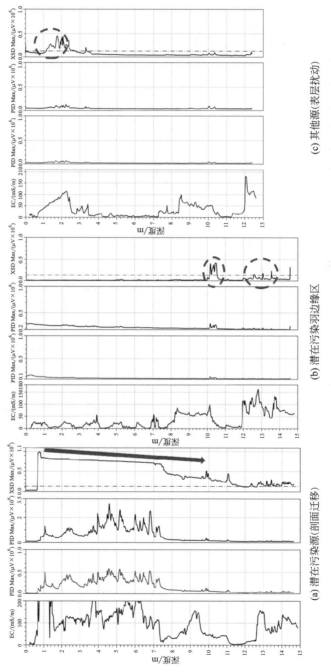

图 5-31　不同区域典型 MIP 探测点位剖面测量信号变化与污染分布情况判断

　　另外，根据高密度电阻法测量的场地典型剖面电阻率特征结果和现场资料推测，深度 1.4m 内的连续高电阻层异常特征，初步推测为建筑垃圾及砖块等回填物造成。而剖面出现的 3 处不连续异常高阻区，则可能为有机污染造成，最深污染深度可达 13.7m 左右，同时依据剖面结果可知，该测线的主要异常区域在水平位置 4～37m，推测为主要污染区域（图 5-32）。

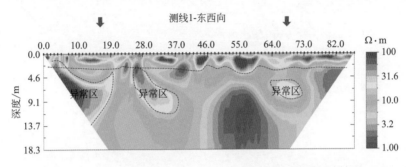

图 5-32　高密度电阻法测线 ERT1 测量结果及解译判读情况

　　综合上述情况判断该场地主要是原有机溶剂厂生产或设备拆除过程中三氯乙烷和四氯乙烯等氯代有机物泄漏造成，主要污染源相对集中在较小区域。但是由于厂区可能坐落在防渗条件很差的原古河道区域，由上至下淤积的砂层物质可能使这些有机物快速向下迁移。同时由于包气带和饱和层的两个区域层面连续分布的砂层，导致污染物横向迁移扩散速度比一般场地更快。尤其进入第一个含水层后，这些密度比水重的氯代有机物相对较容易向下迁移，并可能在含水层底部富集形成 DNAPL 相污染，再通过优势通道向下方和周边区域迁移，可能造成更深的污染。

　　详细调查的第二阶段主要通过现场土壤钻孔采样和地下水建井采样等传统调查技术，在潜在热点区域、污染羽边界区域、新增疑似污染源等重点区域进行加密布点采样。同时针对可能造成的第二层地下水污染，设置针对性的地下水监测井进行地下水样品监测分析。

　　根据初步调查和详细调查的结果，综合判断认为污染物在包气带主要以垂直迁移为主，同时伴随着土壤气的挥发，进行横向迁移；污染通过垂直迁移进入第一层含水层后，污染物随着地下水流场进行横向迁移，此时污染物以横向迁移为主。污染物垂直向下迁移，通过第一层水下方的弱透水层时，大部分污染物被该土层吸附截留。部分溶解态的污染物在第一层水和第二层水交互的过程中进入第二层含水层。但是该场地范围第一含水层和第二含水层之前的阻隔层厚度不均匀，可能在区域层面上联通，属于一个大的含水层。据此，该场地污染概念模型进行了进一步的优化调整，具体如图 5-33 所示。

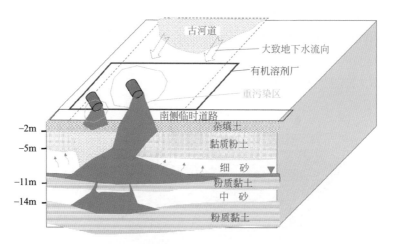

图 5-33　污染详细调查后优化的场地概念模型（最终）

5.3.5　场地环境补充调查

场地详细调查过程中发现该场地土壤中大量检出氯代有机物代谢产物氯乙烯，且氯乙烯的空间分布情况相对较为广泛，既在表层重污染区域大量检出，又在深层土壤中甚至土壤水隔水底板的黏土中检出，说明该场地中四氯乙烯、氯乙烯可能已经发生较为明显的生物降解作用。这一点从部分点位地下水中检出的氯乙烯最终代谢产物乙烯和强厌氧还原条件指示剂甲烷气再次得到证明。

为了判断这些生物降解作用发生的区域以及潜力大小，对本场地又开展了补充调查工作，主要为后期的修复技术方案选择或风险管控方案实施，提供更详细的场地条件信息。补充调查主要选取典型区域进行 MIP 分析测试，并采集典型剖面的土壤样品进行对比分析测试，并且采用分子生物学手段对土壤中潜在降解微生物或功能性基因进行分析，结合地下水水质综合分析判断污染物自然衰减潜力大小。

从图 5-34 可知，在污染源扩散区发现明显的污染降解情况，结合场地的实际地层特征可知该场地埋深 2m 和 5m 处分别有两层粉黏土层（或夹层），对深层污染物通过气体挥发向上逸散能够起到一定的阻隔作用。这一点从这两层粉黏土层下方氯代有机物的异常增大，可以推测发生气体聚集现象。但是同时这些区域可能也会造成湿度、养分和微生物的显著增加，进而造成氯代烃发生脱氯生物反应，生成烃类化合物，因此造成相应的 PID 和 FID 测量信号在这一深度范围内明显增加。

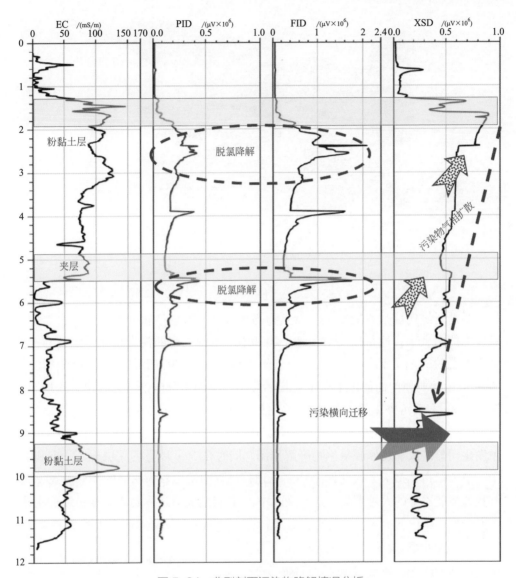

图 5-34　典型剖面污染物降解情况分析

　　补充调查过程中加强对典型剖面的污染物组分图谱变化情况分析，尤其是四氯乙烯、三氯乙烷等关注污染物的潜在降解变化情况。在厌氧还原条件下，土壤中的氯代脂肪烃可以发生非生物降解和生物降解，其中生物降解主要是厌氧生物降解作用。由于地下环境中氧气含量相对较低，厌氧或兼氧土著微生物利用土壤中的苯系物、溶解性有机碳等烃类化合物或其他天然有机碳作为电子供体，逐步降解氯代烃类有机物。图 5-35 为典型氯代脂肪烃的自然降解途径及作用机理示意。

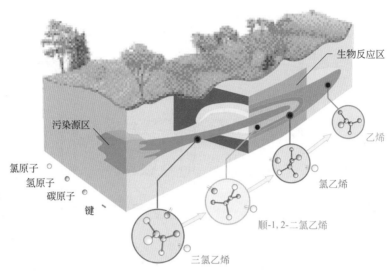

图 5-35　三氯乙烯自然生物降解生成乙烯过程变化示意图

　　要判断氯代烃是否能发生自然生物降解或已经发生生物降解，以及自然生物降解的能力大小，通常需要对场地土壤和地下水中关键的污染物化学组分和地球化学参数进行有效监测，并根据厌氧生物降解初步判断标准进行判断分析。由图 5-36 中的典型剖面的由上至下氯代烯烃类污染的组分图谱可以看出，浅层（埋深 5 ~ 8m）重污染土壤中的 PCE 占比相对较大，但是典型的还原脱氯降解产物 TCE、1,1-DCE 等占比也较为明显，尤其厌氧生物降解产物氯乙烯，说明这一区域中发生明显的厌氧还原脱氯生物降解作用。同时在 10m 以下的深层土壤（饱和层）中，氯乙烯占比最大，说明污染物向下迁移过程中发生较为明显的还原脱氯反应，并且造成氯乙烯的大量聚集。这与文献中 PCE 自然衰减过程趋势非常一致。此外，不同深度土壤中的厌氧微生物种群分布情况也证明了生物降解能力（图 5-37）。

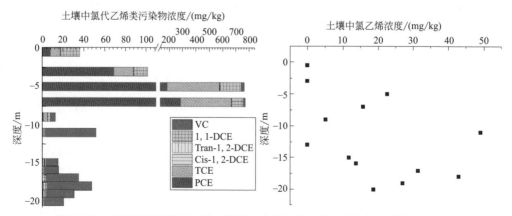

图 5-36　典型剖面土壤中氯代乙烯类污染物组分图谱及降解指示剂氯乙烯浓度

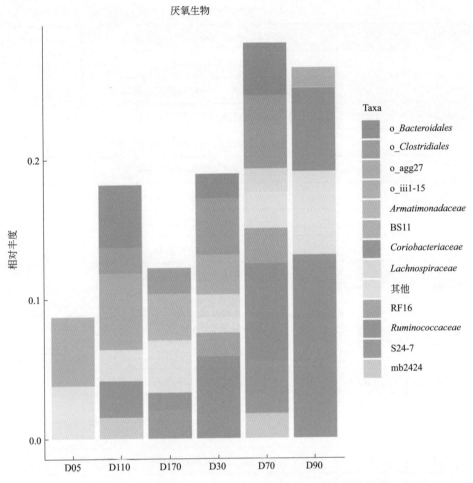

图 5-37 场地不同深度土壤中厌氧微生物种群分布柱状图

针对饱和层土壤中还原脱氯降解产生的氯乙烯是否能够进一步生物降解，代谢成为无毒的乙烯，补充调查针对采集地下水样品进行理化特征测试，同时测定地下水中污染物组分变化情况，尤其重点关注是否有最终降解产物乙烯或乙烷存在。实验室测试结果表明，该场地地下水厌氧还原条件良好，部分区域检出还原指示剂甲烷的产生，同时检出氯代烯烃降解最终产物乙烯，最高浓度达到 0.1mg/L 以上。这些都说明了该场地地下水具有良好的氯代烃厌氧生物降解潜力。同时根据地下水中各项指标的检测结果，参考美国 EPA 地下水氯代烃厌氧生物降解能力初步判断标准，对该场地进行综合打分（表 5-10）。结果表明该场地综合得分为 22 分，属于厌氧生物降解能力很强的等级（如图 5-38 所示）。

表5-10 地下水中氯代烃厌氧生物降解潜力评价打分表

分析指标	结果	指标说明	分值	场地得分
DO	< 0.5 mg/L	还原脱氯作用的浓度上限	3	
	> 5 mg/L	无法还原脱氯;但 VC 可能好氧降解	−3	−3
NO_3^-	< 1 mg/L	更高浓度时可能与脱氯作用竞争还原	2	2
Fe^{2+}	> 1 mg/L	有还原脱氯反应潜力;三价铁氧化 VC 潜力	3	3
SO_4^{2-}	< 20 mg/L	更高浓度时可能与脱氯作用竞争还原	2	0
S^{2-}	> 1 mg/L	具有发生还原脱氯反应潜力	3	0
CH_4	< 0.5 mg/L	VC 可能好氧降解	0	0
	> 0.5 mg/L	最终还原产物;VC 富集	3	
ORP	< 50 mV	具有发生还原脱氯反应潜力	1	1
	< −100 mV	很可能发生还原脱氯反应	2	
pH 值	5～9	还原脱氯最佳 pH 范围	0	0
	< 5 或 > 9	还原脱氯不利 pH 范围	−2	
TOC	> 20 mg/L	碳源和能量源,驱动脱氯反应	2	2
温度	> 20℃	超过 20℃生物反应加速	1	0
CO_2	> 2 倍背景值	最终氧化降解产物	1	0
碱度	> 2 倍背景值	CO_2 与含水层矿物反应产物	1	0
Cl^-	> 2 倍背景值	有机氯脱氯产物	2	2
H_2	> 1 nmol/L	有发生还原脱氯反应潜力;VC 可能富集	3	
	< 1 nmol/L	VC 好氧降解	0	0
挥发性脂肪酸	> 0.1 mg/L	复杂生物降解中间产物;碳源和能量源	2	0
BTEX	> 0.1 mg/L	碳源和能量源,驱动脱氯反应	2	2
PCE		污染源	0	0
TCE		污染源 /PCE 降解产物	0/2	2
DCE		污染源 /TCE 降解产物（若 cis-DCE 占总 DCE80% 以上,则 1,1-DCE 为 TCA 降解产物）	0/2	2
VC		污染源 /DCE 降解产物	0/2	2

续表

分析指标	结果	指标说明	分值	场地得分
1,1,1-TCA		污染源	0	0
DCA		TCA 还原降解产物	2	2
四氯化碳		污染源	0	0
CA		DCA 或 VC 还原降解产物	2	0
乙烯/乙烷	> 0.01 mg/L	VC 或乙烯还原降解产物	2	
	> 0.1 mg/L	VC 或乙烯还原降解产物	3	3
氯仿		污染源/四氯化碳降解产物	0/2	2
二氯甲烷		污染源/氯仿降解产物	0/2	0
场地总分				22

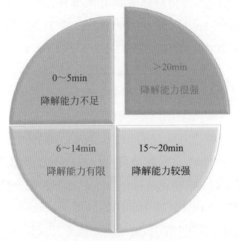

图 5-38　场地地下水氯代脂肪烃厌氧生物降解等级划分结果

　　根据上述调查结果,可以判断该场地土壤和地下水中存在明显的氯代有机物污染,局部重污染区域可能浓度超过饱和溶解度,可能存在 DNAPL 相。现场快速筛查设备的应用,帮助确定了重点区域和调查对象,为后期场地详细调查提供了重要的决策支撑。同时针对场地详细调查过程中发现该场地土壤中大量检出氯代有机物代谢产物氯乙烯,且氯乙烯的空间分布情况相对较为广泛,说明该场地中四氯乙烯、乙烯可能已经发生较为明显的生物降解作用。为了判断这些生物降解作用的发生区域以及潜力大小,补充调查主要选取典型区域进行 MIP 分析测试,并采集典型剖面的土壤样品进行对比分析测试,结合地下水水质综合分析判断关

注污染物自然衰减潜力大小。这些都为该场地后期精准修复或精确风险管控提供
了良好的工作基础和科学数据支撑。

5.4
强化原位生物修复过程监测与工艺优化应用案例

5.4.1　场地概况

　　案例场地位于美国爱达荷国家工程与环境实验室 (INEEL) 的测试北区（TAN），
历史上该场地内通过 TSF-05 井将液体废物和浓缩污泥注入地下水，导致在地下含
水层中形成了近 1.9mile（1mile=1609.3440m）长的 TCE、PCE 和氚污染羽。TAN
区域的地下水埋深约为 200ft，含水层和大部分非饱和带主要由层状玄武岩流组成，
并夹有火山沉积层。含水层中的地下水流动是由单个玄武岩流之间接触处的高渗
透带控制的，在较小程度上是由流动内部的裂隙带控制的。

　　TSF-05 附近含水层中残留的污染源可能是过去 15 ～ 20 年间注入油井的污泥，
污泥中有机质和孔隙水可能含有大量的 TCE、PCE，部分污泥的 TCE 浓度高达 3%。
在 TSF-05 井的地下水中测得的 TCE 浓度高达 300000μg/L，因此判断污泥是含水层的
长期污染源。TCE 在 TAN 区域的分布状态为一个非常大的、低浓度的边缘围绕着一
个小得多的、高浓度的核心 (图 5-39 中的阴影区域)。该污染羽中核心区域是一个非
常小的残留污染区，它对上游补给的新鲜地下水造成持续性污染。

　　据估计，TSF-05 附近的有效孔隙度约为 0.05%，并且渗透系数比附近的井低
约一个数量级。伽马测井仪测量与污泥相关的放射性核素，示踪剂测试测量有效
孔隙率，得出的污泥分布半径约为 100ft。1995 年的 ROD（record of decision）确
定了 TAN 区域的主要修复目标为，从 ROD 之日起 100 年（到 2095 年）内恢复受
污染的含水层地下水中所有关注的污染物降低到地下水标准（MCL）以下，并且
达到未来居住使用总致癌风险水平为 1×10^{-4}，非致癌危害商小于 1。ROD 选择了
抽出处理方法对残留 DNAPL 进行修复处理，但是由于此方法短期内的时效性存在
较大的困难，因此还确定了五种替代技术，以评估其增强或替代默认补救措施的
潜力。其中一项技术是原位强化生物修复技术 (ISB)。

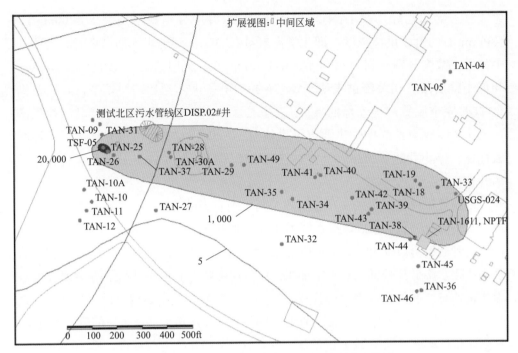

图 5-39　TAN 区域地下水中 TCE 污染羽分布情况

5.4.2　修复过程监测

用于评估 ISB 性能的最常用性能指标是地下水浓度。虽然这一指标单独使用并不能完全有效评价 DNAPL 修复的性能，但对多组参数的监测（包括污染物和降解产物、氧化还原敏感参数、电子供体参数、生物活性指标、生物养分和水质参数等）本质上可以作为一种多证据方法，来监测和评价 ISB 的效果。

在 1998 年 11 月，随着在热点地区运行的临时抽出处理（P&T）设施的关闭和 ISB 第一阶段的现场作业的开始，强化原位生物修复 ISB 的现场活动正式开始。强化原位生物修复 ISB 现场操作的主要效果评估目标是，确定是否可以通过添加电子供体（乳酸钠）来增强残留 DNAPL 污染区域中 TCE 的厌氧还原脱氯降解。首先进行本底采样和保守的示踪剂测试；然后启动每周向原始处置井注入乳酸盐的修复工程，并开展每两周一次的地下水监测。

乳酸钠注射开始七个月后，在距离注射井 40m 范围内显著激发了脱氯活性。例如，TSF-05 井中的 TCE 浓度降至低于 10μg/L，而乙烯的增加高达 2500μg/L。脱氯与电子供体浓度升高和强还原条件密切相关。其中，TCE 脱氯成 cis-DCE 的反应与硫酸盐还原反应趋势显著一致，同时在产甲烷的情况下 cis-DCE 能脱氯成氯乙烯和乙烯。在 TAN-25 井和 TAN-26 井中分别观察到大于 4000mg/L、5800mg/L 的电子供体浓度，即化学需氧量 (COD)。到现场评估结束时，这些井中的甲烷浓度分别达到 20000μg/L 和 17000μg/L，同时 TCE 浓度已降至 68μg/L 和低于检出限。相关测试表明 TAN-26 井中电子供体到达产甲烷条件，以及满足 TCE 完全脱氯产生乙烯的条件。9 个月后，当丙酸盐和醋酸盐 (乳酸盐发酵产物) 已经成为系统中的主要电子供体时，停止乳酸钠注射以评估厌氧还原脱氯性能。停止乳酸盐的注入，标志着现场评估的结束和 TAN 修复工程优化活动的开始。

现场效果评估工作的一项重要成果是发现有力的证据，表明注射的乳酸钠溶液可显著提高残留 DNAPL 污染区 TCE 的生物可利用度，从而加速了污染源的降解。这种效果可以通过 TAN-26 井注入乳酸盐前后，TCE 浓度先提高了 21 倍然后从高值逐步降低至较低的水平来证明，然后这种新生的生物可利用的 TCE 完全脱氯生成乙烯。其他研究者已经揭露了其中两种降解机制，它们有助于提高传质效果。但是电子供体本身与非水相 TCE 之间的相互作用可能是最重要的第三种机制。该电子供体溶液增强了 TCE 的溶解，并将其与电子供体充分混合，使 TCE 具有高度的生物可利用性。根据现场评估和随后的实验室测试数据，推测非水相 TCE 和水相之间界面张力的降低是导致这一结果的原因。

ISB 已被证明是一种更有效的残留源区处理技术。图 5-40 (a) 为残留源区域内的乳酸盐注入前 TCE 浓度，图 5-40 (b) 为注射乳酸盐 21 个月后的 TCE 浓度。在此基础上，DNAPL 残留源区域内这些浓度的大幅降低并立即降解，再加上残留 DNAPL 源加速降解的证据，爱达荷州和 EPA 10 区签署了经修订的 ROD，以替换抽出处理修复 TAN 区域的 TCE 污染源的生物修复。自现场评估结束以来进行的操作一直集中在修复工程优化（ISB 的当前阶段）和 ISB 的长期实施。

TAN 区域"热点"的 ISB 修复工程优化和长期实施仍分为两个阶段。ISB 修复工程优化活动的主要效果监测目标（即 ISB 操作的当前阶段）是在整个残留污染源区域有效分配电子供体，以消除挥发性有机物向 ISB 处理单元之外区域的迁移。与 ISB 前期的现场监测评价一样，这一目标的效果评价指标是地下水中污染物浓度的变化。在这种情况下，四口关键井将作为下游控制区监测点。TAN-28 井和 TAN-30A 井将用于确定污染物从残留污染物向下游方向的迁移何时被消除，TAN-1860 井和 TAN-1861 井将用于确定污染物从残留污染物向垂直于地下水流向的侧向迁移何时被消除。每个井还将用于监测活性生物处理区域何时处理整个残留污染羽。

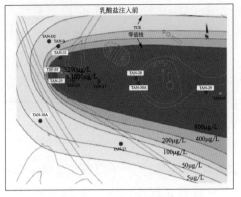  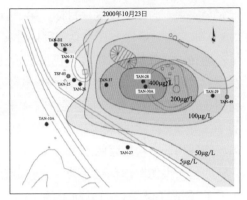

(a) 乳酸盐注入前的TCE污染羽   (b) 乳酸盐注入21个月后TCE污染羽

图 5-40　生物刺激物乳酸盐注入前后 TCE 污染羽显著变化情况

一旦向下游纵向和侧向迁移被完全控制，那么 ISB 修复措施将进入最后阶段，即长期实施。ISB 长期运行的主要效果监测目标是在足够长的时间内保持足够大的生物活性区，以使残留的污染物降解到依靠自然衰减过程就可以达到地下水修复目标的水平。

5.4.3　效果评估与工艺优化

ISB 修复工程优化的效果评估目标是将电子供体分布在整个 DNAPL 残留源区域，以完全消除污染物向下游井的迁移。在前期现场评估期间，每周注射一次可提供相对稳定的乳酸盐。然而，在最初的工程优化过程中，丙酸盐和醋酸盐的存在以及乳酸盐的缺失导致脱氯效率的提高，整个残留源区域所累积的顺式 DCE 转化为乙烯可以证明这一点。因此，工程优化期间的主要操作变化是加大脉冲注入周期，降低注入频率，最大注入间隔时间达到 6 ～ 8 周，从而增加丙酸盐作为主要电子供体的时间。这一改进在实现效果监测目标方面取得了重大进展。

在工程优化过程中，电子供体的分布情况明显改善，既表现为电子供体在之前未受影响的监测井中的有效检出，又体现在电子供体监测浓度水平的增加方面。例如，在前期现场监测时，在 TAN-D2 井中既没有检测到乳酸盐，也没有检测到其发酵产物 (丙酸盐和醋酸盐)。然而，在工程优化活动期间，在注射乳酸钠 8 天后观察到丙酸钠 (84mg/L) 和乙酸钠 (58mg/L)。同时，前期监测过程中 TAN-31 井中的最大电子供体浓度 (COD) 为 1700mg/L，而在优化过程中，在注射 8 天后测定了 TAN-31 中最大 COD 浓度达到 4000mg/L。

尽管在修复工程优化阶段的效果监测目标方面取得了实质性进展，但目标尚未完全实现。为了实现这一目标，第二口注入井 TAN-1859 于 2003 年 12 月被纳入 ISB 作业范围。虽然 ISB 修复工程还没有进入长期操作阶段，但通过监测 ISB 井中氯乙烯和乙烯的地下水浓度，仍可衡量这一目标的进展。在修复工程优化过程中，在注射乳酸钠时 TCE 的溶出增强模式不变，随后在现场监测中观察到的新生物可利用 TCE 能完全脱氯产生乙烯。在优化活动中，对应乳酸盐的注射，TSF-05 井中的 TCE 浓度按照预期规律地从未检出到增加到 500～1000μg/L，然后在注射 4～5 周后降低到低于检出限的水平。

残留污染源降解的最重要、直接的证据涉及 TAN-D2 井，它是距离 TSF-05 注入井约 115ft（上游侧向方向上的）的监测井。通常情况下，当 TCE 通过还原脱氯进行生物降解时，超过 99% 的 TCE 转化为顺式 DCE 而非反式 DCE。因此，在 TAN 处观察到的任何反式 DCE 都不太可能是生物降解作用产生的。但是，在 ISB 操作期间，在 TSF-05 附近观察到了高浓度的反式 DCE（最高 500μg/L）。这可能反映两种现象：①反式 DCE 作为原始污染物存在于注入的污泥中，并扩散到地下水中；②反式 DCE 很难在 TAN 体系中发生还原脱氯作用。基于上述这些原因，反式 DCE 可以作为 TAN 处的残留污染源起半保留作用的示踪剂。应当指出，反式 DCE 的 MCL 为 100μg/L，其浓度比 ISB 处理区域下游边缘处（TAN-29 井）低一个数量级。

从 1998 年 11 月到 2003 年 3 月，TAN-D2 发生了有限的还原脱氯反应，这是通过少量的乙烯生产（浓度达到 50μg/L）所证明的，但是这不足以完全降解所有从 TAN-D2 附近的残留源扩散的 TCE。在 ISB 工程优化过程中，采用了相对少见的大剂量注入电子供体的策略。这种注入方式使 TAN-D2 附近以前从未接触过的一部分残留原料，得以与电子供体有效接触。随着电子供体的到达和反式 DCE 的增加，在 TAN-D2 处氧化还原条件变为可产甲烷状态，这可以通过硫酸盐还原降低至 0mg/L 以及亚铁和甲烷的存在来证明。在氧化还原条件变化同时，TCE 浓度下降至低于检出限的水平。

目前，在 TAN-D2 处唯一保持大于检出限的 VOC 就是反式 DCE（大约 20 μg/L）。不过也不能过分夸大 TAN-D2 上的反式 DCE 趋势的重要性。由于反式 DCE 作为残余原材料的示踪剂，观察到的对大剂量注入后的急剧增加，表明这些大剂量注入材料接触了其他污染源。现在反式 DCE 显著下降的事实，再加上没有发生 TCE 反弹及 TAN-D2 处的乙烯生成过程已经停止的事实，表明污染物已经明显降解。此外，近期较小的注入量使硫酸盐浓度反弹到接近背景值水平，以及亚铁和甲烷浓度下降。这些都表明 TAN-D2 处的氧化还原条件开始受到上游未污染地下水的影响。与此同时，反式 DCE 和 TCE 均未随 TAN-D2 处还原条件的改变而发生回弹，这一事实有力地证明了在 TAN-D2 附近存在的残余污染源现在已由于 ISB 修复完全降解。

　　总的来说，TAN 场地在修复工程优化和长期运营的效果监测目标方面取得了重大进展。需要额外的优化活动来将电子供体分布在整个残留 DNAPL 源区域中，以完全消除通向下游井的通量，评估可能降低长期成本的替代电子供体，并研究微生物竞争以确定系统是否可以继续优化至对降解微生物更有利的条件。

5.5
分子环境诊断技术在空气汽提修复过程监测中的应用案例

5.5.1　场地概况

　　案例场地位于加拿大安大略省博登市加拿大部队基地（CFB）滑铁卢大学地下水研究设施的沙坑地区。该位置的含水层由分类良好的细砂至中粒砂组成，尽管相对均匀，但地层分层明显，沉积物的大小从粉砂到粗砂不等，从而形成具有独特的水力传导率的岩性相。使用 WaterlooBarrier® 可密封接头钢板桩将 4.5m×4.5m 的区域封闭，将其打入地表以下约 7m 的相对隔水层中（粉质黏土层），形成类似水族箱的封闭系统，从而隔离并避免周边地下水自然流动对试验的影响。将两个不锈钢空气喷射（air sparging）点（内径 3cm）驱动至 4.4m 的深度（图 5-41），并连接至空气压缩机。每个喷射点都由一个圆柱形的不锈钢外壳（长 20cm，直径 3cm）组成，该外壳在长度范围内每隔 2.5cm 都有一个圆环带上的 4 个垂直方向 0.8cm 直径的圆孔，这样形成一段筛管，并用不锈钢筛网缠绕。用一块粗砾石碎石填充从地面到板桩顶部的单元，该板桩延伸到地面上方约 30cm。在封闭体上方盖有木板并铺设防渗膜，以最大限度地减少空气泄漏。在盖子的中部安装了一条 PVC 管（内径为 5.1cm），作为抽取废气的位置。对于地下水采样，沿着整个单元的对角线横断面安装了四个多深度（ML）分层采样井，每个采样井包括四个 5cm 长的采样点（图 5-41）。采样点分别位于 1.2m、1.6m、2.0m 和 2.8m 处，分别表示为 ML-xA，ML-xB，ML-xC 和 ML-xD（x 是 ML 识别号）。

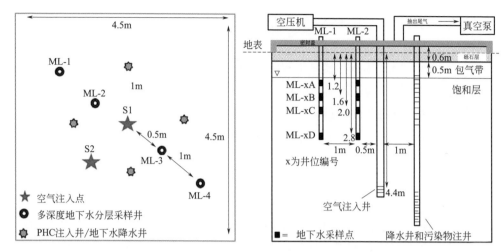

图 5-41　试验场地平面布置及立体分布示意

　　本场地采用人工配制的模拟石油烃作为污染源，其中包括四种烷烃，四种单芳烃，一种多芳烃和一种燃料含氧化合物（品位＞95%），如表 5-11 所示。NAPL的总体积为 152L（105.2kg），每种化合物的摩尔分数在 0.4%～36% 之间变化。之前研究人员在封闭系统中进行的实验，涉及将轻质烷烃（戊烷、己烷、异己烷和甲基环戊烷）注入溶剂型混合物（癸烷、十一烷、十二烷和十三烷的混合物）中。封闭系统中剩余的轻链烷烃和香酚质量估计分别为 37kg 和 25kg。在原位空气汽提（In-situ Air Sparging，IAS）系统启动前的 14 天，在重力驱动的条件下，使用四个注入井将新的合成 PHC 混合物注入池中。每个注入井都在两个深度设置井筛，底层的井筛用于降低地下水位，上层井筛用于 NAPL 注入。注入后，通过抽水将地下水位在 4 天的时间内降低几次，然后回灌以产生 NAPL 污染区。使用油水界面探测仪测量每个注入井中的 NAPL 厚度。

表5-11　污染源组成和理化特性

化合物	体积 /L	分子量	摩尔分数 /%	亨利法则常数 /（空气 / 水）	水溶性 /（mg/L）	蒸汽压力 /mmHg
异戊烷	50	72	36.0	55.8	47.8	696.2
环戊烷	20	70	18.1	7.7	156	313.8
辛烷	20	114	10.4	199.9	0.66	7.8
2,2,4- 三甲基戊烷	50	114	25.6	141.0	2.44	49.0
苯	5	78	4.7	0.224	1755	96.5
甲苯	2.5	92	2.0	0.260	524.4	28.3

续表

化合物	体积 /L	分子量	摩尔分数 /%	亨利法则常数 /（空气 / 水）	水溶性 /（mg/L）	蒸汽压力 /mmHg
邻二甲苯	1	106	0.7	0.171	220.8	6.6
1,2,4- 三甲基苯	1	120	0.6	0.277	52.66	2.2
萘	2	128	1.5	0.017	32.05	0.3
甲基叔丁基醚	0.5	88	0.4	0.022	51260	248.5

5.5.2　修复过程监测

该处理系统已运行 284 天（第 1 天至第 60 天，以及第 157 天至第 380 天），并且由于冬季低温条件（冬季暂停）而关闭了 96 天（从第 61 天至第 156 天）。从第 1 天到第 270 天（冬季暂停期除外）使用位于单元中间的空气注射点（S1），并在实验结束时（第 270 天）使用喷射点（S2）至第 380 天，以最大限度地去除 VOC。该系统以脉冲模式运行，包括注入空气 1h（目标空气流量为 125L/min），然后关闭 1h（无流量）。用于土壤蒸气抽提（SVE）的流速等于空气注入（AS）流速。

修复前地下水背景采样分两个阶段进行。第 1 阶段是在注入源之前 42 天进行的，重点是生物标记物（代谢产物和 mRNA）。在注入源后 10 天进行第 2 阶段，以表征水化学条件、VOC 稳定同位素组成和溶解性无机碳（DIC）。这两个阶段的结果构成了本底数据，作为第 0 天数据显示在图上。在 IAS 系统运行期间，每个参数的地下水采样频率都不同。在系统运行的前几周进行了更频繁的采样（从几天到几周），在随后的采样中进行了更低频的采样（从每月一次到每两个月一次）。

使用蠕动泵采集地下水样品，并在现场参数（pH、DO、温度、电导率和 ORP）稳定后收集样品进行分析。主要测试地下水中 NO_3^-、SO_4^{2-}、溶解态 Fe^{2+}，以及 VOC、CSIA［VOCs 的 CSIA（$\delta^{13}C$ 和 δ^2H）］、DIC、DIC 的 $\delta^{13}C$ 和 甲 烷。$^{13}C/^{12}C$ 和 $^2H/^1H$ 的比率使用相对于国际参考标准的 δ 符号（$\delta^{13}C$ 和 δ^2H）表示。

本次调查分析了三种独特的微生物特异性代谢产物：①苯 - 顺式 - 二氢二醇（Bz-diol），表明有氧苯降解；②甲苯 - 顺式 - 二氢二醇（To-diol），表明有氧甲苯降解；③琥珀酸苄酯，表明厌氧甲苯降解。此外，对邻甲酚进行了定量，它与甲苯的好氧生物降解作用密切相关。对于 mRNA 分析，提取 1L 地下水，并通过 Sterivex 过滤器（0.2μm）过滤。用空气吹扫后，将 Sterivex 过滤器立即在干冰上冷冻，并保持在 -80℃直到提取出 mRNA 并使用逆转录酶定量 PCR（RT-qPCR）进行分析。分析了以下分子的 mRNA：①甲苯双加氧酶（todC），与有氧条件下三种芳香族化合物（苯、甲苯和乙苯）的生物降解有关；②硫酸盐还原细菌的 bssA（bssA-SRB），是在硫酸盐还原条件下与厌氧甲苯代谢相关的 bssA 基因的特定变体；③厌氧苯羧化酶（abcA），在铁还原和其他厌氧条件下苯的生物降解指示物。

图5-42为修复过程中地下水监测情况。背景调查中溶解氧浓度范围在4.8～6.7 mg/L 之间，在封闭系统外约 2m 处的孔中测得的平均 DO 浓度（5.3mg/L）接近本底值 4.9mg/L。此外，检测到溶解的 Fe^{2+} 和甲烷，并且观察到 ORP 值为负（平均值为 -107mV）。在系统启动之前，由于先前实验中存在 PHC，实验封闭系统可能处于缺氧条件下。在背景采样之前不久，DO 可能是由于地下水位波动引入的。在 IAS 启动之后，大多数采样位置最初显示溶解氧浓度降低（第 21 天），然后溶解氧总体升高，且空间变化很大（第 44 天和第 60 天），直到冬季休息。但是，溶解氧的浓度仍低于预期的饱和水平（在 7 ～ 13℃时为 10.5 ～ 12mg/L O_2）。监测到的溶解氧浓度时空变化表明，由于微生物活动水平高，溶解氧消耗量大，或者由于规避了小范围的较低渗透率区域，溶解氧的输送受到限制。

在冬休期结束（第 156 天）时，观察到较低的 DO 浓度（平均 2.1mg/L）和 ORP 值通常较低均表明场地已转向为还原条件。硫酸盐平均浓度的下降以及溶解的铁和甲烷的存在，再次证实了缺氧条件的加剧。系统重启后，DO 浓度逐渐增加，分别在第 187 天、214 天和 248 天平均为 3.0mg/L、6.7mg/L 和 7.1mg/L，但仍低于饱和水平。这些更高的溶解氧水平可能反映出越来越少的烃类化合物生物降解消耗的溶解氧更少。最后，ORP 值在第 214 天和第 248 天的几个采样点处保持负值（分别为 -49.1mV 和 -39.3mV 的平均值）。DO、溶解态亚铁、溶解的甲烷和 ORP 结果表明，在整个 IAS 操作过程中，有氧和无氧条件并存。

ML-2（A、B 和 C 级）和 ML-3（A 和 C 级）的 DIC 中的 $\delta^{13}C$（$\delta^{13}C$-DIC）结果表明，DIC 在第 1 天和第 21 天之间在 ^{13}C 中耗尽，然后在第 60 天再次富集。在冬休期间，DIC 在 ^{13}C 中再次变得更贫乏，随后在处理阶段富集。这些变化可能反映了两个过程之间的相互作用，这两个过程分别是通过生物降解产生的二氧化碳和通过空气注射除去的二氧化碳。前者会导致 $\delta^{13}C$ 趋向于更多的负值，因为相对于背景 DIC，从中产生 CO_2 的 PHC 的 ^{13}C 耗竭（平均 $\delta^{13}C$ 为 -27.2‰）。后者由于去除了 CO_2 而导致向相反的方向移动。在最初的 21 天里，由于 VOC 的高可利用性，CO_2 的产量可能最大，然后放慢了速度。这与溶解氧浓度一致，溶解氧浓度通常在第 21 天最低。因此，由于强烈的 CO_2 产生，初始偏移到更负的 $\delta^{13}C$ 值之后，IAS 操作的效果将这些值向正方向移动。在冬休期间，向负方向的移动是由于产生了 CO_2，IAS 系统在第 157 天重新启动后，CO_2 的产量呈上升趋势。冬休期后，$\delta^{13}C$ 值通常比冬休期前更正。

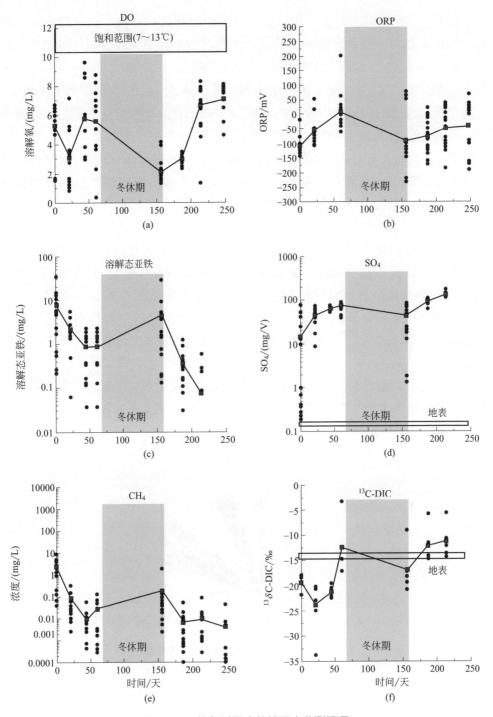

图 5-42 修复过程中的地下水监测情况

    地下水中的 CSIA 数据采用双碳、氢同位素图进行评价。在这些图上，绘制了同位素相对于原始来源特征的变化，并与指示特定去除过程的参考区进行了比较（图 5-43）。对于物理去除，这些区域代表了 NAPL、水和空气之间平衡分配的同位素趋势。在冬休期结束时（第 156 天），由于 IAS 系统未运行，在两个采样位置的厌氧区中绘制的 $\delta^{13}C$ 和 δ^2H 值符合预期。在冬季后的处理期间，苯最初保留在两个采样位置的厌氧区（第 187 天）或附近。到第 214 天，$\delta^{13}C$ 和 δ^2H 值移至 ML-2A 处的好氧区，而在 ML-2C 处，浓度降至检出限以下。与 ML-2A 和 ML-2C 相似，苯的 $\delta^{13}C$ 和 δ^2H 总体向正方向移动，这表明在另外四个监测位置也观察到了生物降解。来自所有六个采样地点的同位素数据表明，好氧和厌氧生物降解可能比苯的挥发占更加主导的作用。生物降解的优势与特定化合物的质量平衡相符，表明生物降解去除了占总质量 82 ± 20% 的苯。甲苯在与苯相似的重质同位素富集现象。在 ML-2A，在第 21 天没有观察到变化，这可能与残余 NAPL 的持续溶解有关，这表明浓度在增加，而甲苯在第44 天和第 60 天在好氧区出现。到第 60 天，由于持续的溶解作用，同位素特征再次接近原始状态。对于 ML-2C，在第 44 天和第 60 天得到的结果也表明了好氧生物降解。

    总体而言，地下水样品的 CSIA 提供了证据，表明苯和甲苯正在发生生物降解，并且可能远大于挥发作用，这与化合物的特定质量平衡相符。数据还表明建立了好氧降解，但是在某些区域中仍然存在厌氧降解。

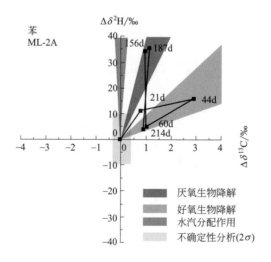

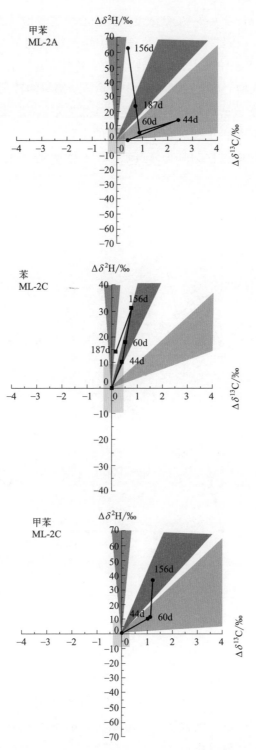

图 5-43 地下水样品中 $\delta^{13}C$ 和 δ^2H 变化情况

图 5-44 显示了 ML-2（高 VOC 浓度及其中心位置）地下水样品中单环芳烃代谢酶基因的 mRNA 分析结果。todC 的 mRNA 转录物表明苯、甲苯或二甲苯的好氧生物降解，而 bssA-SRB mRNA 转录物是缺氧条件下硫酸盐还原细菌对甲苯或二甲苯生物降解的标志物。尽管在图 5-44 中展示了所测量的转录本拷贝的绝对数量，但对生物标志物测量数据的解释实质上是定性或半定量的。给定生物标志物的存在表明在收集样品时是否正在进行生物降解的生理过程，这些生物标志物的定量丰度变化表明进行相应过程的生物体贡献随之发生变化，达到烃类化合物生物修复的总程度。

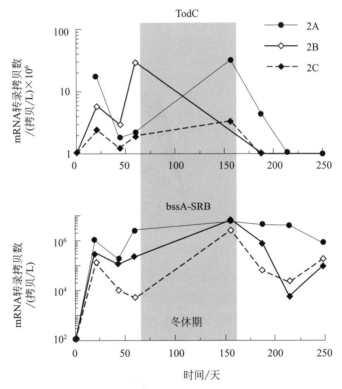

图 5-44　地下水中 mRNA 转录丰度变化情况（好氧和厌氧生物降解）

5.5.3　修复效果评估

特定化合物的生物降解标志物和分子环境诊断技术的联合使用，展示了 ML-2A 中的苯和甲苯的好氧和厌氧生物降解作用产生的特异性生物标志物（代谢物和 mRNA）。为了比较不同分子环境诊断工具的响应效果，苯和甲苯的 CSIA、DO 的浓度也显示在图 5-45 中。

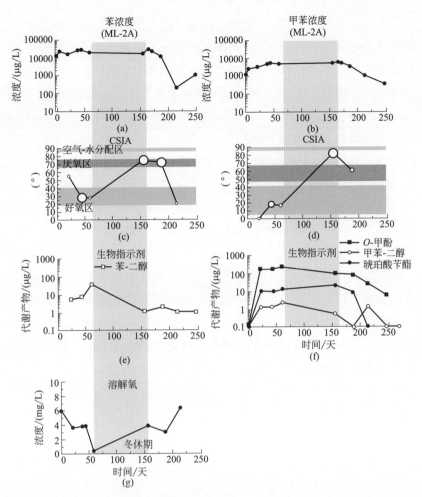

图 5-45　AS 修复过程中 ML-2A 监测井中地下水常规指标和分子生物学变化情况

对于苯，使用代谢物苯 - 顺式 - 二氢二醇（Bz-diol）（好氧生物降解过程中严格产生的苯特异性代谢物）和 abcA mRNA 基因代码（厌氧生物降解过程中严格产生的苯特异性 mRNA 转录本）作为指示好氧性和厌氧生物降解活性的参数。在冬休前的处理期间，Bz-diol 逐渐增加并在第 60 天达到峰值。在同一时期，并未观察到 abcA mRNA 转录本（数据未显示）。对于 ML-2B 也观察到了类似的模式。从第 21 天到第 60 天，Bz-diol 的存在量不断增加，这表明微生物种群迅速适应了苯并与 CSIA 数据一致，这也表明在此期间主要发生好氧生物降解。尽管在第 60 天的溶解氧浓度很低，但先前的研究表明，溶解氧浓度低至 0.05 mg/ L 时，仍有氧可降解苯。与溶解氧浓度变化无关，CSIA 和生物标志物的结果证实该系统可持续进行好氧生物降解。

对于甲苯，以甲苯 - 顺式 - 二氢二醇和邻甲酚（严格在好氧生物降解过程中产生的甲苯特异性代谢物）作为好氧生物降解的指标。厌氧生物降解的评价基于苯并琥珀酸（厌氧生物降解过程中严格产生的甲苯特异性代谢物）。三种代谢物在冬休前处理期间均被检测到，至第 60 天浓度达到稳定水平。CSIA 结果表明，在冬休前，好氧生物降解条件占主导地位，但这两种代谢物的存在表明，地球化学空间异质性使得厌氧生物降解在某些微环境位置得以发生。此外，生物标记的结果突出了工具的互补性。在第 21 天，NAPL 中的甲苯溶解阻碍了 CSIA 的评估，但是代谢物提供了好氧生物降解的证据。

结果表明，CSIA 和生物标志物可用于评估 IAS 期间发生的过程。CSIA 和生物标记物都为空气汽提修复过程中的生物降解提供了证据，并使得记录从有氧到厌氧生物降解的变化成为可能。CSIA 数据可用于评估随时间变化的生物降解强度和贡献，并进行量化计算。分子环境诊断技术具有传统化学监测方法所不具备的优势，为记录所关注污染物的归宿提供更多的可能，并且能够量化评估。这些过程监测新方法和工具可以帮助确认 IAS 系统的有效性，可以用来跟踪优势的质量去除过程，以优化 IAS 系统的操作，最大限度地提高处理效果，进而支持修复工程全面设计，具有广阔的应用前景。

参 考 文 献

[1] Alvarez P J J , Illman W A . Bioremediation and Natural Attenuation (Process Fundamentals and Mathematical Models) [M]. New Jersey : John Wiley & Sons, 2005.

[2] ASTM D 4448-01. Standard Guide for Sampling Ground-Water Monitoring Wells.

[3] ASTM D 5092-04. Standard Practice for Design and Installation of Ground Water Monitoring Wells.

[4] ASTM E1527-00. Standard Practice for Environmental Assessments: Phase I Environmental Site Assessment Process.

[5] ASTM E1903. Standard Guide for Environmental Site Assessments: Phase II Environmental Site Assessment Process.

[6] ASTM Standard E1528-00. Standard Practice for Environmental Site Assessment: Transaction Screen Process.

[7] Maksim B,Olivier L, Francois G J. Ground penetrating radar imaging and time-domain modelling of the infiltration of diesel fuel in a sandbox experiment[J]. Comptes Rendus Geoscience, 2009, 341:846-858.

[8] Luciana B,Luis P J, Francesco S, et al. GPR-4D monitoring a controlled LNAPL spill in a masonry tank at USP, Brazil[J]. Journal of Applied Geophysics, 2014, 103: 237-244.

[9] Bouchard D, Marchesi M, Madsen E L, et al. Diagnostic Tools to Assess Mass Removal Processes During Pulsed Air Sparging of a Petroleum Hydrocarbon Source Zone[J]. Groundwater Monit R, 2018, 38: 29-44.

[10] Bujewski, Rutherford.The Rapid Optical Screening Tool (ROST) Laser-Induced fluorescence (LIF) System for Screening of Petroleum Hydrocarbons in Subsurface Soils [S].EPA 600-R-97-020, 1997.

[11] Buquet D , Sirieix C , Anschutz P , et al. Shape of the shallow aquifer at the fresh water-sea water interface on a high-energy sandy beach[J]. Estuarine Coastal and Shelf ence, 2016, 179(sep.20):79-89.

[12] Nathanail C P, Bardos R P. Reclamation of Contaminated Land[M]. New Jersey:John Wiley & Sons, Ltd, 2004.

[13] CAN/CSA-Z769.Phase II Environmental Site Assessment.

[14] CSA Standard Z768-01.Phase I Environmental Site Assessment.

[15] D 4220-95.Standard Practices for Preserving and Transporting Soil Sample.

[16] Daniels J J, Roger R, Mark V. Ground penetrating radar for the detection of liquid contaminants[J]. Journal of Applied Geophysics, 1995, 33:195-207.

[17] Daniels J J. Ground penetrating Radar fundamentals[R]. Prepared as an appendix to a report to the U.S.EPA, Regin V. 2000. http://www.clu-in.org/download/char/GPR_ohio_stateBASICS. pdf.

[18] Davis G, Baldwin B R, Peacock A D, et al. Integrated approach to PCE-impacted site characterization, site management, and enhanced bioremediation[J]. Remediation, 2008, 18: 5-17.

[19] Jake D, John B. Characterization of an aquitard and direct detection of LNAPL at Hill Air Force Base using GPR AVO and migration velocity analyses[D]. United States. doi:10.2172/833500.

[20] Doolittle J A, Jenkinson B, Hopkins D, et al. Hydropedological investigations with ground-penetrating radar (GPR): Estimating water-table depths and local ground-water flow pattern in areas of coarse-textured soils[J]. Geoderma, 2006, 131:317-329.

[21] Einarson,et al. Direct Push Optical Screening Tool for High-Resolution, Real-Time Mapping of Chlorinated Solvent DNAPL Architecture[R]. ESTCP Project ER-201121, 2016.

[22] EPA Method 6200.Field Portable X-Ray Fluorescence Spectrometry for the Determination of Elemental Concentrations in Soil and Sediment.

[23] Illangasekare T H, et al. Vapor Intrusion From Entrapped NAPL Sources and Groundwater Plumes: Process Understanding and Improved Modeling Tools for Pathway Assessment[R]. SERDP Project ER-1687, 2014.

[24] ITRC. Enhanced Attenuation Chlorinated Organics[R]. EACO-1. Washington, 2008. www. itrcweb.org.

[25] ITRC. Environmental Molecular Diagnostics New Site Characterization and Remediation Enhancement Tools[R]. EMD-2. Washington, 2013. www.itrcweb.org.

[26] Jol H . Ground penetrating radar : theory and applications[M].London: Elsevier Science, 2009.

[27] Selma K, Daniels J J. 3D visualization of integrated ground penetrating radar data and EM-61 data to determine buried objects and their characteristics[J]. Journal of Geophysics and Engineering, 2008, 5: 448-456.

[28] Mccall W, Christy T M, Evald M K, et al. Applying the HPT - GWS for Hydrostratigraphy, Water Quality and Aquifer Recharge Investigations[J]. Ground Water Monitoring and Remediation, 2017, 37(1): 78-91.

[29] Mccall W, Christy T M, Pipp D A, et al. Evaluation and application of the optical image

profiler (OIP) a direct push probe for photo-logging UV-induced fluorescence of petroleum hydrocarbons[J]. Environmental Earth Sciences, 2018, 77(10)：374.

[30] Moshkovich E , Ronen Z , Gelman F , et al. In Situ Bioremediation of a Gasoline-Contaminated Vadose Zone: Implications from Direct Observations[J]. Vadose Zone Journal, 2018, 17(1).

[31] Office of Research and Development, USEPA. Preparation of Soil Sampling Protocols: Sampling Techniques and Strategies[S].EPA/600/R-92/128, July 1992.

[32] Office of Research and Development, USEPA. Site Characterization for Subsurface Remediation [S].EPA/625/4-91/026, November 1991.

[33] Office of Solid Waste and Emergency Response, USEPA . Soil Screening Guidance: User's Guide[S]. Washington, DC 20460. Publication 9355.4-23, July 1996.

[34] Palmer P.Introduction to Energy-Dispersive X-Ray Fluorescence (XRF): An Analytical Chemistry Perspective. Analytical Sciences Digital Library, 79 slides, 2011, https://chem. libretexts.org/Bookshelves/Analytical_Chemistry/Supplemental_Modules_(Analytical_ Chemistry)/Analytical_Sciences_Digital_Library/JASDL/Courseware/Introduction_to_XRF-_ An_Analytical_Perspective.

[35] Parker B L , Cherry J A , Chapman S W , et al. Review and Analysis of Chlorinated Solvent Dense Nonaqueous Phase Liquid Distributions in Five Sandy Aquifers[J]. Vadose Zone Journal, 2003, 2(2):116-137.

[36] Roman P,Editor L. Contaminated Soils: From Soil-Chemical Interactions to Ecosystem Management. Society of Environmental Toxicology and Chemistry, 2003.

[37] USEPA. 1989. Soil Sampling Quality Assurance Users'Guide. Office of Research and Development, Washington, DC[S]. EPA/600/8-69/046.

[38] USEPA. 1994. Test Methods for Evaluating Solid Waste, Physical/Chemical Methods (SW-846), Third Edition, Revision 2[S]. Washington, DC.

[39] USEPA. A study to determine the feasibility of using a Ground-Penetrating Radar for more effective remediation of subsurface contamination[S]. Washington DC: office of research and development. EPA/600/R-92/089. 1992.

[40] USEPA. A Guide for Assessing Biodegradation and Source Identification of Organic Ground Water Contaminants using Compound Specific Isotope Analysis (CSIA)[S]. EPA 600/R-08/148, 2008. www.epa.gov/ada.

[41] 侯晓东,郭秀军,贾永刚,等.基于探地雷达回波信号获取污染土壤中污染物含量的研究进展[J].地球物理学进展, 2008, 23(3):962-968.

[42] 姜林，王岩 . 场地环境调查指南 [M]，北京 : 中国环境科学出版社，2004.

[43] 姜月华，周迅，周权平，等 . 加油站渗漏污染地质雷达特征及其启示——以贵阳市省府加油
站为例 [J]. 地球科学前沿，2011, 1:17-28.

[44] 孔祥科，马骏，韩占涛，等 . 直接推进技术在有机污染场地调查中的应用研究 [J]. 水文地质
工程地质，2014, 041(003):115-119.

[45] 雷文太，童孝忠，周旸，等 . 探地雷达理论与应用 [M]. 北京 : 电子工业出版社 , 2011.

[46] 李法云，曲向荣，吴龙华，等 . 污染土壤生物修复理论基础与技术 [M]. 北京 : 化学工业出
版社 , 2006.

[47] 韦进宝，钱沙华 . 环境分析化学 [M]. 北京 : 化学工业出版社 , 2002.

[48] 文一，张涛，刘伟江，等 . 环境分子诊断技术在污染场地环境管理中的应用进展 [J]. 中国
环境监测，2017, 33(1): 29-35.

[49] 张辉，杨青，胡饶，等 . 电法勘探在探测加油站石油烃污染中的应用 [J]. 物探与化探 , 2013,
37(6): 1114-1119.

[50] 张敏，王森杰，陈素云，等 . 地下水苯系物微生物降解及其碳同位素标记 [J]. 水文地质工
程地质 , 2017(2): 129-136.

[51] 中国环境总站 . 土壤元素的近代分析方法 [M]. 北京 : 中国环境科学出版社 , 1992.

[52] 左海英 . 地下水中典型挥发性有机污染物单体碳氢同位素方法研究及应用 [D]. 北京 : 中国
地质大学 (北京), 2015.

附　录

附表1　典型挥发性有机物的电离电位

一类		二类		三类		四类		五类	
污染物	电离电位 /eV	污染物	电离电位 /eV	污染物	电离电位 /eV	污染物	电离电位 /eV	污染物	电离电位 /eV
萘	8.12	氯乙烯	9.99	溴氯甲烷	10.77	二氯二氟甲烷	11.75	反-1,3-二氯丙烯	/
1,2,4-三甲苯	8.27	1,1-二氯乙烯	10.00	一溴二氯甲烷	10.6~10.96*	三氯氟甲烷	11.77	1,2,3-三氯丙烷	/
4-异丙基甲苯	8.29*	二硫化碳	10.08	1,2-二氯丙烷	10.87	乙腈	12.2	1,2-二溴-3-氯丙烷	/
1,3,5-三甲苯	8.39	丙烯醛	10.13	1,3-二氯丙烷	10.89*			六氯丁二烯	/
苯乙烯	8.4	二溴甲烷	10.41*	丙烯腈	10.91			2,2-二氯丙烷	/
对二甲苯	8.44	三溴甲烷	10.48	氯乙烷	10.97			1,1-二氯丙烯	/
间二甲苯	8.56	溴甲烷	10.54	1,1,1-三氯乙烷	11.00			1,1,2-三氯丙烷	/
邻二甲苯	8.56	二溴氯甲烷	10.59*	1,1,2-三氯乙烷	11.00			1,4-二氯苯	/
叔丁基苯	8.68*	环氧氯丙烷	10.6	1,2-二氯乙烷	11.05			顺-1,3-二氯丙烯	/
仲丁基苯	8.68*			1,1-二氯乙烷	11.06				
4-氯甲苯	8.69*			1,1,2,2-四氯乙烷	11.10				
正丁基苯	8.69*			1,1,1,2-四氯乙烷	11.1~11.45*				

一类		二类		三类		四类		五类	
污染物	电离电位/eV	污染物	电离电位/eV	污染物	电离电位/eV	污染物	电离电位/eV	污染物	电离电位/eV
正丙苯	8.71*			氯甲烷	11.28				
异丙苯	8.75			二氯甲烷	11.32				
乙苯	8.76			三氯甲烷	11.42				
氯丁二烯	8.79			四氯化碳	11.47				
甲苯	8.82								
2-氯甲苯	8.83								
1,4-二氯苯	8.98								
溴苯	9.00*								
1,2,4-三氯苯	9.04								
1,2-二氯苯	9.06								
氯苯	9.07								
1,3-二氯苯	9.10*								
1,2,3-三氯苯	9.18~9.22*								
苯	9.24								
4-甲基-2-戊酮	9.3								
四氯乙烯	9.32								
2-己酮	9.34								
三氯乙烯	9.45								
1,2-二溴乙烷	9.45								
碘甲烷	9.54								
2-丁酮	9.54								
反-1,2-二氯乙烯	9.64*								
顺-1,2-二氯乙烯	9.65								
丙酮	9.69								

注："一类"表示可使用 9.8 eV、10.6 eV 和 11.7 eV 的 PID 进行筛查，"二类"表示可使用 10.6 eV 和 11.7 eV 的 PID 进行筛查，"三类"表示可使用 11.7 eV 的 PID 进行筛查，"四类"表示目前没有可作为筛查使用的 PID，"五类"表示不确定是否可以使用现有的 PID 进行筛查。污染物的电离电位数据主要来源于文献 [NIOSH, 2007]，* 表示来源于美国 NIST 化学网络手册 SRD69[https://webbook.nist.gov/chemistry/]，/ 表示不在上述来源中。

附表2 典型土壤类型对应的污染迁移特征参数

序号	土壤质地	干容积密度/(g/cm³)	总空隙度	有效空隙度	水力传导系数/(m/d)	水力传导系数/(cm/s)
	松散沉积层					
1	冰滞层	1.15~2.10	—	0.05~0.20	$9 \times 10^{-8} \sim 2 \times 10^{-1}$	$1 \times 10^{-10} \sim 2 \times 10^{-4}$
2	黏土	1.00~2.40	0.34~0.60	0.01~0.20	$9 \times 10^{-7} \sim 4 \times 10^{-4}$	$1 \times 10^{-9} \sim 5 \times 10^{-7}$
3	粉土	—	0.34~0.61	0.01~0.3	$9 \times 10^{-5} \sim 2$	$1 \times 10^{-7} \sim 2 \times 10^{-3}$
4	粉砂	1.37~1.81	0.26~0.53	0.10~0.30	$2 \times 10^{-2} \sim 2 \times 10^{1}$	$2 \times 10^{-5} \sim 2 \times 10^{-2}$
5	中砂	1.37~1.81	—	0.15~0.30	$8 \times 10^{-2} \sim 5 \times 10^{1}$	$9 \times 10^{-5} \sim 6 \times 10^{-2}$
6	粗砂	1.37~1.81	0.31~0.46	0.20~0.35	$8 \times 10^{-2} \sim 5 \times 10^{2}$	$9 \times 10^{-5} \sim 6 \times 10^{-1}$
7	砾石	1.36~2.19	0.24~0.38	0.10~0.35	$3 \times 10^{1} \sim 3 \times 10^{3}$	$3 \times 10^{-2} \sim 3$
	沉积岩层					
8	喀斯特石灰岩				$9 \times 10^{-2} \sim 2 \times 10^{3}$	$1 \times 10^{-4} \sim 2$
9	石灰岩和白云岩	1.74~2.79	0.00~0.50	0.01~0.24	$9 \times 10^{-5} \sim 5 \times 10^{-1}$	$1 \times 10^{-7} \sim 6 \times 10^{-4}$
10	砂岩	1.60~2.68	0.05~0.30	0.10~0.40	$3 \times 10^{-5} \sim 5 \times 10^{-1}$	$3 \times 10^{-8} \sim 6 \times 10^{-4}$
11	粉砂岩	—	0.21~0.41	0.01~0.35	$9 \times 10^{-7} \sim 1 \times 10^{-3}$	$1 \times 10^{-9} \sim 1 \times 10^{-6}$
12	页岩	1.54~3.17	0.00~0.10	—	$9 \times 10^{-9} \sim 2 \times 10^{-4}$	$1 \times 10^{-11} \sim 2 \times 10^{-7}$
	结晶岩					
13	多孔状玄武岩	—	—	—	$3 \times 10^{-2} \sim 2 \times 10^{3}$	$4 \times 10^{-5} \sim 2$
14	玄武岩	2.00~2.70	0.03~0.35	—	$2 \times 10^{-6} \sim 3 \times 10^{-2}$	$2 \times 10^{-9} \sim 4 \times 10^{-5}$
15	断裂火成岩和变质岩	—	—	—	$7 \times 10^{-4} \sim 3 \times 10^{1}$	$8 \times 10^{-7} \sim 3 \times 10^{-2}$
16	火成岩和变质岩	2.24~2.46	—	0.02~0.35	$3 \times 10^{-9} \sim 2 \times 10^{-5}$	$3 \times 10^{-12} \sim 2 \times 10^{-8}$

附表3 美国区域风险筛选值（2019.11）

化学品名称	CAS 编号	土壤筛选值						基于保护地下水的土壤筛选值	
		居住用地 /(mg/kg)	工业用地 /(mg/kg)	居住空气 /(μg/m³)	工业用地空气 /(μg/m³)	饮用水 /(μg/L)	MCL /(μg/L)	基于保护饮用水的土壤筛选值 /(mg/kg)	基于 MCL 的土壤筛选值 /(mg/kg)
乙酰甲胺磷	30560-19-1	76	980			24		5.3×10^{-3}	
乙醛	75-07-0	11	49	1.3	5.6	2.6		5.2×10^{-4}	
乙草胺	34256-82-1	1.3×10^{3}	1.6×10^{4}	3.2×10^{4}	1.4×10^{5}	350		0.28	
丙酮	67-64-1	6.1×10^{4}	6.7×10^{5}	2.1	8.8	1.4×10^{4}		2.9	
丙酮氰醇	75-86-5	2.8×10^{6}	1.2×10^{7}	63	260				
乙腈	75-05-8	810	3.4×10^{3}			130		0.026	
苯乙酮	98-86-2	7.8×10^{3}	1.2×10^{5}			1.9×10^{3}		0.58	
2-乙酰氨基芴	53-96-3	0.14	0.6	2.2×10^{-3}	9.4×10^{-3}	0.016		7.5×10^{-5}	
丙烯醛	107-02-8	0.14	0.6	0.021	0.088	0.042		8.4×10^{-6}	
丙烯酰胺	79-06-1	0.24	4.6	0.01	0.12	0.05		1.1×10^{-5}	
丙烯酸	79-10-7	99	420	1.0	4.4	2.1		4.2×10^{-4}	
丙烯腈	107-13-1	0.25	1.1	0.041	0.18	0.052		1.1×10^{-5}	
己二腈	111-69-3	8.5×10^{6}	3.6×10^{7}	6.3	26				
甲草胺	15972-60-8	9.7	41			1.1	2.0	8.7×10^{-4}	1.6×10^{-3}
涕灭威	116-06-3	63	820			20	3.0	4.9×10^{-3}	7.5×10^{-4}
涕灭威砜	1646-88-4	63	820			20	2.0	4.4×10^{-3}	4.4×10^{-4}
涕灭威亚砜	1646-87-3						4.0		8.8×10^{-4}
艾氏剂	309-00-2	0.039	0.18	5.7×10^{-4}	2.5×10^{-3}	9.2×10^{-4}		1.5×10^{-4}	

续表

化学品名称	CAS 编号	土壤筛选值					MCL /(μg/L)	基于保护地下水的土壤筛选值	
		居住用地 /(mg/kg)	工业用地 /(mg/kg)	居住空气 /(μg/m³)	工业用地空气 /(μg/m³)	饮用水 /(μg/L)		基于保护饮用水的土壤筛选值 /(mg/kg)	基于 MCL 的土壤筛选值 /(mg/kg)
烯丙醇	107-18-6	3.5	15	0.1	0.44	0.21		4.2×10^{-5}	
氯丙烯	107-05-1	0.72	3.2	0.47	2.0	0.73		2.3×10^{-4}	
铝	7429-90-5	7.7×10^{4}	1.1×10^{6}	5.2	22	2.0×10^{4}		3.0×10^{4}	
磷化铝	20859-73-8	31	470			8.0			
莠灭净	834-12-8	570	7.4×10^{3}			150		0.16	
4-氨基联苯	92-67-1	0.026	0.11	4.7×10^{-4}	2.0×10^{-3}	3.0×10^{-3}		1.5×10^{-5}	
邻氨基苯酚	591-27-5	5.1×10^{3}	6.6×10^{4}			1.6×10^{3}		0.61	
间氨基苯酚	95-55-6	250	3.3×10^{3}			79		0.03	
对氨基苯酚	123-30-8	1.3×10^{3}	1.6×10^{4}			400		0.15	
双甲脒	33089-61-1	160	2.1×10^{3}			8.2		4.2	
氨	7664-41-7			520	2.2×10^{3}				
氨基磺酸铵	7773-06-0	1.6×10^{4}	2.3×10^{5}			4.0×10^{3}			
叔戊醇	75-85-4	82	340	3.1	13	6.3		1.3×10^{-3}	
苯胺	62-53-3	95	400	1.0	4.4	13		4.6×10^{-3}	
9,10-蒽醌	84-65-1	14	57			1.4		0.014	
锑（金属）	7440-36-0	31	470			7.8	6.0	0.35	
五氧化二锑	1314-60-9	39	580			9.7			
四氧化二锑	1332-81-6	31	470			7.8			0.27

续表

化学品名称	CAS 编号	土壤筛选值						基于保护地下水的土壤筛选值	
		居住用地 /(mg/kg)	工业用地 /(mg/kg)	居住空气 /(μg/m³)	工业用地空气 /(μg/m³)	饮用水 /(μg/L)	MCL /(μg/L)	基于保护饮用水的土壤筛选值 /(mg/kg)	基于 MCL 的土壤筛选值 /(mg/kg)
三氧化二锑	1309-64-4	2.8×10^5	1.2×10^6	0.21	0.88				
砷，无机	7440-38-2	0.68	3.0	6.5×10^{-4}	2.9×10^{-3}	0.052	10	1.5×10^{-3}	0.29
砷化氢	7784-42-1	0.27	4.1	0.052	0.22	0.07			
石棉（纤维单位）	1332-21-4						7.0×10^6(G)		
黄草灵	3337-71-1	2.3×10^3	3.0×10^4			720		0.18	
阿特拉津	1912-24-9	2.4	10			0.3	3.0	2.0×10^{-4}	1.9×10^{-3}
金胺	492-80-8	0.62	2.6	0.011	0.049	0.078		7.1×10^{-4}	
阿维菌素 B₁	65195-55-3	25	330			8.0		14	
谷硫磷	86-50-0	190	2.5×10^3	10	44	56		0.017	
偶氮苯	103-33-3	5.6	26	0.091	0.4	0.12		9.3×10^{-4}	
偶氮二酰胺	123-77-3	8.6×10^3	4.0×10^4	7.3×10^{-3}	0.031	2.0×10^4		6.8	
钡	7440-39-3	1.5×10^4	2.2×10^5	0.52	2.2	3.8×10^3	2.0×10^3	160	82
氟草胺	1861-40-1	390	5.8×10^3			28		0.94	
苯菌灵	17804-35-2	3.2×10^3	4.1×10^4			970		0.85	
苄嘧黄隆	83055-99-6	1.3×10^4	1.6×10^5			3.9×10^3		1.0	
噻草平	25057-89-0	1.9×10^3	2.5×10^4			570		0.12	
苯甲醛	100-52-7	170	820			19		4.1×10^{-3}	

续表

化学品名称	CAS 编号	土壤筛选值						基于保护地下水的土壤筛选值	
		居住用地 /(mg/kg)	工业用地 /(mg/kg)	居住空气 /(μg/m³)	工业用地空气 /(μg/m³)	饮用水 /(μg/L)	MCL /(μg/L)	基于保护饮用水的土壤筛选值 /(mg/kg)	基于 MCL 的土壤筛选值 /(mg/kg)
苯	71-43-2	1.2	5.1	0.36	1.6	0.46	5.0	2.3×10^{-4}	2.6×10^{-3}
2-甲基-1,4-苯二胺硫酸盐	6369-59-1	5.4	23			0.78		2.2×10^{-4}	
苯基硫醇	108-98-5	78	1.2×10^{3}			17		0.011	
联苯胺	92-87-5	5.3×10^{-4}	0.01	1.5×10^{-5}	1.8×10^{-4}	1.1×10^{-4}		2.8×10^{-7}	
苯甲酸	65-85-0	2.5×10^{5}	3.3×10^{6}			7.5×10^{4}		15	
三氯化苯	98-07-7	0.053	0.25			3.0×10^{-3}		6.6×10^{-6}	
苯甲醇	100-51-6	6.3×10^{3}	8.2×10^{4}			2.0×10^{3}		0.48	
氯化苄	100-44-7	1.1	4.8	0.057	0.25	0.089		9.8×10^{-5}	
铍及其化合物	7440-41-7	160	2.3×10^{3}	1.2×10^{-3}	5.1×10^{-3}	25	4.0	19	3.2
5-(2,4-二氯苯氧基)-2-硝基苯甲酸甲酯	42576-02-3	570	7.4×10^{3}			100		0.76	
联苯菊酯	82657-04-3	950	1.2×10^{4}			300		1.4×10^{3}	
1,1-联苯	92-52-4	47	200	0.42	1.8	0.83		8.7×10^{-3}	
二氯异丙醚	108-60-1	3.1×10^{3}	4.7×10^{4}			710		0.26	
双(2-氯乙氧基)甲烷	111-91-1	190	2.5×10^{3}			59		0.013	
二氯乙醚	111-44-4	0.23	1.0	8.5×10^{-3}	0.037	0.014		3.6×10^{-6}	

续表

化学品名称	CAS 编号	土壤筛选值						基于保护地下水的土壤筛选值	
		居住用地 /(mg/kg)	工业用地 /(mg/kg)	居住空气 /(μg/m³)	工业用地空气 /(μg/m³)	饮用水 /(μg/L)	MCL /(μg/L)	基于保护饮用水的土壤筛选值 /(mg/kg)	基于 MCL 的土壤筛选值 /(mg/kg)
二(氯甲基)醚	542-88-1	8.3×10^{-5}	3.6×10^{-4}	4.5×10^{-5}	2.0×10^{-4}	7.2×10^{-5}		1.7×10^{-8}	
双酚 A	80-05-7	3.2×10^{3}	4.1×10^{4}			770		58	
硼盐和硼酸盐	7440-42-8	1.6×10^{4}	2.3×10^{5}	21	88	4.0×10^{3}		13	
三氯化硼	10294-34-5	1.6×10^{5}	2.3×10^{6}	21	88	42			
三氟化硼	7637-07-2	3.1×10^{3}	4.7×10^{4}	14	57	26			
溴酸盐	15541-45-4	0.99	4.7			0.11	10	8.5×10^{-4}	0.077
1-溴-2-氯乙烷	107-04-0	0.026	0.11	4.7×10^{-3}	0.02	7.4×10^{-3}		2.1×10^{-6}	
1-溴-3-氟苯	1073-06-9	23	350			4.9		4.7×10^{-3}	
1-溴-4-氟苯	460-00-4	23	350			4.6		4.4×10^{-3}	
溴乙酸	79-08-3						60(G)		0.012
溴苯	108-86-1	290	1.8×10^{3}	63	260	62		0.042	
溴氯甲烷	74-97-5	150	630	42	180	83		0.021	
溴二氯甲烷	75-27-4	0.29	1.3	0.076	0.33	0.13	80(G)	3.6×10^{-5}	0.022
溴仿	75-25-2	19	86	2.6	11	3.3	80(G)	8.7×10^{-4}	0.021
溴甲烷	74-83-9	6.8	30	5.2	22	7.5		1.9×10^{-3}	
溴硫磷	2104-96-3	390	5.8×10^{3}			35		0.15	
1-溴丙烷	106-94-5	220	940	100	440	210		0.064	
溴苯腈	1689-84-5	5.3	22			0.61		5.2×10^{-4}	

续表

化学品名称	CAS 编号	土壤筛选值						基于保护地下水的土壤筛选值	
		居住用地 /(mg/kg)	工业用地 /(mg/kg)	居住空气 /(μg/m³)	工业用地空气 /(μg/m³)	饮用水 /(μg/L)	MCL /(μg/L)	基于保护饮用水的土壤筛选值 /(mg/kg)	基于 MCL 的土壤筛选值 /(mg/kg)
辛酰溴苯腈	1689-99-2	6.7	32			0.24		2.1×10^{-3}	
1,3-丁二烯	106-99-0	0.076	0.33	0.094	0.41	0.071		3.9×10^{-5}	
2,4-二氯苯氧丁酸	94-82-6	1.9×10^{3}	2.5×10^{4}			450		0.42	
正丁醇	71-36-3	7.8×10^{3}	1.2×10^{5}			2.0×10^{3}		0.41	
2-丁醇	78-92-2	1.3×10^{5}	1.5×10^{6}	3.1×10^{4}	1.3×10^{5}	2.4×10^{4}		5.0	
丁草特	2008-41-5	3.9×10^{3}	5.8×10^{4}			460		0.45	
丁基羟基茴香醚	25013-16-5	2.7×10^{3}	1.1×10^{4}	49	220	150		0.29	
丁羟甲苯	128-37-0	150	640			3.4		0.1	
正丁苯	104-51-8	3.9×10^{3}	5.8×10^{4}			1.0×10^{3}		3.2	
2-丁苯	135-98-8	7.8×10^{3}	1.2×10^{5}			2.0×10^{3}		5.9	
叔丁基苯	98-06-6	7.8×10^{3}	1.2×10^{5}			690		1.6	
二甲肼酸	75-60-5	1.3×10^{3}	1.6×10^{4}			400		0.11	
镉(饮食)	7440-43-9	71	980				5.0		
镉(水)	7440-43-9			1.6×10^{-3}	6.8×10^{-3}	9.2		0.69	0.38
己内酰胺	105-60-2	3.1×10^{4}	4.0×10^{5}	2.3	9.6	9.9×10^{3}		2.5	
敌菌丹	2425-06-1	3.6	15	0.065	0.29	0.4		7.1×10^{-4}	
克菌丹	133-06-2	240	1.0×10^{3}	4.3	19	31		0.022	

续表

化学品名称	CAS 编号	土壤筛选值					MCL /(μg/L)	基于保护地下水的土壤筛选值	
		居住用地 /(mg/kg)	工业用地 /(mg/kg)	居住空气 /(μg/m³)	工业用地空气 /(μg/m³)	饮用水 /(μg/L)		基于保护饮用水的土壤筛选值 /(mg/kg)	基于 MCL 的土壤筛选值 /(mg/kg)
西维因	63-25-2	6.3×10^3	8.2×10^4			1.8×10^3		1.7	
克百威	1563-66-2	320	4.1×10^3			94	40	0.037	0.016
二硫化碳	75-15-0	770	3.5×10^3	730	3.1×10^3	810		0.24	
四氯化碳	56-23-5	0.65	2.9	0.47	2.0	0.46	5.0	1.8×10^{-4}	1.9×10^{-3}
羰基硫	463-58-1	67	280	100	440	210		0.51	
丁硫克百威	55285-14-8	630	8.2×10^3			51		1.2	
萎锈灵	5234-68-4	6.3×10^3	8.2×10^4			1.9×10^3		1.0	
三氧化铈	1306-38-3	1.3×10^6	5.4×10^6	0.94	3.9				
三氯乙醛水合物	302-17-0	7.8×10^3	1.2×10^5			2.0×10^3		0.4	
豆科菌威	133-90-4	950	1.2×10^4			290		0.07	
有机氯胺	E701235						4.0×10^3(G)		
氯醌	118-75-2	1.3	5.7			0.18		1.5×10^{-4}	
氯丹	12789-03-6	1.7	7.7	0.028	0.12	0.02	2.0	2.7×10^{-3}	0.27
十氯酮	143-50-0	0.054	0.23	6.1×10^{-4}	2.7×10^{-3}	3.5×10^{-3}		1.2×10^{-4}	
毒虫畏	470-90-6	44	570			11		0.031	
氯嘧磺隆	90982-32-4	5.7×10^3	7.4×10^4			1.8×10^3		0.6	
氯	7782-50-5	0.18	0.78	0.15	0.64	0.3	4.0×10^3(G)	1.5×10^{-4}	2.0

续表

化学品名称	CAS 编号	土壤筛选值						基于保护地下水的土壤筛选值	
		居住用地 /(mg/kg)	工业用地 /(mg/kg)	居住空气 /(μg/m³)	工业用地空气 /(μg/m³)	饮用水 /(μg/L)	MCL /(μg/L)	基于保护饮用水的土壤筛选值 /(mg/kg)	基于 MCL 的土壤筛选值 /(mg/kg)
二氧化氯	10049-04-4	2.3×10^3	3.4×10^4	0.21	0.83	0.42	800(G)		
亚氯酸钠	7758-19-2	2.3×10^3	3.5×10^4			600	1.0×10^3		
1-氯-1,1-二氟乙烷	75-68-3	5.4×10^4	2.3×10^5	5.2×10^4	2.2×10^5	1.0×10^5		52	
2-氯-1,3-丁二烯	126-99-8	0.01	0.044	9.4×10^{-3}	0.041	0.019		9.8×10^{-6}	
盐酸-4-氯-2-甲苯胺	3165-93-3	1.2	5.0			0.17		1.5×10^{-4}	
4-氯-2-甲基苯胺	95-69-2	5.4	23	0.036	0.16	0.7		4.0×10^{-4}	
2-氯乙醛	107-20-0	2.6	12			0.29		5.8×10^{-5}	
氯乙酸	79-11-8						60(G)		0.012
2-氯苯乙酮	532-27-4	4.3×10^4	1.8×10^5	0.031	0.13				
对氯苯胺	106-47-8	2.7	11			0.37		1.6×10^{-4}	
氯苯	108-90-7	280	1.3×10^3	52	220	78	100	0.053	0.068
对氯苯磺酸	98-66-8	6.3×10^3	8.2×10^4			2.0×10^3		0.47	
乙酯杀螨醇	510-15-6	4.9	21	0.091	0.4	0.31		1.0×10^{-3}	
对氯苯甲酸	74-11-3	1.9×10^3	2.5×10^4			510		0.13	

续表

化学品名称	CAS 编号	土壤筛选值						基于保护地下水的土壤筛选值	
		居住用地 /(mg/kg)	工业用地 /(mg/kg)	居住空气 /(μg/m³)	工业用地空气 /(μg/m³)	饮用水 /(μg/L)	MCL /(μg/L)	基于保护饮用水的土壤筛选值 /(mg/kg)	基于 MCL 的土壤筛选值 /(mg/kg)
4-氯三氟甲苯	98-56-6	210	2.5×10^3	310	1.3×10^3	35		0.12	
1-氯丁烷	109-69-3	3.1×10^3	4.7×10^4			640		0.26	
氯二氟甲烷	75-45-6	4.9×10^4	2.1×10^5	5.2×10^4	2.2×10^5	1.0×10^5		43	
2-氯乙醇	107-07-3	1.6×10^3	2.3×10^4			400		0.081	
氯仿	67-66-3	0.32	1.4	0.12	0.53	0.22	80(G)	6.1×10^{-5}	0.022
氯甲烷	74-87-3	110	460	94	390	190		0.049	
氯甲基甲醚	107-30-2	0.02	0.089	4.1×10^{-3}	0.018	6.5×10^{-3}		1.4×10^{-6}	
邻氯硝基苯	88-73-3	1.8	7.7	0.01	0.044	0.24		2.2×10^{-4}	
对氯硝基苯	100-00-5	9.0	38	2.1	8.8	1.2		1.1×10^{-3}	
2-氯酚	95-57-8	390	5.8×10^3			91		0.089	
三氯硝基甲烷	76-06-2	2.0	8.2	0.42	1.8	0.83		2.5×10^{-4}	
百菌清	1897-45-6	180	740	3.2	14	22		0.05	
邻氯甲苯	95-49-8	1.6×10^3	2.3×10^4			240		0.23	
对氯甲苯	106-43-4	1.6×10^3	2.3×10^4			250		0.24	
氯脲霉素	54749-90-5	2.3×10^{-3}	9.6×10^{-3}	4.1×10^{-5}	1.8×10^{-4}	3.2×10^{-4}		7.1×10^{-8}	
氯苯胺灵	101-21-3	3.2×10^3	4.1×10^4			710		0.64	
毒死蜱	2921-88-2	63	820			8.4		0.12	
甲基毒死蜱	5598-13-0	630	8.2×10^3			120		0.54	

续表

化学品名称	CAS 编号	土壤筛选值					MCL /(μg/L)	基于保护地下水的土壤筛选值	
		居住用地 /(mg/kg)	工业用地 /(mg/kg)	居住空气 /(μg/m³)	工业用地空气 /(μg/m³)	饮用水 /(μg/L)		基于保护饮用水的土壤筛选值 /(mg/kg)	基于 MCL 的土壤筛选值 /(mg/kg)
氯磺隆	64902-72-3	3.2×10^3	4.1×10^4			990		0.83	
氯酞酸二甲酯	1861-32-1	630	8.2×10^3			120		0.15	
虫螨磷	60238-56-4	51	660			2.8		0.073	
难溶三价铬盐	16065-83-1	1.2×10^5	1.8×10^6			2.2×10^4		4.0×10^7	
六价铬	18540-29-9	0.3	6.3	1.2×10^{-5}	1.5×10^{-4}	0.035		6.7×10^{-4}	
总铬	7440-47-3	820	1.1×10^4			230	100	14	1.8×10^5
四螨嗪	74115-24-5								
钴	7440-48-4	23	35	3.1×10^{-4}	1.4×10^{-3}	6.0		0.27	
焦炉废气	8007-45-2			1.6×10^{-3}	0.02				
铜	7440-50-8	3.1×10^3	4.7×10^4			800	1.3×10^3	28	46
3-甲酚	108-39-4	3.2×10^3	4.1×10^4	630	2.6×10^3	930		0.74	
2-甲酚	95-48-7	3.2×10^3	4.1×10^4	630	2.6×10^3	930		0.75	
4-甲酚	106-44-5	6.3×10^3	8.2×10^4	630	2.6×10^3	1.9×10^3		1.5	
3,4-二氯酚	59-50-7	6.3×10^3	8.2×10^4			1.4×10^3		1.7	
甲酚	1319-77-3	6.3×10^3	8.2×10^4	630	2.6×10^3	1.5×10^3		1.3	
反式丁烯醛	123-73-9	0.37	1.7			0.04		8.2×10^{-6}	
异丙基苯	98-82-8	1.9×10^3	9.9×10^3	420	1.8×10^3	450		0.74	
铜铁试剂	135-20-6	2.5	10	0.045	0.19	0.35		6.1×10^{-4}	

续表

化学品名称	CAS 编号	土壤筛选值						基于保护地下水的土壤筛选值	
		居住用地 /(mg/kg)	工业用地 /(mg/kg)	居住空气 /(μg/m³)	工业用地空气 /(μg/m³)	饮用水 /(μg/L)	MCL /(μg/L)	基于保护饮用水的土壤筛选值 /(mg/kg)	基于 MCL 的土壤筛选值 /(mg/kg)
草净津	21725-46-2	0.65	2.7			0.088		4.1×10^{-5}	
氰化物									
氰化钙	592-01-8	78	1.2×10^3			20			
氰化铜	544-92-3	390	5.8×10^3			100			
氰化物 (CN一)	57-12-5	23	150	0.83	3.5	1.5	200	0.015	2.0
氰	460-19-5	78	1.2×10^3			20			
溴化氰	506-68-3	7.0×10^3	1.1×10^5			1.8×10^3			
氯化氰	506-77-4	3.9×10^3	5.8×10^4			1.0×10^3			
氰化氢	74-90-8	23	150	0.83	3.5	1.5		0.015	
氰化钾	151-50-8	160	2.3×10^3			40			
氰化银钾	506-61-6	390	5.8×10^3			82			
氰化银	506-64-9	7.8×10^3	1.2×10^5			1.8×10^3			
氰化钠	143-33-9	78	1.2×10^3			20	200		
硫氰酸酯	E1790664	16	230			4.0			
硫氰酸	463-56-9	16	230			4.0			
氰化锌	557-21-1	3.9×10^3	5.8×10^4			1.0×10^3			
环己烷	110-82-7	6.5×10^3	2.7×10^4	6.3×10^3	2.6×10^4	1.3×10^4		13	
一氯五溴环己烷	87-84-3	27	110			2.8		0.016	

续表

| 化学品名称 | CAS 编号 | 土壤筛选值 | | | | | | 基于保护地下饮用水的土壤筛选值 /(mg/kg) | 基于保护地下水的土壤筛选值 |
		居住用地 /(mg/kg)	工业用地 /(mg/kg)	居住空气 /(μg/m³)	工业用地空气 /(μg/m³)	饮用水 /(μg/L)	MCL /(μg/L)		基于 MCL 的土壤 筛选值 /(mg/kg)
环己酮	108-94-1	2.8×10^4	1.3×10^5	730	3.1×10^3	1.4×10^3		0.34	
环己烯	110-83-8	310	3.1×10^3	1.0×10^3	4.4×10^3	70		0.046	
环己胺	108-91-8	1.6×10^4	2.3×10^5			3.8×10^3		1.0	
氯氟氰菊酯	68359-37-5	1.6×10^3	2.1×10^4			120		31	
高效氯氟氰菊酯	68085-85-8	63	820			20		14	
灭蝇胺	66215-27-8	3.2×10^4	4.1×10^5			9.9×10^3		2.5	
4,4'-滴滴滴	72-54-8	1.9	9.6	0.041	0.18	0.032		7.5×10^{-3}	
4,4'-滴滴伊	72-55-9	2.0	9.3	0.029	0.13	0.046		0.011	
滴滴涕	50-29-3	1.9	8.5	0.029	0.13	0.23		0.077	
茅草枯	75-99-0	1.9×10^3	2.5×10^4			600	200	0.12	0.041
比久	1596-84-5	30	130	0.55	2.4	4.3		9.5×10^{-4}	
十溴二苯醚	1163-19-5	440	3.3×10^3			110		62	
内吸磷	8065-48-3	2.5	33			0.42			
己二酸二 (2-乙基己基)酯	103-23-1	450	1.9×10^3			65	400	4.7	29
燕麦敌	2303-16-4	8.9	38			0.54		8.0×10^{-4}	
二嗪农	333-41-5	44	570			10		0.065	
二苯并噻吩	132-65-0	780	1.2×10^4			65		1.2	

续表

化学品名称	CAS 编号	土壤筛选值						基于保护地下水的土壤筛选值	
		居住用地 /(mg/kg)	工业用地 /(mg/kg)	居住空气 /(μg/m³)	工业用地空气 /(μg/m³)	饮用水 /(μg/L)	MCL /(μg/L)	基于保护饮用水的土壤筛选值 /(mg/kg)	基于 MCL 的土壤筛选值 /(mg/kg)
1,2-二溴-3-氯丙烷	96-12-8	5.3×10^{-3}	0.064	1.7×10^{-4}	2.0×10^{-3}	3.3×10^{-4}	0.2	1.4×10^{-7}	8.6×10^{-5}
二溴乙酸	631-64-1						60(G)		0.012
1,3-二溴苯	108-36-1	31	470			5.3		5.1×10^{-3}	
1,4-二溴苯	106-37-6	780	1.2×10^{4}			130		0.12	
二溴氯甲烷	124-48-1	8.3	39		0.02	0.87	80(G)	2.3×10^{-4}	0.021
1,2-二溴乙烷	106-93-4	0.036	0.16	4.7×10^{-3}	0.02	7.5×10^{-3}	0.05	2.1×10^{-6}	1.4×10^{-5}
二溴甲烷	74-95-3	24	99	4.2	18	8.3		2.1×10^{-3}	
二丁基锡化合物	E1790660	19	250			6.0			
麦草畏	1918-00-9	1.9×10^{3}	2.5×10^{4}			570		0.15	
二氯胺	3400-09-7						4.0×10^{3}(G)		
1,4-二氯-2-丁烯	764-41-0	2.1×10^{-3}	9.4×10^{-3}	6.7×10^{-4}	2.9×10^{-3}	1.3×10^{-3}		6.6×10^{-7}	
顺-1,4-二氯-2-丁烯	1476-11-5	7.4×10^{-3}	0.032	6.7×10^{-4}	2.9×10^{-3}	1.3×10^{-3}		6.2×10^{-7}	
反-1,4-二氯-2-丁烯	110-57-6	7.4×10^{-3}	0.032	6.7×10^{-4}	2.9×10^{-3}	1.3×10^{-3}		6.2×10^{-7}	
二氯乙酸	79-43-6	11	46	210	880	1.5	60(G)	3.1×10^{-4}	0.012
1,2-二氯苯	95-50-1	1.8×10^{3}	9.3×10^{3}			300	600	0.3	0.58

续表

| 化学品名称 | CAS 编号 | 土壤筛选值 | | | | | MCL /(μg/L) | 基于保护饮用水的土壤筛选值 /(mg/kg) | 基于保护地下水的土壤筛选值 |
		居住用地 /(mg/kg)	工业用地 /(mg/kg)	居住空气 /(μg/m³)	工业用地空气 /(μg/m³)	饮用水 /(μg/L)			基于 MCL 的土壤筛选值 /(mg/kg)
1,4-二氯苯	106-46-7	2.6	11	0.26	1.1	0.48	75	4.6×10^{-4}	0.072
3,3-二氯苯胺	91-94-1	1.2	5.1	8.3×10^{-3}	0.036	0.13		8.2×10^{-4}	
4,4-二氯苯甲酮	90-98-2	570	7.4×10^{3}			78		0.47	
氟氯烷	75-71-8	87	370	100	440	200		0.3	
1,1-二氯乙烷	75-34-3	3.6	16	1.8	7.7	2.8		7.8×10^{-4}	
1,2-二氯乙烷	107-06-2	0.46	2.0	0.11	0.47	0.17	5.0	4.8×10^{-5}	1.4×10^{-3}
1,1-二氯乙烯	75-35-4	230	1.0×10^{3}	210	880	280	7.0	0.1	2.5×10^{-3}
顺-1,2-二氯乙烯	156-59-2	160	2.3×10^{3}			36	70	0.011	0.021
反-1,2-二氯乙烯	156-60-5	1.6×10^{3}	2.3×10^{4}			360	100	0.11	0.031
2,4-二氯苯酚	120-83-2	190	2.5×10^{3}			46		0.023	
2,4-二氯苯氧乙酸	94-75-7	700	9.6×10^{3}			170	70	0.045	0.018
1,2-二氯丙烷	78-87-5	2.5	11	0.76	3.3	0.85	5.0	2.8×10^{-4}	1.7×10^{-3}
1,3-二氯丙烷	142-28-9	1.6×10^{3}	2.3×10^{4}			370		0.13	
2,3-二氯丙醇	616-23-9	190	2.5×10^{3}			59		0.013	
1,3-二氯丙烯	542-75-6	1.8	8.2	0.7	3.1	0.47		1.7×10^{-4}	
敌敌畏	62-73-7	1.9	7.9	0.034	0.15	0.26		8.1×10^{-5}	

续表

化学品名称	CAS 编号	土壤筛选值					MCL /(μg/L)	基于保护地下水的土壤筛选值	
		居住用地 /(mg/kg)	工业用地 /(mg/kg)	居住空气 /(μg/m³)	工业用地空气 /(μg/m³)	饮用水 /(μg/L)		基于保护饮用水的土壤筛选值 /(mg/kg)	基于 MCL 的土壤筛选值 /(mg/kg)
百治磷	141-66-2	1.9	25			0.6		1.4×10^{-4}	
双环戊二烯	77-73-6	1.3	5.4	0.31	1.3	0.63		2.2×10^{-3}	
狄氏剂	60-57-1	0.034	0.14	6.1×10^{-4}	2.7×10^{-3}	1.8×10^{-3}		7.1×10^{-5}	
柴油废气	E17136615			9.4×10^{-3}	0.041				
二乙醇胺	111-42-2	130	1.6×10^{3}	0.21	0.88	40		8.1×10^{-3}	
二乙二醇丁醚	112-34-5	1.9×10^{3}	2.4×10^{4}	0.1	0.44	600		0.13	
二乙二醇单乙醚	111-90-0	3.8×10^{3}	4.8×10^{4}	0.31	1.3	1.2×10^{3}		0.24	
二乙基甲酰胺	617-84-5	78	1.2×10^{3}			20		4.1×10^{-3}	
己烯雌酚	56-53-1	1.6×10^{-3}	6.6×10^{-3}	2.8×10^{-5}	1.2×10^{-4}	5.1×10^{-5}		2.8×10^{-5}	
燕麦枯	43222-48-6	5.2×10^{3}	6.8×10^{4}			1.7×10^{3}		260	
氟苯脲	35367-38-5	1.3×10^{3}	1.6×10^{4}			290		0.33	
1,1-二氟乙烷	75-37-6	4.8×10^{4}	2.0×10^{5}	4.2×10^{4}	1.8×10^{5}	8.3×10^{4}		28	
2,2-二氟丙烷	420-45-1	2.4×10^{4}	1.0×10^{5}	3.1×10^{4}	1.3×10^{5}	6.3×10^{4}		140	
二氢黄樟素	94-58-6	9.9	45	0.22	0.94	0.3		1.9×10^{-4}	
二异丙基醚	108-20-3	2.2×10^{3}	9.4×10^{3}	730	3.1×10^{3}	1.5×10^{3}		0.37	
甲基磷酸二异丙酯	1445-75-6	6.3×10^{3}	9.3×10^{4}			1.6×10^{3}		0.45	
噻节因	55290-64-7	1.4×10^{3}	1.8×10^{4}			440		0.096	

续表

化学品名称	CAS 编号	土壤筛选值					MCL /(μg/L)	基于保护地下水的土壤筛选值	
		居住用地 /(mg/kg)	工业用地 /(mg/kg)	居住空气 /(μg/m³)	工业用地空气 /(μg/m³)	饮用水 /(μg/L)		基于保护饮用水的土壤筛选值 /(mg/kg)	基于 MCL 的土壤筛选值 /(mg/kg)
乐果	60-51-5	140	1.8×10^{3}			44		9.9×10^{-3}	
3,3'-二甲氧基联苯胺	119-90-4	0.34	1.4			0.047		5.8×10^{-5}	
甲基膦酸二甲酯	756-79-6	320	1.4×10^{3}			46		9.6×10^{-3}	
对二氨基偶氮苯	60-11-7	0.12	0.5	2.2×10^{-3}	9.4×10^{-3}	5.0×10^{-3}		2.1×10^{-5}	
2,4-二甲基苯胺盐酸盐	21436-96-4	0.94	4.0			0.13		1.2×10^{-4}	
2,4-二甲基苯胺	95-68-1	2.7	11			0.37		2.1×10^{-4}	
N,N-二甲基苯胺	121-69-7	26	120			2.5		9.0×10^{-4}	
3,3'-二甲基联苯胺	119-93-7	0.049	0.21			6.5×10^{-3}		4.3×10^{-5}	
二甲基甲酰胺	68-12-2	2.6×10^{3}	1.5×10^{4}	31	130	61		0.012	
1,1-二甲肼	57-14-7	0.057	0.24	2.1×10^{-3}	8.8×10^{-3}	4.2×10^{-3}		9.3×10^{-7}	
1,2-二甲肼	540-73-8	8.8×10^{-4}	4.1×10^{-3}	1.8×10^{-5}	7.7×10^{-5}	2.8×10^{-5}		6.5×10^{-9}	
2,4-二甲苯酚	105-67-9	1.3×10^{3}	1.6×10^{4}			360		0.42	

续表

化学品名称	CAS 编号	土壤筛选值						基于保护地下水的土壤筛选值	
		居住用地 /(mg/kg)	工业用地 /(mg/kg)	居住空气 /(μg/m³)	工业用地空气 /(μg/m³)	饮用水 /(μg/L)	MCL /(μg/L)	基于保护饮用水的土壤筛选值 /(mg/kg)	基于 MCL 的土壤筛选值 /(mg/kg)
2,6-二甲苯酚	576-26-1	38	490			11		0.013	
3,4-二甲苯酚	95-65-8	63	820			18		0.021	
1-氯-2-甲基-1-丙烯	513-37-1	1.1	4.8	0.22	0.94	0.33		1.1×10^{-4}	
4,6-二硝基邻甲苯酚	534-52-1	5.1	66			1.5		2.6×10^{-3}	
消螨酚	131-89-5	130	1.6×10^{3}			23		0.77	
1,2-二硝基苯	528-29-0	6.3	82			1.9		1.8×10^{-3}	
1,3-二硝基苯	99-65-0	6.3	82			2.0		1.8×10^{-3}	
1,4-二硝基苯	100-25-4	6.3	82			2.0		1.8×10^{-3}	
2,4-二硝基苯酚	51-28-5	130	1.6×10^{3}			39		0.044	
2,4/2,6-二硝基甲苯	E1615210	0.8	3.4			0.11		1.5×10^{-4}	
2,4-二硝基甲苯	121-14-2	1.7	7.4	0.032	0.14	0.24		3.2×10^{-4}	
2,6-二硝基甲苯	606-20-2	0.36	1.5			0.049		6.7×10^{-5}	
2-氨基-4,6-二硝基甲苯	35572-78-2	150	2.3×10^{3}			39		0.03	

续表

化学品名称	CAS 编号	土壤筛选值					MCL /(μg/L)	基于保护地下水的土壤筛选值	
		居住用地 /(mg/kg)	工业用地 /(mg/kg)	居住空气 /(μg/m³)	工业用地空气 /(μg/m³)	饮用水 /(μg/L)		基于保护饮用水的土壤筛选值 /(mg/kg)	基于 MCL 的土壤筛选值 /(mg/kg)
4-氨基-2,6-二硝基甲苯	19406-51-0	150	2.3×10^3			39		0.03	
工业级二硝基甲苯	25321-14-6	1.2	5.1			0.1		1.4×10^{-4}	
地乐酚	88-85-7	63	820			15	7.0	0.13	0.062
1,4-二噁烷	123-91-1	5.3	24	0.56	2.5	0.46		9.4×10^{-5}	
混合六氯二苯并对二噁英	34465-46-8	1.0×10^{-4}	4.7×10^{-4}	2.2×10^{-6}	9.4×10^{-6}	1.3×10^{-5}		1.7×10^{-5}	
2,3,7,8-四氯二苯并对二噁英	1746-01-6	4.8×10^{-6}	2.2×10^{-5}	7.4×10^{-8}	3.2×10^{-7}	1.2×10^{-7}	3.0×10^{-5}	5.9×10^{-8}	1.5×10^{-5}
草乃敌	957-51-7	1.9×10^3	2.5×10^4			530		5.2	
二苯醚	101-84-8	34	140	0.42	1.8	0.83		3.4×10^{-3}	
二苯砜	127-63-9	51	660			15		0.036	
二苯胺	122-39-4	6.3×10^3	8.2×10^4			1.3×10^3		2.3	
1,2-二苯肼	122-66-7	0.68	2.9	0.013	0.056	0.078		2.5×10^{-4}	
敌草快	85-00-7	140	1.8×10^3			44	20	0.83	0.37
直接黑 38	1937-37-7	0.076	0.32	2.0×10^{-5}	8.8×10^{-5}	0.011		5.3	

续表

化学品名称	CAS 编号	土壤筛选值						基于保护地下水的土壤筛选值	
		居住用地 /(mg/kg)	工业用地 /(mg/kg)	居住空气 /(μg/m³)	工业用地空气 /(μg/m³)	饮用水 /(μg/L)	MCL /(μg/L)	基于保护饮用水的土壤筛选值 /(mg/kg)	基于 MCL 的土壤筛选值 /(mg/kg)
直接蓝 6	2602-46-2	0.073	0.31	2.0×10^{-5}	8.8×10^{-5}	0.011		17	
直接棕 95	16071-86-6	0.081	0.34	2.0×10^{-5}	8.8×10^{-5}	0.012		0.16	
乙拌磷	298-04-4	2.5	33			0.5		9.4×10^{-4}	
1,4-二噁烷	505-29-3	780	1.2×10^{4}			200		0.097	
敌草隆	330-54-1	130	1.6×10^{3}			36		0.015	
多果定	2439-10-3	1.3×10^{3}	1.6×10^{4}			400		2.1	
菌达灭	759-94-4	3.9×10^{3}	5.8×10^{4}			750		0.4	
硫丹	115-29-7	470	7.0×10^{3}			100		1.4	
硫丹硫酸盐	1031-07-8	380	4.9×10^{3}			110		2.1	
茵多索	145-73-3	1.3×10^{3}	1.6×10^{4}			380	100	0.091	0.024
异狄氏剂	72-20-8	19	250			2.3	2.0	0.092	0.081
环氧氯丙烷	106-89-8	19	82	1.0	4.4	2.0		4.5×10^{-4}	
1,2-环氧丁烷	106-88-7	160	670	21	88	42		9.2×10^{-3}	
2-(2-甲氧基乙氧基)乙醇	111-77-3	2.5×10^{3}	3.3×10^{4}			800		0.16	
乙烯利	16672-87-0	320	4.1×10^{3}			100		0.021	
乙硫磷	563-12-2	32	410			4.3		8.5×10^{-3}	

续表

化学品名称	CAS 编号	土壤筛选值				饮用水/(μg/L)	MCL/(μg/L)	基于保护地下水的土壤筛选值	
		居住用地/(mg/kg)	工业用地/(mg/kg)	居住空气/(μg/m³)	工业用地空气/(μg/m³)			基于保护饮用水的土壤筛选值/(mg/kg)	基于MCL的土壤筛选值/(mg/kg)
醋酸 2-乙氧基乙醇酯	111-15-9	2.6×10^3	1.4×10^4	63	260	120		0.025	
2-乙氧基乙醇	110-80-5	5.2×10^3	4.7×10^4	210	880	340		0.068	
乙酸乙酯	141-78-6	620	2.6×10^3	73	310	140		0.031	
丙烯酸乙酯	140-88-5	47	210	8.3	35	14		3.2×10^{-3}	
氯乙烷	75-00-3	1.4×10^4	5.7×10^4	1.0×10^4	4.4×10^4	2.1×10^4		5.9	
乙醚	60-29-7	1.6×10^4	2.3×10^5			3.9×10^3		0.88	
甲基丙烯酸乙酯	97-63-2	1.8×10^3	7.6×10^3	310	1.3×10^3	630		0.15	
苯硫磷	2104-64-5	0.63	8.2			0.089		2.8×10^{-3}	
乙苯	100-41-4	5.8	25	1.1	4.9	1.5	700	1.7×10^{-3}	0.78
2-氯乙醇	109-78-4	4.4×10^3	5.7×10^4			1.4×10^3		0.28	
乙二胺	107-15-3	7.0×10^3	1.1×10^5			1.8×10^3		0.41	
乙二醇	107-21-1	1.3×10^5	1.6×10^6	420	1.8×10^3	4.0×10^4		8.1	
乙二醇单丁醚	111-76-2	6.3×10^3	8.2×10^4	1.7×10^3	7.0×10^3	2.0×10^3		0.41	
环氧乙烷	75-21-8	2.0×10^{-3}	0.025	3.4×10^{-4}	4.1×10^{-3}	6.7×10^{-4}		1.4×10^{-7}	
亚乙基硫脲	96-45-7	5.1	51	0.22	0.94	1.6		3.6×10^{-4}	
亚乙基硫脲	151-56-4	2.7×10^{-3}	0.012	1.5×10^{-4}	6.5×10^{-4}	2.4×10^{-4}		5.2×10^{-8}	

续表

| 化学品名称 | CAS 编号 | 土壤筛选值 | | | | | | 基于保护饮用水的土壤筛选值 /(mg/kg) | 基于保护地下水的土壤筛选值 |
		居住用地 /(mg/kg)	工业用地 /(mg/kg)	居住空气 /(µg/m³)	工业用地空气 /(µg/m³)	饮用水 /(µg/L)	MCL /((µg/L))		基于 MCL 的土壤筛选值 /(mg/kg)
邻苯二甲酸单乙二醇酯	84-72-0	1.9×10^5	2.5×10^6			5.8×10^4		130	
苯硫磷	22224-92-6	16	210			4.4		4.3×10^{-3}	
甲氰菊酯	39515-41-8	1.6×10^3	2.1×10^4			64		2.9	
氰戊菊酯	51630-58-1	1.6×10^3	2.1×10^4			500		320	
伏草隆	2164-17-2	820	1.1×10^4			240		0.19	
氟化物	16984-48-8	3.1×10^3	4.7×10^4	14	57	800	4.0×10^3	120	600
氟（可溶性氟）	7782-41-4	4.7×10^3	7.0×10^4	14	57	1.2×10^3	4.0×10^3	180	600
氟啶酮	59756-60-4	5.1×10^3	6.6×10^4			1.4×10^3		160	
呋嘧醇	56425-91-3	2.5×10^3	3.3×10^4			690		3.1	
氟硅唑	85509-19-9	130	1.6×10^3			31		5.1	
氟酰胺	66332-96-5	3.2×10^4	4.1×10^5			7.9×10^3		42	
氟胺氰菊酯	69409-94-5	630	8.2×10^3			200		290	
灭菌丹	133-07-3	5.7×10^3	7.4×10^4			1.6×10^3		0.39	
氟磺胺草醚	72178-02-0	160	2.1×10^3			48		0.16	
地虫磷	944-22-9	130	1.6×10^3			24		0.047	
甲醛	50-00-0	11	50	0.22	0.94	0.39		7.8×10^{-5}	
甲酸	64-18-6	29	120	0.31	1.3	0.63		1.3×10^{-4}	
乙膦铝	39148-24-8	1.6×10^5	2.1×10^6			5.0×10^4		660	

续表

化学品名称	CAS 编号	土壤筛选值						基于保护地下水的土壤筛选值	
		居住用地 /(mg/kg)	工业用地 /(mg/kg)	居住空气 /(μg/m³)	工业用地空气 /(μg/m³)	饮用水 /(μg/L)	MCL /(μg/L)	基于保护地下饮用水的土壤筛选值 /(mg/kg)	基于 MCL 的土壤筛选值 /(mg/kg)
呋喃									
二苯并呋喃	132-64-9	73	1.0×10^3			7.9		0.15	
呋喃	110-00-9	73	1.0×10^3			19		7.3×10^{-3}	
四氢呋喃	109-99-9	1.8×10^4	9.4×10^4	2.1×10^3	8.8×10^3	3.4×10^3		0.75	
呋喃唑酮	67-45-8	0.14	0.6			0.02		3.9×10^{-5}	
呋喃甲醛	98-01-1	210	2.6×10^3	52	220	38		8.1×10^{-3}	
2-乙酰氨基-4-(5-硝基-2-呋喃基)噻唑	531-82-8	0.36	1.5	6.5×10^{-3}	0.029	0.051		6.8×10^{-5}	
拌种胺	60568-05-0	18	77	0.33	1.4	1.1		1.2×10^{-3}	
草铵膦	77182-82-2	380	4.9×10^3	0.083	0.35	120		0.026	
戊二醛	111-30-8	6.0×10^3	7.0×10^4			2.0×10^3		0.4	
缩水甘油醛	765-34-4	23	210	1.0	4.4	1.7		3.3×10^{-4}	
草甘膦	1071-83-6	6.3×10^3	8.2×10^4			2.0×10^3	700	8.8	3.1
肼	113-00-8	780	1.2×10^4			200		0.045	

续表

化学品名称	CAS编号	土壤筛选值					MCL /(μg/L)	基于保护地下水的土壤筛选值	
		居住用地 /(mg/kg)	工业用地 /(mg/kg)	居住空气 /(μg/m³)	工业用地空气 /(μg/m³)	饮用水 /(μg/L)		基于保护饮用水的土壤筛选值 /(mg/kg)	基于MCL的土壤筛选值 /(mg/kg)
氯脒	50-01-1	1.3×10^3	1.6×10^4			400			
硝酸胍	506-93-4	1.9×10^3	2.5×10^4			600		0.15	
氟吡甲禾灵	69806-40-2	3.2	41			0.76		8.4×10^{-3}	
七氯	76-44-8	0.13	0.63	2.2×10^{-3}	9.4×10^{-3}	1.4×10^{-3}	0.4	1.2×10^{-4}	0.033
环氧七氯	1024-57-3	0.07	0.33	1.1×10^{-3}	4.7×10^{-3}	1.4×10^{-3}	0.2	2.8×10^{-5}	4.1×10^{-3}
正庚醛	111-71-7	24	100	3.1	13	6.3		1.4×10^{-3}	
正庚烷	142-82-5	22	290	420	1.8×10^3	6.0		0.048	
六溴苯	87-82-1	160	2.3×10^3			40		0.23	
2,2',4,4',5,5'-六溴二苯醚	68631-49-2	13	160			4.0			
六氯苯	118-74-1	0.21	0.96	6.1×10^{-3}	0.027	9.8×10^{-3}	1.0	1.2×10^{-4}	0.013
六氯丁二烯	87-68-3	1.2	5.3	0.13	0.56	0.14		2.7×10^{-4}	
α-六氯环己烷	319-84-6	0.086	0.36	1.6×10^{-3}	6.8×10^{-3}	7.2×10^{-3}		4.2×10^{-5}	
β-六氯环己烷	319-85-7	0.3	1.3	5.3×10^{-3}	0.023	0.025		1.5×10^{-4}	
γ-(1,2,4,5/3,6)-六氯环己烷	58-89-9	0.57	2.5	9.1×10^{-3}	0.04	0.042	0.2	2.4×10^{-4}	1.2×10^{-3}
工业六氯环己烷	608-73-1	0.3	1.3	5.5×10^{-3}	0.024	0.025		1.5×10^{-4}	
六氯环戊二烯	77-47-4	1.8	7.5	0.21	0.88	0.41	50	1.3×10^{-3}	0.16

续表

化学品名称	CAS 编号	土壤筛选值					MCL /(μg/L)	基于保护地下水的土壤筛选值	
		居住用地 /(mg/kg)	工业用地 /(mg/kg)	居住空气 /(μg/m³)	工业用地空气 /(μg/m³)	饮用水 /(μg/L)		基于保护饮用水的土壤筛选值 /(mg/kg)	基于 MCL 的土壤筛选值 /(mg/kg)
六氯乙烷	67-72-1	1.8	8.0	0.26	1.1	0.33		2.0×10^{-4}	
六氯酚	70-30-4	19	250			6.0		8.0	
六氢-1,3,5-三硝基-1,3,5-三嗪	121-82-4	8.3	38			0.97		3.7×10^{-4}	
1,6-己二异氰酸酯	822-06-0	3.1	13	0.01	0.044	0.021		2.1×10^{-4}	
六甲基磷酰三胺	680-31-9	25	330			8.0		1.8×10^{-3}	
正己烷	110-54-3	610	2.5×10^{3}	730	3.1×10^{3}	1.5×10^{3}		10	
己二酸	124-04-9	1.3×10^{5}	1.6×10^{6}			4.0×10^{4}		9.9	
2-乙基己醇	104-76-7	23	97	0.42	1.8	0.83		3.4×10^{-4}	
2-己酮	591-78-6	200	1.3×10^{3}	31	130	38		8.8×10^{-3}	
环嗪酮	51235-04-2	2.1×10^{3}	2.7×10^{4}			640		0.3	
噻螨酮	78587-05-0	1.6×10^{3}	2.1×10^{4}			110		0.5	
氟收腙	67485-29-4	1.1×10^{3}	1.4×10^{4}			340		1.2×10^{5}	
无水肼	302-01-2	0.032	0.14	5.7×10^{-4}	2.5×10^{-3}	1.1×10^{-3}		2.2×10^{-7}	
硫酸肼	10034-93-2	0.23	1.1	5.7×10^{-4}	2.5×10^{-3}	0.026			
氯化氢	7647-01-0	2.8×10^{7}	1.2×10^{8}	21	88	42			
氟化氢	7664-39-3	3.1×10^{3}	4.7×10^{4}	15	61	28			

续表

化学品名称	CAS 编号	土壤筛选值						基于保护地下水的土壤筛选值	
		居住用地 /(mg/kg)	工业用地 /(mg/kg)	居住空气 /(μg/m³)	工业用地空气 /(μg/m³)	饮用水 /(μg/L)	MCL /(μg/L)	基于保护饮用水的土壤筛选值 /(mg/kg)	基于 MCL 的土壤筛选值 /(mg/kg)
硫化氢	7783-06-4	2.8×10^6	1.2×10^7	2.1	8.8	4.2			
对苯二酚	123-31-9	9.0	38			1.3		8.7×10^{-4}	
抑霉唑	35554-44-0	8.9	38			0.9		0.015	
灭草喹	81335-37-7	1.6×10^4	2.1×10^5			4.9×10^3		24	
咪草烟	81335-77-5	1.6×10^5	2.1×10^6			4.7×10^4		41	
碘	7553-56-2	780	1.2×10^4			200		12	
异菌脲	36734-19-7	2.5×10^3	3.3×10^4			740		0.22	
铁	7439-89-6	5.5×10^4	8.2×10^5			1.4×10^4		350	
异丁醇	78-83-1	2.3×10^4	3.5×10^5			5.9×10^3		1.2	
异佛尔酮	78-59-1	570	2.4×10^3	2.1×10^3	8.8×10^3	78		0.026	
异乐灵	33820-53-0	1.2×10^3	1.8×10^4			41		0.92	
异丙醇	67-63-0	5.6×10^3	2.4×10^4	210	880	410		0.084	
异丙基甲基膦酸酯	1832-54-8	6.3×10^3	8.2×10^4			2.0×10^3		0.43	
异恶草胺	82558-50-7	3.2×10^3	4.1×10^4			730		2.0	
7号航空煤油	E1737665	4.3×10^8	1.8×10^9	310	1.3×10^3	630			
乳氟禾草灵	77501-63-4	510	6.6×10^3			100		4.6	
乳腈	78-97-7	13	160			4.0		8.1×10^{-4}	

续表

化学品名称	CAS 编号	土壤筛选值						基于保护地下水的土壤筛选值	
		居住用地 /(mg/kg)	工业用地 /(mg/kg)	居住空气 /(μg/m³)	工业用地空气 /(μg/m³)	饮用水 /(μg/L)	MCL /(μg/L)	基于保护饮用水的土壤筛选值 /(mg/kg)	基于 MCL 的土壤筛选值 /(mg/kg)
镧	7439-91-0	3.9	58			1.0			
水合醋酸镧	100587-90-4	1.3	17			0.42			
七水氯化镧	10025-84-0	1.5	22			0.37			
无水氯化镧	10099-58-8	2.2	33			0.57			
六水硝酸镧	10277-43-7	1.3	19			0.32			
铅化合物									
磷酸铅	7446-27-7	82	380	0.23	1.0	9.1			
醋酸铅	301-04-2	64	270	0.23	1.0	9.2		1.8×10^{-3}	
铝及其化合物	7439-92-1	400	800	0.15		15	15		14
碱式乙酸铅	1335-32-6	64	270	0.23	1.0	9.2		2.0×10^{-3}	
四乙基铅	78-00-2	7.8×10^{-3}	0.12			1.3×10^{-3}		4.7×10^{-6}	
路易氏剂	541-25-3	0.39	5.8			0.09		3.8×10^{-5}	
利谷隆	330-55-2	490	6.3×10^{3}			130		0.11	
锂	7439-93-2	160	2.3×10^{3}			40		12	
二甲四氯	94-74-6	32	410			7.5		2.0×10^{-3}	
二甲四氯丁酸	94-81-5	280	3.6×10^{3}			65		0.026	
二甲四氯丙酸	93-65-2	63	820			16		4.7×10^{-3}	
马拉松	121-75-5	1.3×10^{3}	1.6×10^{4}			390		0.1	

续表

化学品名称	CAS 编号	土壤筛选值						基于保护地下水的土壤筛选值	
		居住用地 /(mg/kg)	工业用地 /(mg/kg)	居住空气 /(μg/m³)	工业用地空气 /(μg/m³)	饮用水 /(μg/L)	MCL /(μg/L)	基于保护饮用水的土壤筛选值 /(mg/kg)	基于 MCL 的土壤筛选值 /(mg/kg)
马来酸酐	108-31-6	6.3×10^3	8.0×10^4	0.73	3.1	1.9×10^3		0.38	
马来酰肼	123-33-1	3.2×10^4	4.1×10^5			1.0×10^4		2.1	
丙二腈	109-77-3	6.3	82			2.0		4.1×10^{-4}	
代森锰锌	8018-01-7	1.9×10^3	2.5×10^4			540		0.76	
代森锰	12427-38-2	320	4.1×10^3			98		0.14	
锰（饮食）	7439-96-5								
锰（非饮食）	7439-96-5	1.8×10^3	2.6×10^4	0.052	0.22	430		28	
二噻磷	950-10-7	5.7	74			1.8		2.6×10^{-3}	
助壮素	24307-26-4	1.9×10^3	2.5×10^4			600		0.2	
2-巯基苯并噻唑	149-30-4	49	210			6.3		0.018	
汞及其他化合物									
氯化汞（和其他汞盐）	7487-94-7	23	350	0.31	1.3	5.7	2.0		
汞（元素）	7439-97-6	11	46	0.31	1.3	0.63	2.0	0.033	0.1
甲基汞	22967-92-6	7.8	120			2.0		14	
乙酸苯汞	62-38-4	5.1	66			1.6		5.0×10^{-4}	
脱叶亚磷	150-50-5	2.3	35			0.6		0.059	

续表

化学品名称	CAS 编号	土壤筛选值						基于保护地下水的土壤筛选值	
		居住用地 /(mg/kg)	工业用地 /(mg/kg)	居住空气 /(μg/m³)	工业用地空气 /(μg/m³)	饮用水 /(μg/L)	MCL /(μg/L)	基于保护地下饮用水 的土壤筛选值 /(mg/kg)	基于 MCL 的土壤 筛选值 /(mg/kg)
脱叶亚磷氧化物	78-48-8	6.3	82			0.28		1.4×10^{-3}	
甲霜灵	57837-19-1	3.8×10^{3}	4.9×10^{4}			1.2×10^{3}		0.33	
异丁烯腈	126-98-7	7.5	100	31	130	1.9		4.3×10^{-4}	
甲胺磷	10265-92-6	3.2	41			1.0		2.1×10^{-4}	
甲醇	67-56-1	1.2×10^{5}	1.2×10^{6}	2.1×10^{4}	8.8×10^{4}	2.0×10^{4}		4.1	
杀扑磷	950-37-8	95	1.2×10^{3}			29		7.1×10^{-3}	
灭多虫	16752-77-5	1.6×10^{3}	2.1×10^{4}			500		0.11	
2-甲基-5-硝基 苯胺	99-59-2	11	47	0.2	0.88	1.5		5.3×10^{-4}	
甲氧氯	72-43-5	320	4.1×10^{3}			37	40	2.0	2.2
2-甲氧基乙酸 乙酯	110-49-6	110	510	1.0	4.4	2.1		4.2×10^{-4}	
2-甲氧基乙醇	109-86-4	330	3.5×10^{3}	21	88	29		5.9×10^{-3}	
乙酸甲酯	79-20-9	7.8×10^{4}	1.2×10^{6}		88	2.0×10^{4}		4.1	
丙烯酸甲酯	96-33-3	150	610	21	88	42		8.9×10^{-3}	
2-丁酮	78-93-3	2.7×10^{4}	1.9×10^{5}	5.2×10^{3}	2.2×10^{4}	5.6×10^{3}		1.2	
甲基肼	60-34-4	0.14	0.62	2.8×10^{-3}	0.012	5.6×10^{-3}		1.3×10^{-6}	
4-甲基-2-戊酮	108-10-1	3.3×10^{4}	1.4×10^{5}	3.1×10^{3}	1.3×10^{4}	6.3×10^{3}		1.4	

续表

化学品名称	CAS 编号	土壤筛选值					MCL /(μg/L)	基于保护地下水的土壤筛选值	
		居住用地 /(mg/kg)	工业用地 /(mg/kg)	居住空气 /(μg/m³)	工业用地空气 /(μg/m³)	饮用水 /(μg/L)		基于保护饮用水的土壤筛选值 /(mg/kg)	基于 MCL 的土壤筛选值 /(mg/kg)
异氰酸甲酯	624-83-9	4.6	19	1.0	4.4	2.1		5.9×10^{-4}	
甲基丙烯酸甲酯	80-62-6	4.4×10^{3}	1.9×10^{4}	730	3.1×10^{3}	1.4×10^{3}		0.3	
甲基对硫磷	298-00-0	16	210			4.5		7.4×10^{-3}	
甲基膦酸	993-13-5	3.8×10^{3}	4.9×10^{4}			1.2×10^{3}		0.24	
甲基苯乙烯（混合异构体）	25013-15-4	320	2.6×10^{3}	42	180	23		0.038	
甲磺酸甲酯	66-27-3	5.5	23	0.1	0.44	0.79		1.6×10^{-4}	
甲基叔丁基醚（MTBE）	1634-04-4	47	210	11	47	14		3.2×10^{-3}	
2,5-二氨基甲苯二盐酸盐	615-45-2	19	250			6.0		3.6×10^{-3}	
4-甲基-2-戊醇	108-11-2	5.4×10^{4}	2.3×10^{5}	3.1×10^{3}	1.3×10^{4}	6.3×10^{3}		1.4	
2-甲基-5-硝基苯胺	99-55-8	60	260			8.2		4.6×10^{-3}	
N-甲基-N'-硝基-N-亚硝基胍	70-25-7	0.065	0.28	1.2×10^{-3}	5.1×10^{-3}	9.4×10^{-3}		3.2×10^{-6}	
2-甲基苯胺盐酸盐	636-21-5	4.2	18	0.076	0.33	0.6		2.6×10^{-4}	

续表

化学品名称	CAS编号	土壤筛选值						基于保护地下水的土壤筛选值	
		居住用地 /(mg/kg)	工业用地 /(mg/kg)	居住空气 /(μg/m³)	工业用地空气 /(μg/m³)	饮用水 /(μg/L)	MCL /(μg/L)	基于保护饮用水的土壤筛选值 /(mg/kg)	基于 MCL 的土壤筛选值 /(mg/kg)
甲胂酸	124-58-3	630	8.2×10^3			200		0.058	
2-甲苯-1,4-二胺一盐酸盐	74612-12-7	13	160			4.0			
2-甲苯-1,4-二胺硫酸盐	615-50-9	5.4	23			0.78			
3-甲基胆蒽	56-49-5	5.5×10^{-3}	0.1	1.6×10^{-4}	1.9×10^{-3}	1.1×10^{-3}		2.2×10^{-3}	
二氯甲烷	75-09-2	57	1.0×10^3	100	1.2×10^3	11	5.0	2.9×10^{-3}	1.3×10^{-3}
4,4'-亚甲基双（2-氯苯胺）	101-14-4	1.2	23	2.4×10^{-3}	0.029	0.16		1.8×10^{-3}	
4,4'-亚甲基双（N, N-二甲基）苯胺	101-61-1	12	50	0.22	0.94	0.7		3.9×10^{-3}	
4,4'-亚甲基双苯胺	101-77-9	0.34	1.4	6.1×10^{-3}	0.027	0.047		2.1×10^{-4}	
二苯基亚甲基二异氰酸酯	101-68-8	8.5×10^5	3.6×10^6	0.63	2.6				
α-甲基苯乙烯	98-83-9	5.5×10^3	8.2×10^4			780		1.2	
异丙甲草胺	51218-45-2	9.5×10^3	1.2×10^5			2.7×10^3		3.2	
赛克津	21087-64-9	1.6×10^3	2.1×10^4			490		0.15	

续表

化学品名称	CAS 编号	土壤筛选值						基于保护地下水的土壤筛选值	
		居住用地 /(mg/kg)	工业用地 /(mg/kg)	居住空气 /(μg/m³)	工业用地空气 /(μg/m³)	饮用水 /(μg/L)	MCL /(μg/L)	基于保护饮用水的土壤筛选值 /(mg/kg)	基于 MCL 的土壤筛选值 /(mg/kg)
甲磺隆	74223-64-6	1.6×10^4	2.1×10^5			4.9×10^3		1.9	
矿物油	8012-95-1	2.3×10^5	3.5×10^6			6.0×10^4		2.4×10^3	
灭蚁灵	2385-85-5	0.036	0.17	5.5×10^{-4}	2.4×10^{-3}	8.8×10^{-4}		6.3×10^{-4}	
草达灭	2212-67-1	130	1.6×10^3			30		0.017	
钼	7439-98-7	390	5.8×10^3			100		2.0	
氯胺	10599-90-3	7.8×10^3	1.2×10^5			2.0×10^3	4.0×10^3(G)		
甲基苯胺	100-61-8	130	1.6×10^3			38		0.014	
腈菌唑	88671-89-0	1.6×10^3	2.1×10^4			450		5.6	
N,N'-二苯基-1,4-苯二胺	74-31-7	19	250			3.6		0.37	
二溴磷	300-76-5	160	2.3×10^3			40		0.018	
高闪点芳烃石脑油（HFAN）	64742-95-6	2.3×10^3	3.5×10^4	100	440	150			
2-萘胺	91-59-8	0.3	1.3			0.039		2.0×10^{-4}	
敌草胺	15299-99-7	7.6×10^3	9.8×10^4			2.0×10^3		13	
醋酸镍	373-02-4	670	8.1×10^3	0.011	0.047	220		0.045	
碳酸镍	3333-67-3	670	8.1×10^3	0.011	0.047	220			
羟基镍	13463-39-3	820	1.1×10^4	0.011	0.047	0.022			

续表

| 化学品名称 | CAS 编号 | 土壤筛选值 | | | | | MCL /(μg/L) | 基于保护饮用水的土壤筛选值 /(mg/kg) | 基于保护地下水的土壤筛选值 | |
		居住用地 /(mg/kg)	工业用地 /(mg/kg)	居住空气 /(μg/m³)	工业用地空气 /(μg/m³)	饮用水 /(μg/L)			基于 MCL 的土壤筛选值 /(mg/kg)	
氢氧化镍	12054-48-7	820	1.1×10^4	0.011	0.047	200				
氧化镍	1313-99-1	840	1.2×10^4	0.011	0.047	200				
精炼镍粉尘	E715532	820	1.1×10^4	0.012	0.051	220		32		
可溶性镍盐	7440-02-0	1.5×10^3	2.2×10^4	0.011	0.047	390		26		
碱式硫化镍	12035-72-2	0.41	1.9	5.8×10^{-3}	0.026	0.045				
二茂镍	1271-28-9	670	8.1×10^3	0.011	0.047	220				
硝酸盐（以氮计）	14797-55-8	1.3×10^5	1.9×10^6			3.2×10^4	1.0×10^4			
硝酸盐 + 亚硝酸盐（以氮计）	E701177						1.0×10^4			
亚硝酸盐（以氮计）	14797-65-0	7.8×10^3	1.2×10^5			2.0×10^3	1.0×10^3			
2-硝基苯胺	88-74-4	630	8.0×10^3	0.052	0.22	190		0.08		
4-硝基苯胺	100-01-6	27	110	6.3	26	3.8		1.6×10^{-3}		
硝基苯	98-95-3	5.1	22	0.07	0.31	0.14		9.2×10^{-5}		
硝化纤维素	9004-70-0	1.9×10^8	2.5×10^9			6.0×10^7		1.3×10^4		
呋喃妥因	67-20-9	4.4×10^3	5.7×10^4			1.4×10^3		0.61		
硝呋醛	59-87-0	0.42	1.8	7.6×10^{-3}	0.033	0.06		5.4×10^{-5}		

续表

化学品名称	CAS 编号	土壤筛选值							基于保护地下水的土壤筛选值
		居住用地 /(mg/kg)	工业用地 /(mg/kg)	居住空气 /(μg/m³)	工业用地空气 /(μg/m³)	饮用水 /(μg/L)	MCL /(μg/L)	基于保护饮用水的土壤筛选值 /(mg/kg)	基于 MCL 的土壤筛选值 /(mg/kg)
硝酸甘油	55-63-0	6.3	82			2.0		8.5×10^{-4}	
硝基脲	556-88-7	6.3×10^{3}	8.2×10^{4}			2.0×10^{3}		0.48	
硝基甲烷	75-52-5	5.4	24	0.32	1.4	0.64		1.4×10^{-4}	
2-硝基丙烷	79-46-9	0.064	0.28	4.8×10^{-3}	0.021	9.7×10^{-3}		2.5×10^{-6}	
N-亚硝基-N-乙基脲	759-73-9	4.5×10^{-3}	0.085	1.3×10^{-4}	1.6×10^{-3}	9.2×10^{-4}		2.2×10^{-7}	
N-亚硝基-N-甲基脲	684-93-5	1.0×10^{-3}	0.019	3.0×10^{-5}	3.6×10^{-4}	2.1×10^{-4}		4.6×10^{-8}	
N-亚硝基二正丁胺	924-16-3	0.099	0.46	1.8×10^{-3}	7.7×10^{-3}	2.7×10^{-3}		5.5×10^{-6}	
N-亚硝基二正丙胺	621-64-7	0.078	0.33	1.4×10^{-3}	6.1×10^{-3}	0.011		8.1×10^{-6}	
N-亚硝基二乙醇胺	1116-54-7	0.19	0.82	3.5×10^{-3}	0.015	0.028		5.6×10^{-6}	
N-亚硝基二乙胺	55-18-5	8.1×10^{-4}	0.015	2.4×10^{-5}	2.9×10^{-4}	1.7×10^{-4}		6.1×10^{-8}	
N-亚硝基二甲胺	62-75-9	2.0×10^{-3}	0.034	7.2×10^{-5}	8.8×10^{-4}	1.1×10^{-4}		2.7×10^{-8}	

续表

化学品名称	CAS 编号	土壤筛选值						基于保护地下水的土壤筛选值	
		居住用地 /(mg/kg)	工业用地 /(mg/kg)	居住空气 /(μg/m³)	工业用地空气 /(μg/m³)	饮用水 /(μg/L)	MCL /(μg/L)	基于保护饮用水的土壤筛选值 /(mg/kg)	基于 MCL 的土壤筛选值 /(mg/kg)
N-亚硝基二苯胺	86-30-6	110	470	1.1	4.7	12		0.067	
N-亚硝基甲乙胺	10595-95-6	0.02	0.091	4.5×10^{-4}	1.9×10^{-3}	7.1×10^{-4}		2.0×10^{-7}	
N-亚硝基吗啉	59-89-2	0.081	0.34	1.5×10^{-3}	6.5×10^{-3}	0.012		2.8×10^{-6}	
N-亚硝基哌啶	100-75-4	0.058	0.24	1.0×10^{-3}	4.5×10^{-3}	8.2×10^{-3}		4.4×10^{-6}	
N-亚硝基吡咯烷	930-55-2	0.26	1.1	4.6×10^{-3}	0.02	0.037		1.4×10^{-5}	
间硝基甲苯	99-08-1	6.3	82			1.7		1.6×10^{-3}	
邻硝基甲苯	88-72-2	3.2	15			0.31		3.0×10^{-4}	
对硝基甲苯	99-99-0	34	140			4.3		4.0×10^{-3}	
正壬烷	111-84-2	11	72	21	88	5.3		0.075	
达草灭	27314-13-2	950	1.2×10^4			290		1.9	
八溴联苯醚	32536-52-0	190	2.5×10^3			60		12	
环四亚甲基四硝胺	2691-41-0	3.9×10^3	5.7×10^4			1.0×10^3		1.3	
八甲基焦磷酰胺	152-16-9	130	1.6×10^3			40		9.6×10^{-3}	
安硫灵	19044-88-3	70	290			7.9		0.015	
噁草酮	19666-30-9	320	4.1×10^3			47		0.48	

续表

化学品名称	CAS 编号	土壤筛选值					MCL /(μg/L)	基于保护饮用水的土壤筛选值 /(mg/kg)	基于保护地下水的土壤筛选值	
		居用用地 /(mg/kg)	工业用地 /(mg/kg)	居住空气 /(μg/m³)	工业用地空气 /(μg/m³)	饮用水 /(μg/L)			基于保护饮用水的土壤筛选值 /(mg/kg)	基于 MCL 的土壤筛选值 /(mg/kg)
杀线威	23135-22-0	1.6×10^3	2.1×10^4			500	200	0.11		0.044
乙氧氟草醚	42874-03-3	7.4	31			0.54		0.043		
多效唑	76738-62-0	820	1.1×10^4			230		0.46		
二氯百草枯	1910-42-5	280	3.7×10^3			90		1.2		
对硫磷	56-38-2	380	4.9×10^3			86		0.43		
克草猛	1114-71-2	3.9×10^3	5.8×10^4			560		0.45		
二甲戊乐灵	40487-42-1	1.9×10^4	2.5×10^5			1.4×10^3		16		
五溴二苯醚	32534-81-9	160	2.3×10^3			40		1.7		
2,2′,4,4′,5-五溴二苯醚 (BDE-99)	60348-60-9	6.3	82			2.0		0.087		
五氯苯	608-93-5	63	930			3.2		0.024		
五氯乙烷	76-01-7	7.7	36			0.65		3.1×10^{-4}		
五氯硝基苯	82-68-8	2.7	13			0.12		1.5×10^{-3}		
五氯酚	87-86-5	1.0	4.0	0.55	2.4	0.041	1.0	5.7×10^{-5}		1.4×10^{-3}
季戊四醇四硝酸酯 (PETN)	78-11-5	130	570			19		0.028		
正戊烷	109-66-0	810	3.4×10^3	1.0×10^3	4.4×10^3	2.1×10^3		10		

续表

化学品名称	CAS 编号	土壤筛选值						基于保护地下水的土壤筛选值	
		居住用地 /(mg/kg)	工业用地 /(mg/kg)	居住空气 /(μg/m³)	工业用地空气 /(μg/m³)	饮用水 /(μg/L)	MCL /(μg/L)	基于保护饮用水的土壤筛选值 /(mg/kg)	基于 MCL 的土壤筛选值 /(mg/kg)
高氯酸盐									
高氯酸铵	7790-98-9	55	820			14			
高氯酸锂	7791-03-9	55	820			14			
高氯酸盐	14797-73-0	55	820			14	15(G)		
高氯酸钾	7778-74-7	55	820			14			
高氯酸钠	7601-89-0	55	820			14			
全氟丁烷磺酸（PFBS）	375-73-5	1.3×10^3	1.6×10^4			400		0.13	
全氟丁磺酸	45187-15-3	1.3×10^3	1.6×10^4			400		0.13	
氯菊酯	52645-53-1	3.2×10^3	4.1×10^4			1.0×10^3		240	
非那西丁	62-44-2	250	1.0×10^3	4.5	19	34		9.7×10^{-3}	
甜菜宁	13684-63-4	1.5×10^4	2.0×10^5			3.8×10^3		21	
苯酚	108-95-2	1.9×10^4	2.5×10^5	210	880	5.8×10^3		3.3	
残杀威	114-26-1	250	3.3×10^3			78		0.025	
硫杀威	92-84-2	32	410			4.3		0.014	
异硫氰酸苯酯	103-72-0	16	230			2.6		1.7×10^{-3}	
间苯二胺	108-45-2	380	4.9×10^3			120		0.032	
邻苯二胺	95-54-5	4.5	19			0.65		1.7×10^{-4}	

续表

化学品名称	CAS 编号	土壤筛选值					MCL /(μg/L)	基于保护用饮用水的土壤筛选值 /(mg/kg)	基于保护地下水的土壤筛选值
		居住用地 /(mg/kg)	工业用地 /(mg/kg)	居住空气 /(μg/m³)	工业用地空气 /(μg/m³)	饮用水 /(μg/L)			基于 MCL 的土壤筛选值 /(mg/kg)
对苯二胺	106-50-3	63	820			20		5.4×10^{-3}	
2-苯基苯酚	90-43-7	280	1.2×10^3			30		0.41	
甲拌磷	298-02-2	13	160			3.0		3.4×10^{-3}	
碳酰氯	75-44-5	0.31	1.3	0.31	1.3	0.63		1.6×10^{-4}	
亚胺硫磷	732-11-6	1.3×10^3	1.6×10^4			370		0.082	
无机磷酸盐									
偏磷酸铝	13776-88-0	3.8×10^6	5.7×10^7			9.7×10^5			
聚磷酸铵	68333-79-9	3.8×10^6	5.7×10^7			9.7×10^5			
焦磷酸钙	7790-76-3	3.8×10^6	5.7×10^7			9.7×10^5			
磷酸氢二铵	7783-28-0	3.8×10^6	5.7×10^7			9.7×10^5			
磷酸氢二钙	7757-93-9	3.8×10^6	5.7×10^7			9.7×10^5			
磷酸二氢镁	7782-75-4	3.8×10^6	5.7×10^7			9.7×10^5			
磷酸氢二钾	7758-11-4	3.8×10^6	5.7×10^7			9.7×10^5			
磷酸二氢钠	7558-79-4	3.8×10^6	5.7×10^7			9.7×10^5			
磷酸一铝	13530-50-2	3.8×10^6	5.7×10^7			9.7×10^5			
磷酸一铵	7722-76-1	3.8×10^6	5.7×10^7			9.7×10^5			
磷酸一钙	7758-23-8	3.8×10^6	5.7×10^7			9.7×10^5			
磷酸镁	7757-86-0	3.8×10^6	5.7×10^7			9.7×10^5			

续表

化学品名称	CAS 编号	土壤筛选值						基于保护地下水的土壤筛选值	
		居住用地 /(mg/kg)	工业用地 /(mg/kg)	居住空气 /(μg/m³)	工业用地空气 /(μg/m³)	饮用水 /(μg/L)	MCL /(μg/L)	基于保护饮用水的土壤筛选值 /(mg/kg)	基于 MCL 的土壤筛选值 /(mg/kg)
磷酸一钾	7778-77-0	3.8×10^6	5.7×10^7			9.7×10^5			
磷酸一钠	7558-80-7	3.8×10^6	5.7×10^7			9.7×10^5			
多聚磷酸	8017-16-1	3.8×10^6	5.7×10^7			9.7×10^5			
三聚磷酸钾	13845-36-8	3.8×10^6	5.7×10^7			9.7×10^5			
焦磷酸钠	7758-16-9	3.8×10^6	5.7×10^7			9.7×10^5			
磷酸铝钠（酸性）	7785-88-8	3.8×10^6	5.7×10^7			9.7×10^5			
磷酸铝钠（无水）	10279-59-1	3.8×10^6	5.7×10^7			9.7×10^5			
磷酸铝钠（四水）	10305-76-7	3.8×10^6	5.7×10^7			9.7×10^5			
六偏磷酸钠	10124-56-8	3.8×10^6	5.7×10^7			9.7×10^5			
聚磷酸钠	68915-31-1	3.8×10^6	5.7×10^7			9.7×10^5			
三偏磷酸钠	7785-84-4	3.8×10^6	5.7×10^7			9.7×10^5			
三聚磷酸钠	7758-29-4	3.8×10^6	5.7×10^7			9.7×10^5			
磷酸四钾	7320-34-5	3.8×10^6	5.7×10^7			9.7×10^5			
焦磷酸四钠	7722-88-5	3.8×10^6	5.7×10^7			9.7×10^5			
四氢磷酸三铝钠（二水）	15136-87-5	3.8×10^6	5.7×10^7			9.7×10^5			

续表

化学品名称	CAS编号	土壤筛选值						基于保护地下水的土壤筛选值	
		居住用地 /(mg/kg)	工业用地 /(mg/kg)	居住空气 /(μg/m³)	工业用地空气 /(μg/m³)	饮用水 /(μg/L)	MCL /(μg/L)	基于保护饮用水的土壤筛选值 /(mg/kg)	基于MCL的土壤筛选值 /(mg/kg)
磷酸三钙	7758-87-4	3.8×10^6	5.7×10^7			9.7×10^5			
磷酸三镁	7757-87-1	3.8×10^6	5.7×10^7			9.7×10^5			
磷酸三钾	7778-53-2	3.8×10^6	5.7×10^7			9.7×10^5			
磷酸三钠	7601-54-9	3.8×10^6	5.7×10^7			9.7×10^5			
磷化氢	7803-51-2	23	350	0.31	1.3	0.57			
磷酸	7664-38-2	3.0×10^6	2.9×10^7	10	44	9.7×10^5			
磷，白色	7723-14-0	1.6	23			0.4		1.5×10^{-3}	
邻苯二甲酸盐									
邻苯二甲酸二(2-乙基己)酯	117-81-7	39	160	1.2	5.1	5.6	6.0	1.3	1.4
邻苯二甲酸丁苄酯	85-68-7	290	1.2×10^3			16		0.24	
丁基邻苯二甲酸丁酰羟乙酸丁酯	85-70-1	6.3×10^4	8.2×10^5			1.3×10^4		310	
邻苯二甲酸二丁酯	84-74-2	6.3×10^3	8.2×10^4			900		2.3	
邻苯二甲酸二乙酯	84-66-2	5.1×10^4	6.6×10^5			1.5×10^4		6.1	

续表

化学品名称	CAS 编号	土壤筛选值						基于保护饮用水的土壤筛选值 /(mg/kg)	基于保护地下水的土壤筛选值	
		居住用地 /(mg/kg)	工业用地 /(mg/kg)	居住空气 /(μg/m³)	工业用地空气 /(μg/m³)	饮用水 /(μg/L)	MCL /(μg/L)		基于 MCL 的土壤筛选值 /(mg/kg)	
对苯二甲酸二甲酯	120-61-6	7.8×10^3	1.2×10^5			1.9×10^3		0.49	
邻苯二甲酸二正辛酯	117-84-0	630	8.2×10^3			200		57	
对苯二甲酸	100-21-0	6.3×10^4	8.2×10^5			1.9×10^4		6.8	
邻苯二甲酸酐	85-44-9	1.3×10^5	1.6×10^6	21	88	3.9×10^4		8.5	
莠秀定	1918-02-1	4.4×10^3	5.7×10^4			1.4×10^3	500	0.38	0.14
苦氨酸 (4,6-二硝基-2-氨基苯酚)	96-91-3	6.3	82			2.0		1.3×10^{-3}	
苦味酸 (2,4,6-三硝基苯酚)	88-89-1	57	740			18		0.084	
甲基嘧啶磷	29232-93-7	4.4	57			0.85		8.1×10^{-4}	
多溴联苯	59536-65-1	0.018	0.077	3.3×10^{-4}	1.4×10^{-3}	2.6×10^{-3}			
多氯联苯 1016	12674-11-2	4.1	27	0.14	0.61	0.22		0.021	
多氯联苯 1221	11104-28-2	0.2	0.83	4.9×10^{-3}	0.021	4.7×10^{-3}		8.0×10^{-5}	

续表

化学品名称	CAS 编号	土壤筛选值					MCL /(μg/L)	基于保护地下水的土壤筛选值	
		居住用地 /(mg/kg)	工业用地 /(mg/kg)	居住空气 /(μg/m³)	工业用地空气 /(μg/m³)	饮用水 /(μg/L)		基于保护饮用水的土壤筛选值 (mg/kg)	基于 MCL 的土壤筛选值 (mg/kg)
多氯联苯 1232	11141-16-5	0.17	0.72	4.9×10^{-3}	0.021	4.7×10^{-3}		8.0×10^{-5}	
多氯联苯 1242	53469-21-9	0.23	0.95	4.9×10^{-3}	0.021	7.8×10^{-3}		1.2×10^{-3}	
多氯联苯 1248	12672-29-6	0.23	0.94	4.9×10^{-3}	0.021	7.8×10^{-3}		1.2×10^{-3}	
多氯联苯 1254	11097-69-1	0.24	0.97	4.9×10^{-3}	0.021	7.8×10^{-3}		2.0×10^{-3}	
多氯联苯	11096-82-5	0.24	0.99	4.9×10^{-3}	0.021	7.8×10^{-3}		5.5×10^{-3}	
多氯联苯	11126-42-4	35	440			12		2.0	
2,3,3',4,4',5,5'-七氯联苯（PCB 189）	39635-31-9	0.13	0.52	2.5×10^{-3}	0.011	4.0×10^{-3}		2.8×10^{-3}	
2,3',4,4',5,5'-六氯联苯（PCB 167）	52663-72-6	0.12	0.51	2.5×10^{-3}	0.011	4.0×10^{-3}		1.7×10^{-3}	
2,3,3',4,4',5-六氯联苯（PCB 157）	69782-90-7	0.12	0.5	2.5×10^{-3}	0.011	4.0×10^{-3}		1.7×10^{-3}	

续表

化学品名称	CAS 编号	土壤筛选值						基于保护地下水的土壤筛选值	
		居住用地 /(mg/kg)	工业用地 /(mg/kg)	居住空气 /(μg/m³)	工业用地空气 /(μg/m³)	饮用水 /(μg/L)	MCL /(μg/L)	基于保护饮用水的土壤筛选值 /(mg/kg)	基于 MCL 的土壤筛选值 /(mg/kg)
2,3,3',4,4',5-六氯联苯（PCB 156）	38380-08-4	0.12	0.5	2.5×10^{-3}	0.011	4.0×10^{-3}		1.7×10^{-3}	
3,3',4,4',5,5'-六氯联苯（PCB 169）	32774-16-6	1.2×10^{-4}	5.1×10^{-4}	2.5×10^{-6}	1.1×10^{-5}	4.0×10^{-6}		1.7×10^{-6}	
2',3,4,4',5-五氯联苯（PCB 123）	65510-44-3	0.12	0.49	2.5×10^{-3}	0.011	4.0×10^{-3}		1.0×10^{-3}	
2,3',4,4',5-五氯联苯（PCB 118）	31508-00-6	0.12	0.49	2.5×10^{-3}	0.011	4.0×10^{-3}		1.0×10^{-3}	
2,3,3,4,4-五氯二苯酚（PCB 105）	32598-14-4	0.12	0.49	2.5×10^{-3}	0.011	4.0×10^{-3}		1.0×10^{-3}	
2,3,4,4',5-五氯联苯（PCB 114）	74472-37-0	0.12	0.5	2.5×10^{-3}	0.011	4.0×10^{-3}		1.0×10^{-3}	

续表

化学品名称	CAS 编号	土壤筛选值						基于保护地下水的土壤筛选值	
		居住用地 /(mg/kg)	工业用地 /(mg/kg)	居住空气 /(μg/m³)	工业用地空气 /(μg/m³)	饮用水 /(μg/L)	MCL /(μg/L)	基于保护饮用水的土壤筛选值 /(mg/kg)	基于 MCL 的土壤筛选值 /(mg/kg)
3,3′,4,4′,5-五氯联苯（PCB 126）	57465-28-8	3.6×10^{-5}	1.5×10^{-4}	7.4×10^{-7}	3.2×10^{-6}	1.2×10^{-6}		3.0×10^{-7}	
多氯联苯（高风险）	1336-36-3	0.23	0.94	4.9×10^{-3}	0.021		0.5		
多氯联苯（低风险）	1336-36-3			0.028	0.12	0.044	0.5	6.8×10^{-3}	0.078
多氯联苯（最低风险）	1336-36-3			0.14	0.61		0.5		
3,3,4,4-四氯联苯（PCB 77）	32598-13-3	0.038	0.16	7.4×10^{-4}	3.2×10^{-3}	6.0×10^{-3}		9.4×10^{-4}	
3,4,4′,5-四氯联苯（PCB 81）	70362-50-4	0.012	0.048	2.5×10^{-4}	1.1×10^{-3}	4.0×10^{-4}		6.2×10^{-5}	
聚二苯基亚甲基二异氰酸酯（PMDI）	9016-87-9	8.5×10^{5}	3.6×10^{6}	0.63	2.6				
多环芳烃									
苊	83-32-9	3.6×10^{3}	4.5×10^{4}			530		5.5	

续表

化学品名称	CAS 编号	土壤筛选值						基于保护地下水的土壤筛选值	
		居住用地 /(mg/kg)	工业用地 /(mg/kg)	居住空气 /(μg/m³)	工业用地空气 /(μg/m³)	饮用水 /(μg/L)	MCL /(μg/L)	基于保护饮用水的土壤筛选值 /(mg/kg)	基于 MCL 的土壤筛选值 /(mg/kg)
蒽	120-12-7	1.8×10^4	2.3×10^5			1.8×10^3		58	
苯并[a]蒽	56-55-3	1.1	21	0.017	0.2	0.03		0.011	
苯并[j]荧蒽	205-82-3	0.42	1.8	0.026	0.11	0.065		0.078	
苯并[a]芘	50-32-8	0.11	2.1	1.7×10^{-3}	8.8×10^{-3}	0.025	0.2	0.029	0.24
苯并[b]荧蒽	205-99-2	1.1	21	0.017	0.2	0.25		0.3	
苯并[k]荧蒽	207-08-9	11	210	0.17	2.0	2.5		2.9	
β-氯萘	91-58-7	4.8×10^3	6.0×10^4			750		3.9	
䓛	218-01-9	110	2.1×10^3	1.7	20	25		9.0	
二苯并[a,h]蒽	53-70-3	0.11	2.1	1.7×10^{-3}	0.02	0.025		0.096	
二苯并(a,e)芘	192-65-4	0.042	0.18	2.6×10^{-3}	0.011	6.5×10^{-3}		0.084	
7,12-二甲基苯并蒽	57-97-6	4.6×10^{-4}	8.4×10^{-3}	1.4×10^{-5}	1.7×10^{-4}	1.0×10^{-4}		9.9×10^{-5}	
荧蒽	206-44-0	2.4×10^3	3.0×10^4			800		89	
芴	86-73-7	2.4×10^3	3.0×10^4			290		5.4	
茚并[1,2,3-cd]芘	193-39-5	1.1	21	0.017	0.2	0.25		0.98	
1-甲基萘	90-12-0	18	73			1.1		6.0×10^{-3}	
2-甲基萘	91-57-6	240	3.0×10^3			36		0.19	

续表

化学品名称	CAS 编号	土壤筛选值						基于保护地下水的土壤筛选值	
		居住用地 /(mg/kg)	工业用地 /(mg/kg)	居住空气 /(μg/m³)	工业用地空气 /(μg/m³)	饮用水 /(μg/L)	MCL /(μg/L)	基于保护饮用水的土壤筛选值 /(mg/kg)	基于 MCL 的土壤筛选值 /(mg/kg)
萘	91-20-3	3.8	17	0.083	0.36	0.17		5.4×10^{-4}	
4-硝基芘	57835-92-4	0.42	1.8	0.026	0.11	0.019		3.3×10^{-3}	
芘	129-00-0	1.8×10^{3}	2.3×10^{4}			120		13	
全氟丁基磺酸钾	29420-49-3	1.3×10^{3}	1.6×10^{4}			400			
咪鲜胺	67747-09-5	3.6	15			0.38		1.9×10^{-3}	
环丙氟灵	26399-36-0	470	7.0×10^{3}			26		1.6	
扑灭通	1610-18-0	950	1.2×10^{4}			250		0.12	
扑草净	7287-19-6	2.5×10^{3}	3.3×10^{4}			600		0.9	
戊炔草胺	23950-58-5	4.7×10^{3}	6.2×10^{4}			1.2×10^{3}		1.2	
萆草胺	1918-16-7	820	1.1×10^{4}			250		0.15	
敌稗	709-98-8	320	4.1×10^{3}			82		0.045	
克螨特	2312-35-8	2.8	12			0.16		0.011	
炔丙醇	107-19-7	160	2.3×10^{3}			40		8.1×10^{-3}	
扑灭津	139-40-2	1.3×10^{3}	1.6×10^{4}			340		0.3	
苯胺灵	122-42-9	1.3×10^{3}	1.6×10^{4}			350		0.22	
丙环唑	60207-90-1	6.3×10^{3}	8.2×10^{4}			1.6×10^{3}		5.3	
丙醛	123-38-6	75	310	8.3	35	17		3.4×10^{-3}	
丙苯	103-65-1	3.8×10^{3}	2.4×10^{4}	1.0×10^{3}	4.4×10^{3}	660		1.2	

续表

化学品名称	CAS 编号	土壤筛选值					MCL /(μg/L)	基于保护地下水的土壤筛选值	
		居住用地 /(mg/kg)	工业用地 /(mg/kg)	居住空气 /(μg/m³)	工业用地空气 /(μg/m³)	饮用水 /(μg/L)		基于保护饮用水的土壤筛选值 /(mg/kg)	基于 MCL 的土壤筛选值 /(mg/kg)
丙烯	115-07-1	2.2×10^3	9.3×10^3	3.1×10^3	1.3×10^4	6.3×10^3		6.0	
丙二醇	57-55-6	1.3×10^6	1.6×10^7			4.0×10^5		81	
丙二醇二硝酸酯	6423-43-4	3.9×10^5	1.6×10^6	0.28	1.2				
丙二醇单甲醚	107-98-2	4.1×10^4	3.7×10^5	2.1×10^3	8.8×10^3	3.2×10^3		0.65	
环氧丙烷	75-56-9	2.1	9.7	0.76	3.3	0.27		5.6×10^{-5}	
吡啶	110-86-1	78	1.2×10^3			20		6.8×10^{-3}	
喹硫磷	13593-03-8	32	410			5.1		0.043	
喹啉	91-22-5	0.18	0.77			0.024		7.8×10^{-5}	
喹禾灵	76578-14-8	570	7.4×10^3			120		1.9	
耐火陶瓷纤维（纤维单位）	E715557			3.1×10^4	1.3×10^5				
苄呋菊酯	10453-86-8	1.9×10^3	2.5×10^4			67		42	
皮蝇磷	299-84-3	3.9×10^3	5.8×10^4			410		3.7	
鱼藤酮	83-79-4	250	3.3×10^3			61		32	
黄樟素	94-59-7	0.55	10	0.016	0.19	0.096		5.9×10^{-5}	
亚硒酸	7783-00-8	390	5.8×10^3			100		0.52	
硒	7782-49-2	390	5.8×10^3	21	88	100	50		0.26

续表

化学品名称	CAS 编号	土壤筛选值					MCL /(μg/L)	基于保护地下水的土壤筛选值	
		居住用地 /(mg/kg)	工业用地 /(mg/kg)	居住空气 /(μg/m³)	工业用地空气 /(μg/m³)	饮用水 /(μg/L)		基于保护饮用水的土壤筛选值 /(mg/kg)	基于 MCL 的土壤筛选值 /(mg/kg)
硫化硒	7446-34-6	390	5.8×10^3	21	88	100			
稀禾定	74051-80-2	8.8×10^3	1.1×10^5			1.6×10^3		14	
二氧化硅（结晶，可吸入）	7631-86-9	4.3×10^6	1.8×10^7	3.1	13				
银	7440-22-4	390	5.8×10^3			94	4.0	0.8	
西玛津	122-34-9	4.5	19			0.61		3.0×10^{-4}	2.0×10^{-3}
三氟羧草醚钠盐	62476-59-9	820	1.1×10^4			260		2.1	
叠氮化钠	26628-22-8	310	4.7×10^3			80			
二乙基二硫代氨基甲酸钠	148-18-5	2.0	8.5			0.29		1.8×10^{-4}	
氟化钠	7681-49-4	3.9×10^3	5.8×10^4	14	57	1.0×10^3	4.0×10^3	150	600
氟乙酸钠	62-74-8	1.3	16			0.4		8.1×10^{-5}	
偏钒酸钠	13718-26-8	78	1.2×10^3			20			
钨酸钠	13472-45-2	63	930			16			
二水合钨酸钠	10213-10-2	63	930			16			
杀虫畏（四氯乙烯磷）	961-11-5	23	96			2.8		8.2×10^{-3}	
锶（稳定）	7440-24-6	4.7×10^4	7.0×10^5			1.2×10^4		420	

续表

化学品名称	CAS 编号	土壤筛选值						基于保护地下水的土壤筛选值	
		居住用地 /(mg/kg)	工业用地 /(mg/kg)	居住空气 /(μg/m³)	工业用地空气 /(μg/m³)	饮用水 /(μg/L)	MCL /(μg/L)	基于保护饮用水的土壤筛选值 /(mg/kg)	基于 MCL 的土壤筛选值 /(mg/kg)
马钱子碱	57-24-9	19	250			5.9		0.065	
苯乙烯	100-42-5	6.0×10^3	3.5×10^4	1.0×10^3	4.4×10^3	1.2×10^3	100	1.3	0.11
苯乙烯-丙烯腈（SAN）三聚体（THNA 异构体）	57964-39-3	190	2.5×10^3			48			
苯乙烯-丙烯腈（SAN）三聚体（THNP 异构体）	57964-40-6	190	2.5×10^3			48			
环丁砜	126-33-0	63	820	2.1	8.8	20		4.4×10^{-3}	
1,1'-磺酰双（4-氯苯）	80-07-9	51	660	1.0		11		0.065	
三氧化硫	7446-11-9	1.4×10^6	6.0×10^6	1.0	4.4	2.1			
硫酸	7664-93-9	1.4×10^6	6.0×10^6	1.0	4.4	2.1			
杀螨特	140-57-8	22	92	0.4	1.7	1.3		0.015	
苯噻清	21564-17-0	1.9×10^3	2.5×10^4			480		3.3	
丁噻隆	34014-18-1	4.4×10^3	5.7×10^4			1.4×10^3		0.39	

续表

化学品名称	CAS 编号	土壤筛选值						基于保护地下水的土壤筛选值	
		居住用地 /(mg/kg)	工业用地 /(mg/kg)	居住空气 /(μg/m³)	工业用地空气 /(μg/m³)	饮用水 /(μg/L)	MCL /(μg/L)	基于保护饮用水的土壤筛选值 /(mg/kg)	基于 MCL 的土壤筛选值 /(mg/kg)
双硫磷	3383-96-8	1.3×10^3	1.6×10^4			400		76	
特草定	5902-51-2	820	1.1×10^4			250		0.075	
特丁磷	13071-79-9	2.0	29			0.24		5.2×10^{-4}	
去草净	886-50-0	63	820			13		0.019	
乙酸叔丁酯	540-88-5	8.1	36	2.2	9.4	3.3		7.6×10^{-4}	
2,2,4,4-四溴联苯醚	5436-43-1	6.3	82			2.0		0.053	
1,2,4,5-四氯苯	95-94-3	23	35			1.7		7.9×10^{-3}	
1,1,1,2-四氯乙烷	630-20-6	2.0	8.8	0.38	1.7	0.57		2.2×10^{-4}	
1,1,2,2-四氯乙烷	79-34-5	0.6	2.7	0.048	0.21	0.076		3.0×10^{-5}	
四氯乙烯	127-18-4	24	100	11	47	11	5.0	5.1×10^{-3}	2.3×10^{-3}
2,3,4,6-四氯苯酚	58-90-2	1.9×10^3	2.5×10^4			240		0.18	
对氯三氯甲苯	5216-25-1	0.043	0.2			1.7×10^{-3}		5.7×10^{-6}	
二硫代焦磷酸四乙酯	3689-24-5	32	410			7.1		5.2×10^{-3}	

续表

化学品名称	CAS 编号	土壤筛选值						基于保护地下水的土壤筛选值	
		居住用地 /(mg/kg)	工业用地 /(mg/kg)	居住空气 /(μg/m³)	工业用地空气 /(μg/m³)	饮用水 /(μg/L)	MCL /(μg/L)	基于保护饮用水的土壤筛选值 /(mg/kg)	基于 MCL 的土壤筛选值 /(mg/kg)
1,1,1,2-四氟乙烷	811-97-2	1.0×10^5	4.3×10^5	8.3×10^4	3.5×10^5	1.7×10^5		93	
2,4,6-三硝基苯甲胺	479-45-8	160	2.3×10^3			39		0.37	
氧化铊	1314-32-5	1.6	23			0.4			
硝酸铊	10102-45-1	0.78	12			0.2			
铊（可溶性盐）	7440-28-0	0.78	12			0.2	2.0	0.014	0.14
醋酸铊	563-68-8	0.78	12			0.2		4.1×10^{-5}	
碳酸铊	6533-73-9	1.6	23			0.4		8.3×10^{-5}	
氯化铊	7791-12-0	0.78	12			0.2			
亚硒酸铊	12039-52-0	0.78	12			0.2			
硫酸铊	7446-18-6	1.6	23			0.4			
噻吩磺隆	79277-27-3	2.7×10^3	3.5×10^4			860		0.26	
杀草丹	28249-77-6	630	8.2×10^3			160		0.55	
硫双乙醇	111-48-8	5.4×10^3	7.9×10^4			1.4×10^3		0.28	
久效威	39196-18-4	19	250			5.3		1.8×10^{-3}	
甲基托布津	23564-05-8	47	200			6.7		5.7×10^{-3}	
福美双	137-26-8	950	1.2×10^4			290		0.42	
锡	7440-31-5	4.7×10^4	7.0×10^5			1.2×10^4		3.0×10^3	

续表

化学品名称	CAS 编号	土壤筛选值						基于保护地下水的土壤筛选值	
		居住用地 /(mg/kg)	工业用地 /(mg/kg)	居住空气 /(μg/m³)	工业用地空气 /(μg/m³)	饮用水 /(μg/L)	MCL /(μg/L)	基于保护饮用水的土壤筛选值 /(mg/kg)	基于 MCL 的土壤筛选值 /((mg/kg))
四氯化钛	7550-45-0	1.4×10^5	6.0×10^5	0.1	0.44	0.21			
甲苯	108-88-3	4.9×10^3	4.7×10^4	5.2×10^3	2.2×10^4	1.1×10^3	1.0×10^3	0.76	0.69
甲苯-2,4-二异氰酸酯	584-84-9	6.4	27	8.3×10^{-3}	0.035	0.017		2.5×10^{-4}	
甲苯-2,5-二胺	95-70-5	3.0	13			0.43		1.3×10^{-4}	
甲苯-2,6-二异氰酸酯	91-08-7	5.3	22	8.3×10^{-3}	0.035	0.017		2.6×10^{-4}	
对甲基苯甲酸	99-94-5	320	4.1×10^3			90		0.023	
邻甲苯胺（2-甲基苯胺）	95-53-4	34	140	0.055	0.24	4.7		2.0×10^{-3}	
对甲基苯胺	106-49-0	18	77			2.5		1.1×10^{-3}	
总石油烃（高碳脂肪烃）	E1790670	2.3×10^5	3.5×10^6			6.0×10^4		2.4×10^3	
总石油烃（低碳脂肪烃）	E1790666	520	2.2×10^3	630	2.6×10^3	1.3×10^3		8.8	
总石油烃（脂肪烃）	E1790668	96	440	100	440	100		1.5	
总石油烃（高碳芳香烃）	E1790676	2.4×10^3	3.0×10^4			800		89	

化学品名称	CAS 编号	土壤筛选值						基于保护地下水的土壤筛选值	
		居住用地 /(mg/kg)	工业用地 /(mg/kg)	居住空气 /(μg/m³)	工业用地空气 /(μg/m³)	饮用水 /(μg/L)	MCL /(μg/L)	基于保护饮用水的土壤筛选值 /(mg/kg)	基于 MCL 的土壤筛选值 /(mg/kg)
总石油烃（低碳芳香烃）	E1790672	82	420	31	130	33		0.017	
总石油烃（芳香烃）	E1790674	97	560	3.1	13	5.5		0.023	
毒杀芬	8001-35-2	0.49	2.1	8.8×10^{-3}	0.038	0.071	3.0	0.011	0.46
毒杀芬（空气）	E1841606	1.9	25			0.6		0.093	
四溴菊酯	66841-25-6	470	6.2×10^{3}			150		58	
三丁基锡	688-73-3	23	350			3.7		0.082	
三乙酸甘油酯	102-76-1	5.1×10^{6}	6.6×10^{7}			1.6×10^{6}		450	
三唑酮	43121-43-3	2.1×10^{3}	2.8×10^{4}			630		0.5	
野麦畏	2303-17-5	9.7	46			0.47		1.0×10^{-3}	
醚苯磺隆	82097-50-5	630	8.2×10^{3}			200		0.21	
苯磺隆	101200-48-0	510	6.6×10^{3}			160		0.061	
1,2,4-三溴苯	615-54-3	390	5.8×10^{3}			45		0.064	
2,4,6-三溴苯酚	118-79-6	570	7.4×10^{3}			120		0.22	
磷酸三丁酯	126-73-8	60	260			5.2		0.025	
三丁基锡化合物	E1790678	19	250			6.0			

续表

化学品名称	CAS 编号	土壤筛选值						基于保护地下水的土壤筛选值	
		居住用地 /(mg/kg)	工业用地 /(mg/kg)	居住空气 /(μg/m³)	工业用地空气 /(μg/m³)	饮用水 /(μg/L)	MCL /(μg/L)	基于保护饮用水的土壤筛选值 /(mg/kg)	基于 MCL 的土壤筛选值 /(mg/kg)
三丁基氧化锡	56-35-9	19	250			5.7		290	
三氯胺	10025-85-1						4.0×10^3(G)		
1,1,2-三氯-1,2,2-三氟乙烷	76-13-1	6.7×10^3	2.8×10^4	5.2×10^3	2.2×10^4	1.0×10^4		26	
三氯乙酸	76-03-9	7.8	33			1.1	60(G)	2.2×10^{-4}	0.012
2,4,6-三氯苯胺盐酸盐	33663-50-2	19	79			2.7		7.4×10^{-3}	
2,4,6-三氯苯胺	634-93-5	1.9	25			0.4		3.6×10^{-3}	
1,2,3-三氯代苯	87-61-6	63	930			7.0		0.021	
1,2,4-三氯代苯	120-82-1	24	110	2.1	8.8	1.2	70	3.4×10^{-3}	0.2
1,1,1-三氯乙烷	71-55-6	8.1×10^3	3.6×10^4	5.2×10^3	2.2×10^4	8.0×10^3	200	2.8	0.07
1,1,2-三氯乙烷	79-00-5	1.1	5.0	0.18	0.77	0.28	5.0	8.9×10^{-5}	1.6×10^{-3}
三氯乙烯	79-01-6	0.94	6.0	0.48	3.0	0.49	5.0	1.8×10^{-4}	1.8×10^{-3}
三氯一氟甲烷	75-69-4	2.3×10^4	3.5×10^5			5.2×10^3		3.3	
2,4,5-三氯苯酚	95-95-4	6.3×10^3	8.2×10^4			1.2×10^3		4.0	
2,4,6-三氯苯酚	88-06-2	49	210	0.91	4.0	4.1		4.0×10^{-3}	
2,4,5-三氯苯氧乙酸	93-76-5	630	8.2×10^3			160		0.068	

续表

化学品名称	CAS 编号	居住用地 /(mg/kg)	工业用地 /(mg/kg)	居住空气 /(μg/m³)	工业用地空气 /(μg/m³)	饮用水 /(μg/L)	MCL /(μg/L)	基于保护饮用水的土壤筛选值 /(mg/kg)	基于保护地下水的土壤筛选值 基于 MCL 的土壤筛选值 /(mg/kg)
2-(2,4,5-三氯苯氧基)丙酸	93-72-1	510	6.6×10^3			110	50	0.061	0.028
1,1,2-三氯丙烷	598-77-6	390	5.8×10^3			88		0.035	
1,2,3-三氯丙烷	96-18-4	5.1×10^{-3}	0.11	0.31	1.3	7.5×10^{-4}		3.2×10^{-7}	
1,2,3-三氯丙烯	96-19-5	0.73	3.1	0.31	1.3	0.62		3.1×10^{-4}	
磷酸三甲苯酯	1330-78-5	1.3×10^3	1.6×10^4			160		15	
灭草环	58138-08-2	190	2.5×10^3			18		0.13	
三乙胺	121-44-8	120	480	7.3	31	15		4.4×10^{-3}	
三甘醇	112-27-6	1.3×10^5	1.6×10^6			4.0×10^4		8.8	
1,1,1-三氟乙烷	420-46-2	1.5×10^4	6.2×10^4	2.1×10^4	8.8×10^4	4.2×10^4		130	
氟乐灵	1582-09-8	90	420			2.6		0.084	
磷酸三甲酯	512-56-1	27	110			3.9		8.6×10^{-4}	
1,2,3-三甲基苯	526-73-8	340	2.0×10^3	63	260	55		0.081	
1,2,4-三甲基苯	95-63-6	300	1.8×10^3	63	260	56		0.081	
1,3,5-三甲基苯	108-67-8	270	1.5×10^3	63	260	60		0.087	
2,4,4-三甲基戊烯	25167-70-8	780	1.2×10^4			38		0.13	
1,3,5-三硝基苯	99-35-4	2.2×10^3	3.2×10^4			590		2.1	

续表

化学品名称	CAS编号	土壤筛选值						基于保护地下水的土壤筛选值	
		居住用地 /(mg/kg)	工业用地 /(mg/kg)	居住空气 /(μg/m³)	工业用地空气 /(μg/m³)	饮用水 /(μg/L)	MCL /(μg/L)	基于保护饮用水的土壤筛选值 /(mg/kg)	基于MCL的土壤筛选值 /(mg/kg)
2,4,6-三硝基甲苯	118-96-7	21	96			2.5		0.015	
三苯基氧化膦	791-28-6	1.3×10^3	1.6×10^4			360		1.5	
磷酸三(1,3-二氯-2-丙基)酯	13674-87-8	1.3×10^3	1.6×10^4			360		8.0	
磷酸三(2-氯丙基)酯	13674-84-5	630	8.2×10^3			190		0.65	
磷酸三(2,3-二溴丙基)酯	126-72-7	0.28	1.3	4.3×10^{-3}	0.019	6.8×10^{-3}		1.3×10^{-4}	
磷酸三(2-氯乙基)酯	115-96-8	27	110			3.8		3.8×10^{-3}	
三(2-乙基己基)磷酸酯	78-42-2	170	720			24		120	
钨	7440-33-7	63	930			16		2.4	
铀	7440-61-1	16	230	0.042	0.18	4.0	30	1.8	14
乌拉坦	51-79-6	0.12	2.3	3.5×10^{-3}	0.042	0.025		5.6×10^{-6}	
五氧化二钒	1314-62-1	460	2.0×10^3	3.4×10^{-4}	1.5×10^{-3}	150			
钒及其化合物	7440-62-2	390	5.8×10^3	0.1	0.44	86		86	
灭草孟	1929-77-7	78	1.2×10^3			11		8.9×10^{-3}	

续表

化学品名称	CAS 编号	土壤筛选值						基于保护饮用水的土壤筛选值 /(mg/kg)	基于保护地下水的土壤筛选值
		居住用地 /(mg/kg)	工业用地 /(mg/kg)	居住空气 /(μg/m³)	工业用地空气 /(μg/m³)	饮用水 /(μg/L)	MCL /(μg/L)		基于 MCL 的土壤筛选值 /(mg/kg)
农利灵	50471-44-8	76	980			21		0.016	
醋酸乙烯酯	108-05-4	910	3.8×10^3	210	880	410		0.087	
溴乙烯	593-60-2	0.12	0.52	0.088	0.38	0.18		5.1×10^{-5}	
氯乙烯	75-01-4	0.059	1.7	0.17	2.8	0.019	2.0	6.5×10^{-6}	6.9×10^{-4}
杀鼠灵	81-81-2	19	250			5.6		5.9×10^{-3}	
间二甲苯	108-38-3	550	2.4×10^3	100	440	190		0.19	
邻二甲苯	95-47-6	650	2.8×10^3	100	440	190		0.19	
对二甲苯	106-42-3	560	2.4×10^3	100	440	190		0.19	
二甲苯	1330-20-7	580	2.5×10^3	100	440	190	1.0×10^4	0.19	9.9
磷化锌	1314-84-7	23	350			6.0			
锌及化合物	7440-66-6	2.3×10^4	3.5×10^5			6.0×10^3		370	
代森锌	12122-67-7	3.2×10^3	4.1×10^4			990		2.9	
钴	7440-67-7	6.3	93			1.6		4.8	

附表4 典型污染物理化特性参数

化学品名称	CAS编号	经口摄入致癌斜率因子 SFO /[mg/(kg·d)]$^{-1}$	呼吸吸入致癌风险因子 IUR /(μg/m³)$^{-1}$	经口摄入参考剂量 RfDo/[mg/(kg·d)]	呼吸吸入参考浓度 RfCi /(mg/m³)	消化道吸收因子 GIABS	皮肤吸收效率因子 ABSd	饱和浓度 C_{sat} /(mg/kg)	密度 /(g/cm³)	空气扩散系数 D_{ia} /(cm²/s)	水中扩散系数 D_{iw} /(cm²/s)	分配系数 K_{oc} /(L/kg)	溶解度 S /(mg/L)
乙酰甲胺磷	30560-19-1			1.2×10^{-3}		1	0.1		1.4	0.037	8.0×10^{-6}	10	8.2×10^{5}
乙醛	75-07-0		2.2×10^{-6}		9.0×10^{-3}	1	0.1	1.07×10^{5}	0.78	0.13	1.4×10^{-5}	1.0	1.0×10^{6}
乙草胺	34256-82-1			0.02		1	0.1		1.1	0.022	5.6×10^{-6}	300	220
丙酮	67-64-1			0.9	31	1		1.14×10^{5}	0.78	0.11	1.1×10^{-5}	2.4	1.0×10^{6}
丙酮氰醇	75-86-5				2.0×10^{-3}	1	0.1		0.93	0.086	1.0×10^{-5}	1.0	1.0×10^{6}
乙腈	75-05-8				0.06	1		1.28×10^{5}	0.79	0.13	1.4×10^{-5}	4.7	1.0×10^{6}
苯乙酮	98-86-2			0.1		1		2.52×10^{3}	1.0	0.065	8.7×10^{-6}	52	6.1×10^{3}
2-乙酰氨基芴	53-96-3	3.8	1.3×10^{-3}			1	0.1			0.052	6.0×10^{-6}	2.2×10^{3}	5.5
丙烯醛	107-02-8			5.0×10^{-4}	2.0×10^{-5}	1			0.84	0.11	1.2×10^{-5}	1.0	2.1×10^{5}
丙烯酰胺	79-06-1	0.5	1.0×10^{-4}	2.0×10^{-3}	6.0×10^{-3}	1	0.1	2.27×10^{4}	1.2	0.11	1.3×10^{-5}	5.7	3.9×10^{5}
丙烯酸	79-10-7			0.5	1.0×10^{-3}	1		1.09×10^{5}	1.1	0.1	1.2×10^{-5}	1.4	1.0×10^{6}
丙烯腈	107-13-1	0.54	6.8×10^{-5}	0.04	2.0×10^{-3}	1	0.1	1.13×10^{4}	0.8	0.11	1.2×10^{-5}	8.5	7.5×10^{4}
己二腈	111-69-3				6.0×10^{-3}	1			0.97	0.071	9.0×10^{-6}	20	8.0×10^{4}
甲草胺	15972-60-8	0.056		0.01		1	0.1		1.1	0.023	5.7×10^{-6}	310	240
涕灭威	116-06-3			1.0×10^{-3}		1	0.1		1.2	0.032	7.2×10^{-6}	25	6.0×10^{3}
涕灭威砜	1646-88-4			1.0×10^{-3}		1	0.1			0.052	6.1×10^{-6}	10	1.0×10^{4}

化学品名称	CAS 编号	经口摄入致癌斜率因子 SFO/[mg/(kg·d)]$^{-1}$	呼吸吸入致癌风险因子 IUR/(μg/m³)$^{-1}$	经口摄入参考剂量 RfDo/[mg/(kg·d)]	呼吸吸入参考浓度 RfCi/(mg/m³)	消化道吸收因子 GIABS	皮肤吸收效率因子 ABSd	饱和浓度 C_{sat}/(mg/kg)	密度/(g/cm³)	空气扩散系数 D_{ia}/(cm²/s)	水中扩散系数 D_{iw}/(cm²/s)	分配系数 K_{oc}/(L/kg)	溶解度 S/(mg/L)
涕灭威亚砜	1646-87-3					1	0.1			0.054	6.4×10^{-6}	10	2.8×10^{4}
艾氏剂	309-00-2	17	4.9×10^{-3}	3.0×10^{-5}		1			1.6	0.023	5.8×10^{-6}	8.2×10^{4}	0.017
烯丙醇	107-18-6			5.0×10^{-3}	1.0×10^{-4}	1		1.11×10^{5}	0.85	0.11	1.2×10^{-5}	1.9	1.0×10^{6}
氯丙烯	107-05-1	0.021	6.0×10^{-6}		1.0×10^{-3}	1		1.42×10^{3}	0.94	0.094	1.1×10^{-5}	40	3.4×10^{3}
铝	7429-90-5			1.0	5.0×10^{-3}	1			2.7				
磷化铝	20859-73-8			4.0×10^{-4}		1			2.4				
莠灭净	834-12-8			9.0×10^{-3}		1	0.1			0.051	6.0×10^{-6}	430	210
4-氨基联苯	92-67-1	21	6.0×10^{-3}			1	0.1			0.062	7.3×10^{-6}	2.5×10^{3}	220
邻氨基苯酚	591-27-5			0.08		1	0.1			0.083	9.7×10^{-6}	90	2.7×10^{4}
间氨基苯酚	95-55-6			4.0×10^{-3}		1	0.1		1.3	0.08	1.1×10^{-5}	92	2.0×10^{4}
对氨基苯酚	123-30-8			0.02		1	0.1			0.083	9.7×10^{-6}	90	1.6×10^{4}
双甲脒	33089-61-1			2.5×10^{-3}		1	0.1		1.1	0.022	5.4×10^{-6}	2.6×10^{5}	1.0
氨	7664-41-7				0.5	1			0.7	0.23	2.2×10^{-5}	4.8×10^{5}	
氨基磺酸铵	7773-06-0			0.2		1			1.8				1.3×10^{6}
叔戊醇	75-85-4				3.0×10^{-3}	1		1.37×10^{4}	0.81	0.079	9.1×10^{-6}	4.1	1.1×10^{5}
苯胺	62-53-3	5.7×10^{-3}	1.6×10^{-6}	7.0×10^{-3}	1.0×10^{-3}	1	0.1		1.0	0.083	1.0×10^{-5}	70	3.6×10^{4}

续表

化学品名称	CAS 编号	经口摄入致癌斜率因子 SFO /[mg/(kg·d)]⁻¹	呼吸吸入致癌风险因子 IUR /(μg/m³)⁻¹	经口摄入参考剂量 RfDo /[mg/(kg·d)]	呼吸吸入参考浓度 RfCi /(mg/m³)	消化道吸收因子 GIABS	皮肤吸收效率因子 ABSd	饱和浓度 C_{sat} /(mg/kg)	密度 /(g/cm³)	空气扩散系数 D_{ia} /(cm²/s)	水中扩散系数 D_{iw} /(cm²/s)	分配系数 K_{oc} /(L/kg)	溶解度 S /(mg/L)
9,10-蒽醌	84-65-1	0.04		2.0×10^{-3}		1	0.1			0.054	6.3×10^{-6}	5.0×10^{3}	1.4
锑（金属）	7440-36-0			4.0×10^{-4}		0.15			6.7				
五氧化二锑	1314-60-9			5.0×10^{-4}		0.15			3.8				3.0×10^{3}
四氧化二锑	1332-81-6			4.0×10^{-4}		0.15			6.6				
三氧化二锑	1309-64-4				2.0×10^{-4}	0.15			5.6				
砷，无机	7440-38-2	1.5	4.3×10^{-3}	3.0×10^{-4}	1.5×10^{-5}	1	0.03		4.9				
砷化氢	7784-42-1			3.5×10^{-6}	5.0×10^{-5}	1			3.2				2.0×10^{5}
石棉（纤维单位）	1332-21-4					1							
黄草灵	3337-71-1			0.036		1	0.1			0.051	5.9×10^{-6}	28	5.0×10^{3}
阿特拉津	1912-24-9	0.23		0.035		1	0.1		1.2	0.026	6.8×10^{-6}	220	35
金胺	492-80-8	0.88	2.5×10^{-4}			1	0.1			0.046	5.3×10^{-6}	4.5×10^{3}	54
阿维菌素 B_1	65195-55-3			4.0×10^{-4}		1	0.1		1.4	0.021	2.4×10^{-6}	8.8×10^{5}	3.5×10^{-4}
谷硫磷	86-50-0			3.0×10^{-3}	0.01	1	0.1			0.023	6.0×10^{-6}	52	21
偶氮苯	103-33-3	0.11	3.1×10^{-5}			1	0.1		1.2	0.036	7.5×10^{-6}	3.8×10^{3}	6.4
偶氮二酰胺	123-77-3			1.0	7.0×10^{-6}	1			1.7	0.083	1.2×10^{-5}	70	35
钡	7440-39-3			0.2	5.0×10^{-4}	0.07			3.6				

续表

化学品名称	CAS 编号	经口摄入致癌斜率因子 SFO/[mg/(kg·d)]⁻¹	呼吸吸入致癌风险因子 IUR/(μg/m³)⁻¹	经口摄入参考剂量 RfDo/[mg/(kg·d)]	呼吸吸入参考浓度 RfCi/(mg/m³)	消化道吸收因子 GIABS	皮肤吸收效率因子 ABSd	饱和浓度 C_{sat}/(mg/kg)	密度/(g/cm³)	空气扩散系数 D_{ia}/(cm²/s)	水中扩散系数 D_{iw}/(cm²/s)	分配系数 K_{oc}/(L/kg)	溶解度 S/(mg/L)
氟草胺	1861-40-1			5.0×10^{-3}		1			1.3	0.022	5.5×10^{-6}	1.6×10^{4}	0.1
苯菌灵	17804-35-2			0.05		1	0.1			0.043	5.1×10^{-6}	340	3.8
苯噻黄隆	83055-99-6			0.2		1	0.1			0.034	4.0×10^{-6}	28	120
噻草平	25057-89-0			0.03		1	0.1			0.049	5.7×10^{-6}	10	500
苯甲醛	100-52-7	4.0×10^{-3}		0.1		1		1.16×10^{3}	1.0	0.074	9.5×10^{-6}	11	7.0×10^{3}
苯	71-43-2	0.055	7.8×10^{-6}	4.0×10^{-3}	0.03	1		1.82×10^{3}	0.88	0.09	1.0×10^{-5}	150	1.8×10^{3}
2-甲基-1,4-苯二胺-硫酸盐	6369-59-1	0.1		3.0×10^{-4}		1	0.1			0.052	6.1×10^{-6}	38	1.0×10^{6}
苯基硫醇	108-98-5			1.0×10^{-3}		1		1.26×10^{3}	1.1	0.073	9.5×10^{-6}	230	840
联苯胺	92-87-5	230	0.067	3.0×10^{-3}		1	0.1		1.2	0.035	7.5×10^{-6}	1.2×10^{3}	320
苯甲酸	65-85-0			4.0		1	0.1		1.3	0.07	9.8×10^{-6}	0.6	3.4×10^{3}
三氯化苯	98-07-7	13				1		324	1.4	0.031	7.7×10^{-6}	1.0×10^{3}	53
苯甲醇	100-51-6			0.1		1	0.1		1.0	0.073	9.4×10^{-6}	21	4.3×10^{4}
氯化苄	100-44-7	0.17	4.9×10^{-5}	2.0×10^{-3}	1.0×10^{-3}	1		1.46×10^{3}	1.1	0.063	8.8×10^{-6}	450	530
铍及其化合物	7440-41-7		2.4×10^{-3}	2.0×10^{-3}	2.0×10^{-5}	0.007			1.9				

续表

化学品名称	CAS 编号	经口摄入致癌斜率因子 SFO/[mg/(kg·d)]⁻¹	呼吸吸入致癌风险因子 IUR /(μg/m³)⁻¹	经口摄入参考剂量 RfDo/[mg/(kg·d)]	呼吸吸入参考浓度 RfCi /(mg/m³)	消化道吸收因子 GIABS	皮肤吸收效率因子 ABSd	饱和浓度 C_{sat} /(mg/kg)	密度 /(g/cm³)	空气扩散系数 D_{ia} /(cm²/s)	水中扩散系数 D_{tw} /(cm²/s)	分配系数 K_{oc} /(L/kg)	溶解度 S /(mg/L)
5-（2,4-二氯苯氧基）-2-硝基苯甲酸甲酯	42576-02-3			9.0×10^{-3}		1	0.1		1.2	0.02	5.0×10^{-6}	3.7×10^{3}	0.4
联苯菊酯	82657-04-3	8.0×10^{-3}		0.015		1	0.1		1.2	0.018	4.5×10^{-6}	2.3×10^{6}	1.0×10^{-3}
1,1-联苯	92-52-4			0.5	4.0×10^{-4}	1			1.0	0.047	7.6×10^{-6}	5.1×10^{3}	7.5
二氯异丙醚	108-60-1			0.04		1			1.1	0.04	7.4×10^{-6}	83	1.7×10^{3}
双（2-氯乙氧基）甲烷	111-91-1			3.0×10^{-3}		1	0.1	1.02×10^{3}		0.061	7.1×10^{-6}	14	7.8×10^{3}
二氯乙醚	111-44-4	1.1	3.3×10^{-4}			1		5.05×10^{3}	1.2	0.057	8.7×10^{-6}	32	1.7×10^{4}
二（氯甲基）醚	542-88-1	220	0.062			1		4.22×10^{3}	1.3	0.076	1.0×10^{-5}	9.7	2.2×10^{4}
双酚A	80-05-7			0.05		1	0.1		1.2	0.025	6.5×10^{-6}	3.8×10^{4}	120
硼盐和硼酸盐	7440-42-8			0.2	0.02	1			2.3				
三氯化硼	10294-34-5			2.0	0.02	1			4.8×10^{-3}	0.12	2.2×10^{-5}		
三氟化硼	7637-07-2			0.04	0.013	1			2.8	0.16	2.2×10^{-5}		3.3×10^{6}
溴酸盐	15541-45-4	0.7		4.0×10^{-3}		1		2.38×10^{3}					
1-溴-2-氯乙烷	107-04-0	2.0	6.0×10^{-4}			1			1.7	0.066	1.1×10^{-5}	40	6.9×10^{3}
1-溴-3-氟苯	1073-06-9			3.0×10^{-4}		1		896	1.7	0.046	9.4×10^{-6}	380	380

续表

化学品名称	CAS 编号	经口摄入致癌斜率因子 SFO/[mg/(kg·d)]⁻¹	呼吸吸入致癌风险因子 IUR/(μg/m³)⁻¹	经口摄入参考剂量 RfDo/[mg/(kg·d)]	呼吸吸入参考浓度 RfCi/(mg/m³)	消化道吸收因子 GIABS	皮肤吸收效率因子 ABSd	饱和浓度 C_{sat}/(mg/kg)	密度/(g/cm³)	空气扩散系数 D_{ia}/(cm²/s)	水中扩散系数 D_{iw}/(cm²/s)	分配系数 K_{oc}/(L/kg)	溶解度 S/(mg/L)
1-溴-4-氟苯	460-00-4			3.0×10^{-4}		1		323	1.6	0.045	9.1×10^{-6}	380	140
溴乙酸	79-08-3					1	0.1		1.9	0.072	1.2×10^{-5}	1.4	1.8×10^{6}
溴苯	108-86-1			8.0×10^{-3}	0.06	1		679	1.5	0.054	9.3×10^{-6}	230	450
溴氯甲烷	74-97-5				0.04	1		4.04×10^{3}	1.9	0.079	1.2×10^{-5}	22	1.7×10^{4}
溴二氯甲烷	75-27-4	0.062	3.7×10^{-5}	0.02		1		932	2.0	0.056	1.1×10^{-5}	32	3.0×10^{3}
溴仿	75-25-2	7.9×10^{-3}	1.1×10^{-6}	0.02		1		915	2.9	0.036	1.0×10^{-5}	32	3.1×10^{3}
溴甲烷	74-83-9			1.4×10^{-3}	5.0×10^{-3}	1		3.59×10^{3}	1.7	0.1	1.3×10^{-5}	13	1.5×10^{4}
溴硫磷	2104-96-3			5.0×10^{-3}		1			1.7	0.023	6.1×10^{-6}	2.0×10^{3}	0.3
1-溴丙烷	106-94-5				0.1	1		966	1.4	0.072	1.0×10^{-5}	40	2.5×10^{3}
溴苯腈	1689-84-5	0.1		0.015		1	0.1			0.045	5.2×10^{-6}	330	130
辛酰溴苯腈	1689-99-2	0.1		0.015		1			1.5	0.021	5.4×10^{-6}	4.3×10^{3}	0.08
1,3-丁二烯	106-99-0	0.6	3.0×10^{-5}		2.0×10^{-3}	1		667	0.61	0.1	1.0×10^{-5}	40	740
2,4-二氯苯氧丁酸	94-82-6			0.03		1	0.1		1.4	0.026	6.7×10^{-6}	370	46
正丁醇	71-36-3			0.1		1		7.64×10^{3}	0.81	0.09	1.0×10^{-5}	3.5	6.3×10^{4}
2-丁醇	78-92-2			2.0	30	1		2.13×10^{4}	0.81	0.09	1.0×10^{-5}	2.9	1.8×10^{5}
丁草特	2008-41-5			0.05		1			0.94	0.023	5.8×10^{-6}	390	45

续表

化学品名称	CAS 编号	经口摄入致癌斜率因子 SFO/[mg/(kg·d)]⁻¹	呼吸吸入致癌风险因子 IUR/(µg/m³)⁻¹	经口摄入参考剂量 RfDo/[mg/(kg·d)]	呼吸吸入参考浓度 RfCi/(mg/m³)	消化道吸收因子 GIABS	皮肤吸收效率因子 ABSd	饱和浓度 C_{sat}/(mg/kg)	密度/(g/cm³)	空气扩散系数 D_{ia}/(cm²/s)	水中扩散系数 D_{iw}/(cm²/s)	分配系数 K_{oc}/(L/kg)	溶解度 S/(mg/L)
丁基羟基茴香醚	25013-16-5	2.0×10^{-4}	5.7×10^{-8}				0.1			0.038	4.4×10^{-6}	840	210
丁羟甲苯	128-37-0	3.6×10^{-3}		0.3		1	0.1		0.89	0.023	5.6×10^{-6}	1.5×10^{4}	0.6
正丁苯	104-51-8			0.05		1		108	0.86	0.053	7.3×10^{-6}	1.5×10^{3}	12
2-丁苯	135-98-8			0.1		1		145	0.86	0.053	7.3×10^{-6}	1.3×10^{3}	18
叔丁基苯	98-06-6			0.1		1		183	0.87	0.053	7.4×10^{-6}	1.0×10^{3}	30
二甲肼酸	75-60-5			0.02		1	0.1			0.071	8.3×10^{-6}	44	2.0×10^{6}
镉（饮食）	7440-43-9		1.8×10^{-3}	1.0×10^{-3}	1.0×10^{-5}	0.025	0.001		8.7				
镉（水）	7440-43-9		1.8×10^{-3}	5.0×10^{-4}	1.0×10^{-5}	0.05	0.001		8.7				
己内酰胺	105-60-2		4.3×10^{-5}	0.5	2.2×10^{-3}	1	0.1		1.0	0.069	9.0×10^{-6}	25	7.7×10^{5}
敌菌丹	2425-06-1	0.15		2.0×10^{-3}		1	0.1			0.038	4.5×10^{-6}	780	1.4
克菌丹	133-06-2	2.3×10^{-3}	6.6×10^{-7}	0.13		1	0.1		1.7	0.026	6.9×10^{-6}	250	5.1
西维因	63-25-2			0.1		1	0.1		1.2	0.027	7.1×10^{-6}	350	110
克百威	1563-66-2			5.0×10^{-3}		1	0.1		1.2	0.026	6.6×10^{-6}	95	320
二硫化碳	75-15-0			0.1	0.7	1		738	1.3	0.11	1.3×10^{-5}	22	2.2×10^{3}
四氯化碳	56-23-5	0.07	6.0×10^{-6}	4.0×10^{-3}	0.1	1		458	1.6	0.057	9.8×10^{-6}	44	790
羰基硫	463-58-1				0.1	1		5.89×10^{3}	1.0	0.12	1.3×10^{-5}	1.0	1.2×10^{3}

续表

化学品名称	CAS 编号	经口摄入致癌斜率因子 SFO/[mg/(kg·d)]^-1	呼吸吸入致癌风险因子 IUR/(μg/m³)^-1	经口摄入参考剂量 RfDo/[mg/(kg·d)]	呼吸吸入参考浓度 RfCi/(mg/m³)	消化道吸收因子 GIABS	皮肤吸收效率因子 ABSd	饱和浓度 C_{sat}/(mg/kg)	密度/(g/cm³)	空气扩散系数 D_{ia}/(cm²/s)	水中扩散系数 D_{iw}/(cm²/s)	分配系数 K_{oc}/(L/kg)	溶解度 S/(mg/L)
丁硫克百威	55285-14-8			0.01		1	0.1		1.1	0.018	4.4×10^{-6}	1.2×10^{4}	0.3
菱锈灵	5234-68-4			0.1		1	0.1			0.05	5.8×10^{-6}	170	150
二氧化铀	1306-38-3				9.0×10^{-4}	1			7.2				
三氯乙醛水合物	302-17-0			0.1		1			1.9	0.054	1.0×10^{-5}	1.0	7.9×10^{5}
豆科威	133-90-4			0.015		1	0.1				6.4×10^{-6}	21	700
有机氯胺	E701235												
氯醌	118-75-2	0.4				1	0.1			0.048	5.7×10^{-6}	310	250
氯丹	12789-03-6	0.35	1.0×10^{-4}	5.0×10^{-4}	7.0×10^{-4}	1	0.04		1.6	0.021	5.4×10^{-6}	6.8×10^{4}	0.056
十氯酮	143-50-0	10	4.6×10^{-3}	3.0×10^{-4}		1	0.1		1.6	0.02	4.9×10^{-6}	1.8×10^{4}	2.7
毒虫畏	470-90-6			7.0×10^{-4}		1	0.1			0.038	4.4×10^{-6}	1.3×10^{3}	120
氯嘧磺隆	90982-32-4			0.09		1	0.1			0.034	4.0×10^{-6}	72	1.2×10^{3}
氯	7782-50-5			0.1	1.5×10^{-4}	1		2.78×10^{3}	2.9	0.15	2.2×10^{-5}		6.3×10^{3}
二氧化氯	10049-04-4			0.03	2.0×10^{-4}	1			2.8	0.16	2.2×10^{-5}		
氯化钠	7758-19-2			0.03		1							6.4×10^{5}
1-氯-1,1-二氟乙烷	75-68-3				50	1		1.15×10^{3}	1.1	0.08	1.0×10^{-5}	44	1.4×10^{3}

续表

化学品名称	CAS编号	经口摄入致癌斜率因子 SFO /[mg/(kg·d)][1]	呼吸吸入致癌风险因子 IUR /(μg/m³)[1]	经口摄入参考剂量 RfDo /[mg/(kg·d)]	呼吸吸入参考浓度 RfCi /(mg/m³)	消化道吸收因子 GIABS	皮肤吸收效率因子 ABSd	饱和浓度 C_{sat} /(mg/kg)	密度 /(g/cm³)	空气扩散系数 D_{ia} /(cm²/s)	水中扩散系数 D_{iw} /(cm²/s)	分配系数 K_{oc} /(L/kg)	溶解度 S /(mg/L)
2-氯-1,3-丁二烯	126-99-8		3.0×10^{-4}	0.02	0.02	1		786	0.96	0.084	1.0×10^{-5}	61	870
盐酸-4-氯-2-甲基苯胺	3165-93-3	0.46				1	0.1			0.06	7.0×10^{-6}	350	950
4-氯-2-甲基苯胺	95-69-2	0.1	7.7×10^{-5}	3.0×10^{-3}		1	0.1			0.07	8.2×10^{-6}	180	950
2-氯乙醛	107-20-0	0.27				1	0.1	1.18×10^{4}	1.2	0.1	1.2×10^{-5}	1.0	1.1×10^{5}
氯乙酸	79-11-8					1	0.1		1.4	0.094	1.2×10^{-5}	1.4	8.6×10^{5}
2-氯苯乙酮	532-27-4				3.0×10^{-5}	1	0.1		1.3	0.052	8.7×10^{-6}	99	1.1×10^{3}
对氯苯胺	106-47-8	0.2		4.0×10^{-3}		1	0.1		1.4	0.07	1.0×10^{-5}	110	3.9×10^{3}
氯苯	108-90-7			0.02	0.05	1	0.1	761	1.1	0.072	9.5×10^{-6}	230	500
对氯苯磺酸	98-66-8			0.1		1	0.1			0.057	6.7×10^{-6}	16	3.1×10^{5}
乙酯杀螨醇	510-15-6	0.11	3.1×10^{-5}	0.02		1	0.1		1.3	0.022	5.5×10^{-6}	1.5×10^{3}	13
对氯苯甲酸	74-11-3			0.03		1	0.1		1.5	0.055	9.5×10^{-6}	27	72
4-氯三氟甲苯	98-56-6			3.0×10^{-3}	0.3	1		290	1.3	0.038	8.0×10^{-6}	1.6×10^{3}	29
1-氯丁烷	109-69-3			0.04		1		728	0.89	0.078	9.3×10^{-6}	72	1.1×10^{3}
氯二氟甲烷	75-45-6				50	1		1.68×10^{3}	1.5	0.1	1.3×10^{-5}	32	2.8×10^{3}
2-氯乙醇	107-07-3			0.02		1		1.11×10^{5}	1.2	0.1	1.2×10^{-5}	1.9	1.0×10^{6}

续表

化学品名称	CAS编号	经口摄入致癌斜率因子 SFO/[mg/(kg·d)]⁻¹	呼吸吸入致癌风险因子 IUR/(μg/m³)⁻¹	经口摄入参考剂量 RfDo/[mg/(kg·d)]	呼吸吸入参考浓度 RfCi/(mg/m³)	消化道吸收因子 GIABS	皮肤吸收效率因子 ABSd	饱和浓度 C_{sat}/(mg/kg)	密度/(g/cm³)	空气扩散系数 D_{ia}/(cm²/s)	水中扩散系数 D_{iw}/(cm²/s)	分配系数 K_{oc}/(L/kg)	溶解度 S/(mg/L)
氯仿	67-66-3	0.031	2.3×10^{-5}	0.01	0.098	1		2.54×10^{3}	1.5	0.077	1.1×10^{-5}	32	8.0×10^{3}
氯甲烷	74-87-3				0.09	1		1.32×10^{3}	0.91	0.12	1.4×10^{-5}	13	5.3×10^{3}
氯甲基甲醚	107-30-2	2.4	6.9×10^{-4}			1		9.32×10^{3}	1.1	0.095	1.1×10^{-5}	5.3	6.9×10^{4}
邻氯硝基苯	88-73-3	0.3		3.0×10^{-3}	1.0×10^{-5}	1	0.1		1.4	0.051	8.8×10^{-6}	370	440
对氯硝基苯	100-00-5	0.06		7.0×10^{-4}	2.0×10^{-3}	1	0.1		1.3	0.05	8.5×10^{-6}	360	230
2-氯酚	95-57-8			5.0×10^{-3}		1		2.74×10^{4}	1.3	0.066	9.5×10^{-6}	390	1.1×10^{4}
三氯硝基甲烷	76-06-2				4.0×10^{-4}	1		617	1.7	0.052	9.6×10^{-6}	44	1.6×10^{3}
百菌清	1897-45-6	3.1×10^{-3}	8.9×10^{-7}	0.015		1	0.1		1.7	0.028	7.3×10^{-6}	1.0×10^{3}	0.81
邻氯甲苯	95-49-8			0.02		1		907	1.1	0.063	8.7×10^{-6}	380	370
对氯甲苯	106-43-4			0.02		1		253	1.1	0.063	8.7×10^{-6}	380	110
氯脲霉素	54749-90-5	240	0.069			1	0.1			0.046	5.4×10^{-6}	10	1.8×10^{3}
氯苯胺灵	101-21-3			0.05		1	0.1		1.2	0.026	6.7×10^{-6}	350	89
毒死蜱	2921-88-2			1.0×10^{-3}		1	0.1			0.038	4.5×10^{-6}	7.3×10^{3}	1.1
甲基毒死蜱	5598-13-0			0.01		1	0.1			0.04	4.7×10^{-6}	2.2×10^{3}	4.8
氯磺隆	64902-72-3			0.05		1	0.1			0.038	4.4×10^{-6}	320	3.1×10^{4}
氯酞酸二甲酯	1861-32-1			0.01		1	0.1			0.04	4.6×10^{-6}	510	0.5
虫螨磷	60238-56-4			8.0×10^{-4}		1	0.1			0.037	4.4×10^{-6}	1.3×10^{4}	0.3

续表

化学品名称	CAS 编号	经口摄入致癌斜率因子 SFO /[mg/(kg·d)]⁻¹	呼吸吸入致癌风险因子 IUR /[(μg/m³)⁻¹]	经口摄入参考剂量 RfDo /[mg/(kg·d)]	呼吸吸入参考浓度 RfCi /(mg/m³)	消化道吸收因子 GIABS	皮肤吸收效率因子 ABSd	饱和浓度 C_{sat} /(mg/kg)	密度 /(g/cm³)	空气扩散系数 D_{ia} /(cm²/s)	水中扩散系数 D_{iw} /(cm²/s)	分配系数 K_{oc} /(L/kg)	溶解度 S /(mg/L)
难溶三价铬盐	16065-83-1			1.5		0.013			5.2				
六价铬	18540-29-9	0.5	0.084	3.0×10^{-3}	1.0×10^{-4}	0.025							1.7×10^{6}
总铬	7440-47-3			0.013		0.013			7.2				
四螨嗪	74115-24-5					1	0.1			0.042	4.9×10^{-6}	3.0×10^{4}	1.0
钴	7440-48-4		9.0×10^{-3}	3.0×10^{-4}	6.0×10^{-6}	1			8.9				
焦炉废气	8007-45-2		6.2×10^{-4}			1				0.1	1.2×10^{-5}	1.6×10^{4}	
铜	7440-50-8			0.04		1			9.0				
3-甲酚	108-39-4			0.05	0.6	1	0.1		1.0	0.073	9.3×10^{-6}	300	2.3×10^{4}
2-甲酚	95-48-7			0.05	0.6	1	0.1		1.0	0.073	9.3×10^{-6}	310	2.6×10^{4}
4-甲酚	106-44-5			0.1	0.6	1	0.1		1.0	0.072	9.2×10^{-6}	300	2.2×10^{4}
3,4-二氯酚	59-50-7			0.1		1	0.1			0.07	8.1×10^{-6}	490	3.8×10^{3}
甲酚	1319-77-3			0.1	0.6	1	0.1			0.04	4.7×10^{-6}	310	9.1×10^{3}
反式丁烯醛	123-73-9	1.9		1.0×10^{-3}		1		1.66×10^{4}	0.85	0.096	1.1×10^{-5}	1.8	1.5×10^{5}
异丙基苯	98-82-8			0.1	0.4	1		268	0.86	0.06	7.9×10^{-6}	700	61
铜铁试剂	135-20-6	0.22	6.3×10^{-5}				0.1			0.066	7.7×10^{-6}	760	6.1×10^{5}
草净津	21725-46-2	0.84		2.0×10^{-3}		1	0.1			0.049	5.7×10^{-6}	130	170
氰化物													

续表

化学品名称	CAS 编号	经口摄入致癌斜率因子 SFO /[mg/(kg·d)]$^{-1}$	呼吸吸入致癌风险因子 IUR /(μg/m³)$^{-1}$	经口摄入参考剂量 RfDo /[mg/(kg·d)]	呼吸吸入参考浓度 RfCi /(mg/m³)	消化道吸收因子 GIABS	皮肤吸收效率因子 ABSd	饱和浓度 C_{sat} /(mg/kg)	密度 /(g/cm³)	空气扩散系数 D_{ia} /(cm²/s)	水中扩散系数 D_{iw} /(cm²/s)	分配系数 K_{oc} /(L/kg)	溶解度 S /(mg/L)
氧化钙	592-01-8			1.0×10^{-3}		1							
氧化铜	544-92-3			5.0×10^{-3}		1			2.9				
氰化物 (CN一)	57-12-5			6.0×10^{-4}	8.0×10^{-4}	1		9.54×10^{5}	0.7	0.21	2.5×10^{-5}		9.5×10^{4}
氯	460-19-5			1.0×10^{-3}		1			0.95	0.12	1.4×10^{-5}		8.0×10^{3}
溴化氰	506-68-3			0.09		1			2.0	0.098	1.4×10^{-5}		
氯化氰	506-77-4			0.05		1			1.2	0.12	1.4×10^{-5}		6.0×10^{4}
氰化氢	74-90-8			6.0×10^{-4}	8.0×10^{-4}	1		1.00×10^{7}	0.69	0.17	1.7×10^{-5}		1.0×10^{6}
氰化钾	151-50-8			2.0×10^{-3}		1			1.6				7.2×10^{5}
氰化银钾	506-61-6			5.0×10^{-3}		0.04							
氰化银	506-64-9			0.1		0.04			4.0				23
氰化钠	143-33-9			1.0×10^{-3}		1			1.6				5.8×10^{5}
硫氰酸酯	E1790664			2.0×10^{-4}		1							
硫氰酸	463-56-9			2.0×10^{-4}		1			1.1	0.12	1.4×10^{-5}		
氰化锌	557-21-1			0.05		1			1.9				4.7
环己烷	110-82-7				6.0	1		117	0.77	0.08	9.1×10^{-6}	150	55
一氯五溴环己烷	87-84-3	0.02		0.02		1	0.1			0.03	3.5×10^{-6}	2.8×10^{3}	0.055

续表

化学品名称	CAS编号	经口摄入致癌斜率因子 SFO/[mg/(kg·d)]⁻¹	呼吸吸入致癌风险因子 IUR/(μg/m³)⁻¹	经口摄入参考剂量 RfDo/[mg/(kg·d)]	呼吸吸入参考浓度 RfCi/(mg/m³)	消化道吸收因子 GIABS	皮肤吸收效率因子 ABSd	饱和浓度 C_{sat}/(mg/kg)	密度/(g/cm³)	空气扩散系数 D_{ia}/(cm²/s)	水中扩散系数 D_{iw}/(cm²/s)	分配系数 K_{oc}/(L/kg)	溶解度 S/(mg/L)
环己酮	108-94-1			5.0	0.7	1		5.11×10^3	0.95	0.077	9.4×10^{-6}	17	2.5×10^4
环己烯	110-83-8			5.0×10^{-3}	1.0	1		283	0.81	0.083	9.5×10^{-6}	150	210
环己胺	108-91-8			0.2		1		2.93×10^5	0.82	0.071	8.5×10^{-6}	32	1.0×10^6
氯氟氰菊酯	68359-37-5			0.025		1	0.1			0.033	3.9×10^{-6}	1.3×10^5	3.0×10^{-3}
高效氯氟氰菊酯	68085-85-8			1.0×10^{-3}		1	0.1			0.032	3.8×10^{-6}	3.4×10^5	5.0×10^{-3}
灭蝇胺	66215-27-8			0.5		1	0.1			0.063	7.3×10^{-6}	29	1.3×10^4
4,4-滴滴滴	72-54-8	0.24	6.9×10^{-5}	3.0×10^{-5}		1	0.1			0.041	4.7×10^{-6}	1.2×10^5	0.09
4,4-滴滴伊	72-55-9	0.34	9.7×10^{-5}	3.0×10^{-4}		1			1.4	0.023	5.9×10^{-6}	1.2×10^5	0.04
滴滴涕	50-29-3	0.34	9.7×10^{-5}	5.0×10^{-4}		1	0.03			0.038	4.4×10^{-6}	1.7×10^5	5.5×10^{-3}
茅草枯	75-99-0	0.018		0.03		1	0.1		1.4	0.06	9.4×10^{-6}	3.2	5.0×10^5
比久	1596-84-5		5.1×10^{-6}	0.15		1	0.1			0.064	7.5×10^{-6}	10	1.0×10^5
十溴二苯醚	1163-19-5	7.0×10^{-4}		7.0×10^{-3}		1	0.1		3.0	0.019	4.8×10^{-6}	2.8×10^5	1.0×10^{-4}
内吸磷	8065-48-3			4.0×10^{-5}		1	0.1		1.1	0.016	3.8×10^{-6}		670
己二酸二（2-乙基己基）酯	103-23-1	1.2×10^{-3}		0.6		1	0.1		0.92	0.017	4.2×10^{-6}	3.6×10^4	0.78
燕麦敌	2303-16-4	0.061				1	0.1			0.045	5.3×10^{-6}	640	14

续表

化学品名称	CAS 编号	经口摄入致癌斜率因子 SFO /[mg /(kg·d)]⁻¹	呼吸吸入致癌风险因子 IUR /(μg/m³)⁻¹	经口摄入参考剂量 RfDo/[mg /(kg·d)]	呼吸吸入参考浓度 RfCi /(mg/m³)	消化道吸收因子 GIABS	皮肤吸收效率因子 ABSd	饱和浓度 C_{sat} /(mg/kg)	密度 /(g/cm³)	空气扩散系数 D_{ia} /(cm²/s)	水中扩散系数 D_{iw} /(cm²/s)	分配系数 K_{oc} /(L/kg)	溶解度 S /(mg/L)
二嗪农	333-41-5			7.0×10^{-4}		1	0.1		1.1	0.021	5.2×10^{-6}	3.0×10^{3}	40
二苯并噻吩	132-65-0			0.01		1			1.3	0.036	7.6×10^{-6}	9.2×10^{3}	1.5
1,2-二溴-3-氯丙烷	96-12-8	0.8	6.0×10^{-3}	2.0×10^{-4}	2.0×10^{-4}	1		979	2.1	0.032	8.9×10^{-6}	120	1.2×10^{3}
二溴乙酸	631-64-1					1	0.1		2.0	0.052	6.1×10^{-6}	2.3	2.1×10^{6}
1,3-二溴苯	108-36-1			4.0×10^{-4}		1		159	2.0	0.031	8.5×10^{-6}	380	68
1,4-二溴苯	106-37-6			0.01		1			2.3	0.033	9.3×10^{-6}	380	20
二溴甲烷	124-48-1	0.084		0.02		1		802	2.5	0.037	1.1×10^{-5}	32	2.7×10^{3}
1,2-二溴乙烷	106-93-4	2.0	6.0×10^{-4}	9.0×10^{-3}	9.0×10^{-3}	1		1.34×10^{3}	2.2	0.043	1.0×10^{-5}	40	3.9×10^{3}
二溴甲烷	74-95-3				4.0×10^{-3}	1		2.82×10^{3}	2.5	0.055	1.2×10^{-5}	22	1.2×10^{4}
二丁基锡化合物	E1790660			3.0×10^{-4}		1	0.1						
麦草畏	1918-00-9			0.03		1	0.1		1.6	0.029	7.8×10^{-6}	29	8.3×10^{3}
二氯胺	3400-09-7												
1,4-二氯-2-丁烯	764-41-0		4.2×10^{-3}			1		554	1.2	0.067	9.3×10^{-6}	130	580
顺-1,4-二氯-2-丁烯	1476-11-5		4.2×10^{-3}			1		519	1.2	0.067	9.3×10^{-6}	130	580
反-1,4-二氯-2-丁烯	110-57-6		4.2×10^{-3}			1		760	1.2	0.066	9.3×10^{-6}	130	850

续表

化学品名称	CAS 编号	经口摄入致癌斜率因子 SFO /[mg/(kg·d)]⁻¹	呼吸吸入致癌风险因子 IUR /(μg/m³)⁻¹	经口摄入参考剂量 RfDo/[mg/(kg·d)]	呼吸吸入参考浓度 RfCi /(mg/m³)	消化道吸收因子 GIABS	皮肤吸收效率因子 ABSd	饱和浓度 C_{sat} /(mg/kg)	密度 /(g/cm³)	空气扩散系数 D_{ia} /(cm²/s)	水中扩散系数 D_{iw} /(cm²/s)	分配系数 K_{oc} /(L/kg)	溶解度 S /(mg/L)
二氯乙酸	79-43-6	0.05		4.0×10^{-3}		1	0.1		1.6	0.072	1.1×10^{-5}	2.3	1.0×10^{6}
1,2-二氯苯	95-50-1			0.09	0.2	1		376	1.3	0.056	8.9×10^{-6}	380	160
1,4-二氯苯	106-46-7	5.4×10^{-3}	1.1×10^{-5}	0.07	0.8	1			1.2	0.055	8.7×10^{-6}	380	81
3,3-二氯苯胺	91-94-1	0.45	3.4×10^{-4}			1	0.1			0.047	5.5×10^{-6}	3.2×10^{3}	3.1
4,4-二氯苯甲酮	90-98-2			9.0×10^{-3}		1	0.1		1.5	0.026	6.9×10^{-6}	2.9×10^{3}	0.83
氟氯烷	75-71-8			0.2	0.1	1		845	1.5	0.076	1.1×10^{-5}	44	280
1,1-二氯乙烷	75-34-3	5.7×10^{-3}	1.6×10^{-6}	0.2		1		1.69×10^{3}	1.2	0.084	1.1×10^{-5}	32	5.0×10^{3}
1,2-二氯乙烷	107-06-2	0.091	2.6×10^{-5}	6.0×10^{-3}	7.0×10^{-3}	1		2.98×10^{3}	1.2	0.086	1.1×10^{-5}	40	8.6×10^{3}
1,1-二氯乙烯	75-35-4			0.05	0.2	1		1.19×10^{3}	1.2	0.086	1.1×10^{-5}	32	2.4×10^{3}
顺-1,2-二氯乙烯	156-59-2			2.0×10^{-3}		1		2.37×10^{3}	1.3	0.088	1.1×10^{-5}	40	6.4×10^{3}
反-1,2-二氯乙烯	156-60-5			0.02		1		1.85×10^{3}	1.3	0.088	1.1×10^{-5}	40	4.5×10^{3}
2,4-二氯酚	120-83-2			3.0×10^{-3}		1	0.1		1.4	0.049	8.7×10^{-6}	150	5.6×10^{3}
2,4-二氯苯氧乙酸	94-75-7			0.01		1	0.05		1.4	0.028	7.3×10^{-6}	30	680
1,2-二氯丙烷	78-87-5	0.037	3.7×10^{-6}	0.04	4.0×10^{-3}	1		1.36×10^{3}	1.2	0.073	9.7×10^{-6}	61	2.8×10^{3}
1,3-二氯丙烷	142-28-9			0.02		1		1.49×10^{3}	1.2	0.074	9.8×10^{-6}	72	2.8×10^{3}

续表

化学品名称	CAS 编号	经口摄入致癌斜率因子 SFO/[mg/(kg·d)]⁻¹	呼吸吸入致癌风险因子 IUR/[(μg/m³)⁻¹]	经口摄入参考剂量 RfDo/[mg/(kg·d)]	呼吸吸入参考浓度 RfCi/(mg/m³)	消化道吸收因子 GIABS	皮肤吸收效率因子 ABSd	饱和浓度 C_{sat}/(mg/kg)	密度/(g/cm³)	空气扩散系数 D_{ia}/(cm²/s)	水中扩散系数 D_{iw}/(cm²/s)	分配系数 K_{oc}/(L/kg)	溶解度 S/(mg/L)
2,3-二氯丙醇	616-23-9			3.0×10^{-3}		1	0.1		1.4	0.068	9.9×10^{-6}	5.6	6.4×10^{4}
1,3-二氯丙烯	542-75-6	0.1	4.0×10^{-6}	0.03	0.02	1		1.57×10^{3}	1.2	0.076	1.0×10^{-5}	72	2.8×10^{3}
敌敌畏	62-73-7	0.29	8.3×10^{-5}	5.0×10^{-4}	5.0×10^{-4}	1	0.1		1.4	0.028	7.3×10^{-6}	54	8.0×10^{3}
百治磷	141-66-2			3.0×10^{-5}		1	0.1		1.2	0.025	6.4×10^{-6}	17	1.0×10^{6}
双环戊二烯	77-73-6			0.08	3.0×10^{-4}	1		256	0.93	0.056	7.8×10^{-6}	1.5×10^{3}	26
狄氏剂	60-57-1	16	4.6×10^{-3}	5.0×10^{-5}		1	0.1		1.8	0.023	6.0×10^{-6}	2.0×10^{4}	0.2
柴油废气	E17136615		3.0×10^{-4}		5.0×10^{-3}	1	0.1						
二乙醇胺	111-42-2			2.0×10^{-3}	2.0×10^{-4}	1	0.1		1.1	0.077	9.8×10^{-6}	1.0	1.0×10^{6}
二乙二醇丁醚	112-34-5			0.03	1.0×10^{-4}	1	0.1		0.96	0.041	7.0×10^{-6}	10	1.0×10^{6}
二乙二醇单乙醚	111-90-0			0.06	3.0×10^{-4}	1	0.1		0.99	0.056	8.0×10^{-6}	1.0	1.0×10^{6}
二乙基甲酰胺	617-84-5			1.0×10^{-3}		1		1.12×10^{5}	0.91	0.073	9.0×10^{-6}	2.1	1.0×10^{6}
己烯雌酚	56-53-1	350	0.1			1	0.1			0.046	5.3×10^{-6}	2.7×10^{5}	12
燕麦枯	43222-48-6			0.083		1	0.1			0.038	4.4×10^{-6}	7.8×10^{4}	8.2×10^{5}
氟苯脲	35367-38-5			0.02		1	0.1			0.041	4.8×10^{-6}	460	0.08
1,1-二氟乙烷	75-37-6				40	1		1.43×10^{3}	0.9	0.1	1.2×10^{-5}	32	3.2×10^{3}
2,2-二氟丙烷	420-45-1				30	1		691	0.92	0.09	1.0×10^{-5}	44	160

续表

化学品名称	CAS 编号	经口摄入致癌斜率因子 SFO /[mg/(kg·d)]⁻¹	呼吸吸入致癌风险因子 IUR /(μg/m³)⁻¹	经口摄入参考剂量 RfDo /[mg/(kg·d)]	呼吸吸入参考浓度 RfCi /(mg/m³)	消化道吸收因子 GIABS	皮肤吸收效率因子 ABSd	饱和浓度 C_{sat} /(mg/kg)	密度 /(g/cm³)	空气扩散系数 D_{ia} /(cm²/s)	水中扩散系数 D_{iw} /(cm²/s)	分配系数 K_{oc} /(L/kg)	溶解度 S /(mg/L)
二氢黄樟素	94-58-6	0.044	1.3×10^{-5}						1.1	0.043	7.4×10^{-6}	210	57
二异丙基醚	108-20-3				0.7	1		2.26×10^{3}	0.72	0.065	7.8×10^{-6}	23	8.8×10^{3}
甲基膦酸二异丙酯	1445-75-6			0.08		1		530	0.98	0.034	6.6×10^{-6}	42	1.5×10^{3}
噻节因	55290-64-7			0.022		1	0.1			0.054	6.3×10^{-6}	10	4.6×10^{3}
乐果	60-51-5			2.2×10^{-3}		1	0.1		1.3	0.026	6.7×10^{-6}	13	2.3×10^{4}
3,3'-二甲氧基联苯胺	119-90-4	1.6				1	0.1			0.049	5.7×10^{-6}	510	60
甲基膦酸二甲酯	756-79-6	1.7×10^{-3}		0.06		1	0.1		1.2	0.067	9.2×10^{-6}	5.4	1.0×10^{6}
对二甲氨基偶氮苯	60-11-7	4.6	1.3×10^{-3}			1	0.1			0.051	6.0×10^{-6}	2.0×10^{3}	0.23
2,4-二甲基苯胺盐酸盐	21436-96-4	0.58				1	0.1			0.078	9.1×10^{-6}	350	3.7×10^{3}
2,4-二甲基苯胺	95-68-1	0.2		2.0×10^{-3}		1	0.1		0.97	0.063	8.4×10^{-6}	180	6.1×10^{3}
N,N-二甲基苯胺	121-69-7	0.027		2.0×10^{-3}		1		830	0.96	0.063	8.3×10^{-6}	79	1.5×10^{3}
3,3'-二甲基联苯胺	119-93-7	11				1	0.1			0.053	6.2×10^{-6}	3.2×10^{3}	1.3×10^{3}
二甲基甲酰胺	68-12-2			0.1	0.03	1		1.06×10^{5}	0.94	0.097	1.1×10^{-5}	1.0	1.0×10^{6}

续表

化学品名称	CAS 编号	经口摄入致癌斜率因子 SFO /[mg/(kg·d)]$^{-1}$	呼吸吸入致癌风险因子 IUR /(μg/m³)$^{-1}$	经口摄入参考剂量 RfDo /[mg/(kg·d)]	呼吸吸入参考浓度 RfCi /(mg/m³)	消化道吸收因子 GIABS	皮肤吸收效率因子 ABSd	饱和浓度 C_{sat} /(mg/kg)	密度 /(g/cm³)	空气扩散系数 D_{ia} /(cm²/s)	水中扩散系数 D_{w} /(cm²/s)	分配系数 K_{oc} /(L/kg)	溶解度 S /(mg/L)
1,1-二甲肼	57-14-7			1.0×10^{-4}	2.0×10^{-6}	1		1.72×10^{5}	0.79	0.1	1.1×10^{-5}	12	1.0×10^{6}
1,2-二甲肼	540-73-8	550	0.16			1		1.89×10^{5}	0.83	0.11	1.2×10^{-5}	15	1.0×10^{6}
2,4-二甲苯酚	105-67-9			0.02		1	0.1		0.97	0.062	8.3×10^{-6}	490	7.9×10^{3}
2,6-二甲苯酚	576-26-1			6.0×10^{-4}		1	0.1			0.077	9.0×10^{-6}	500	6.1×10^{3}
3,4-二甲苯酚	95-65-8			1.0×10^{-3}		1	0.1		0.98	0.063	8.4×10^{-6}	490	4.8×10^{3}
1-氯-2-甲基-1-丙烯	513-37-1	0.045	1.3×10^{-5}					473	0.92	0.081	9.7×10^{-6}	61	1.0×10^{3}
4,6-二硝基邻甲苯酚	534-52-1			8.0×10^{-5}		1	0.1			0.056	6.5×10^{-6}	750	200
消螨酚	131-89-5			2.0×10^{-3}		1	0.1			0.046	5.4×10^{-6}	1.7×10^{4}	15
1,2-二硝基苯	528-29-0			1.0×10^{-4}		1	0.1		1.3	0.045	8.3×10^{-6}	360	130
1,3-二硝基苯	99-65-0			1.0×10^{-4}		1	0.1		1.6	0.048	9.2×10^{-6}	350	530
1,4-二硝基苯	100-25-4			1.0×10^{-4}		1	0.1		1.6	0.049	9.4×10^{-6}	350	69
2,4-二硝基酚	51-28-5			2.0×10^{-3}		1	0.1		1.7	0.041	9.1×10^{-6}	460	2.8×10^{3}
2,4/2,6-二硝基甲苯	E1615210	0.68				1	0.1			0.059	6.9×10^{-6}	590	270
2,4-二硝基甲苯	121-14-2	0.31	8.9×10^{-5}	2.0×10^{-3}		1	0.102		1.3	0.038	7.9×10^{-6}	580	200

续表

化学品名称	CAS 编号	经口摄入致癌斜率因子 SFO/[mg/(kg·d)]$^{-1}$	呼吸吸入致癌风险因子 IUR/(μg/m³)$^{-1}$	经口摄入参考剂量 $RfDo$/[mg/(kg·d)]	呼吸吸入参考浓度 $RfCi$/(mg/m³)	消化道吸收因子 GIABS	皮肤吸收效率因子 ABSd	饱和浓度 C_{sat}/(mg/kg)	密度/(g/cm³)	空气扩散系数 D_{ia}/(cm²/s)	水中扩散系数 D_{iw}/(cm²/s)	分配系数 K_{oc}/(L/kg)	溶解度 S/(mg/L)
2,6-二硝基甲苯	606-20-2	1.5		3.0×10^{-4}		1	0.099		1.3	0.037	7.8×10^{-6}	590	180
2-氨基-4,6-二硝基甲苯	35572-78-2			2.0×10^{-3}		1	0.006			0.056	6.6×10^{-6}	280	1.2×10^{3}
4-氨基-2,6-二硝基甲苯	19406-51-0			2.0×10^{-3}		1	0.009			0.056	6.6×10^{-6}	280	1.2×10^{3}
工业级二硝基甲苯	25321-14-6	0.45		9.0×10^{-4}		1	0.1			0.028	3.3×10^{-6}	590	270
地乐酚	88-85-7			1.0×10^{-3}		1	0.1		1.3	0.025	6.5×10^{-6}	4.3×10^{3}	52
1,4-二噁烷	123-91-1	0.1	5.0×10^{-6}	0.03	0.03	1		1.16×10^{5}	1.0	0.087	1.1×10^{-5}	2.6	1.0×10^{6}
二噁英													
混合六氯二苯并对二噁英	34465-46-8	6.2×10^{3}	1.3			1	0.03		1.8	0.043	6.0×10^{-6}	7.0×10^{5}	4.0×10^{-6}
2,3,7,8-四氯二苯并对二噁英	1746-01-6	1.3×10^{5}	38	7.0×10^{-10}	4.0×10^{-8}	1	0.03		1.8	0.047	6.8×10^{-6}	2.5×10^{5}	2.0×10^{-4}
草乃敌	957-51-7			0.03		1	0.1		1.2	0.024	6.2×10^{-6}	4.8×10^{3}	260
二苯醚	101-84-8				4.0×10^{-4}	1			1.1	0.04	7.2×10^{-6}	2.0×10^{3}	18
二苯砜	127-63-9			8.0×10^{-4}		1	0.1		1.3	0.027	6.9×10^{-6}	1.1×10^{3}	310
二苯胺	122-39-4			0.1		1	0.1		1.2	0.042	7.6×10^{-6}	830	53
1,2-二苯肼	122-66-7	0.8	2.2×10^{-4}			1	0.1		1.2	0.034	7.2×10^{-6}	1.5×10^{3}	220

续表

化学品名称	CAS 编号	经口摄入致癌斜率因子 SFO/[mg/(kg·d)]⁻¹	呼吸吸入致癌风险因子 IUR/(μg/m³)⁻¹	经口摄入参考剂量 RfDo/[mg/(kg·d)]⁻¹	呼吸吸入参考浓度 RfCi/(mg/m³)	消化道吸收因子 GIABS	皮肤吸收效率因子 ABSd	饱和浓度 C_{sat}/(mg/kg)	密度/(g/cm³)	空气扩散系数 D_{ia}/(cm²/s)	水中扩散系数 D_{iw}/(cm²/s)	分配系数 K_{oc}/(L/kg)	溶解度 S/(mg/L)
敌草快	85-00-7			2.2×10^{-3}		1	0.1		1.2	0.021	5.2×10^{-6}	9.3×10^{3}	7.1×10^{5}
直接黑 38	1937-37-7	7.1	0.14				0.1			0.022	2.6×10^{-6}	2.4×10^{8}	3.0×10^{3}
直接蓝 6	2602-46-2	7.4	0.14				0.1			0.02	2.3×10^{-6}	7.9×10^{8}	1.4×10^{-4}
直接棕 95	16071-86-6	6.7	0.14			1	0.1			0.023	2.7×10^{-6}	7.0×10^{6}	1.0×10^{6}
乙拌磷	298-04-4			4.0×10^{-5}		1	0.1		1.1	0.023	5.7×10^{-6}	840	16
1,4-二噻烷	505-29-3			0.01		1			1.1	0.068	9.3×10^{-6}	150	3.0×10^{3}
敌草隆	330-54-1			2.0×10^{-3}		1	0.1			0.05	5.9×10^{-6}	110	42
多果定	2439-10-3			0.02		1	0.1			0.044	5.1×10^{-6}	2.5×10^{3}	630
菌达灭	759-94-4			0.05		1			0.95	0.029	6.4×10^{-6}	160	380
硫丹	115-29-7			6.0×10^{-3}		1			1.7	0.022	5.8×10^{-6}	6.8×10^{3}	0.33
硫丹硫酸盐	1031-07-8			6.0×10^{-3}		1	0.1			0.034	3.9×10^{-6}	9.8×10^{3}	0.48
茵多素	145-73-3			0.02		1			1.4	0.037	8.2×10^{-6}	19	1.0×10^{5}
异狄氏剂	72-20-8			3.0×10^{-4}		1	0.1			0.036	4.2×10^{-6}	2.0×10^{4}	0.25
环氧氯丙烷	106-89-8	9.9×10^{-3}	1.2×10^{-6}	6.0×10^{-3}	1.0×10^{-3}	1	0.1	1.05×10^{4}	1.2	0.089	1.1×10^{-5}	9.9	6.6×10^{4}
1,2-环氧丁烷	106-88-7				0.02	1		1.53×10^{4}	0.83	0.093	1.0×10^{-5}	9.9	9.5×10^{4}
2-(2-甲氧基乙氧基)乙醇	111-77-3			0.04		1	0.1			0.078	9.1×10^{-6}	1.0	1.0×10^{6}

续表

化学品名称	CAS 编号	经口摄入致癌斜率因子 SFO /[mg/(kg·d)]$^{-1}$	呼吸吸入致癌风险因子 IUR /(μg/m³)$^{-1}$	经口摄入参考剂量 RtDo /[mg/(kg·d)]	呼吸吸入参考浓度 RtCi /(mg/m³)	消化道吸收因子 GIABS	皮肤吸收效率因子 ABSd	饱和浓度 C_{sat} /(mg/kg)	密度 /(g/cm³)	空气扩散系数 D_{ia} /(cm²/s)	水中扩散系数 D_{iw} /(cm²/s)	分配系数 K_{oc} /(L/kg)	溶解度 S /(mg/L)
乙烯利	16672-87-0			5.0×10^{-3}		1	0.1		1.2	0.055	8.6×10^{-6}	5.0	1.0×10^{6}
乙硫磷	563-12-2			5.0×10^{-4}		1	0.1		1.2	0.019	4.8×10^{-6}	880	2.0
醋酸 2-乙氧基乙醇酯	111-15-9			0.1	0.06	1		2.38×10^{4}	0.97	0.057	8.0×10^{-6}	4.5	1.9×10^{5}
2-乙氧基乙醇	110-80-5			0.09	0.2	1		1.06×10^{5}	0.93	0.082	9.7×10^{-6}	1.0	1.0×10^{6}
乙酸乙酯	141-78-6			0.9	0.07	1		1.08×10^{4}	0.9	0.082	9.7×10^{-6}	5.6	8.0×10^{4}
丙烯酸乙酯	140-88-5			5.0×10^{-3}	8.0×10^{-3}	1		2.50×10^{3}	0.92	0.075	9.1×10^{-6}	11	1.5×10^{4}
氯乙烷	75-00-3				10	1		2.12×10^{3}	0.89	0.1	1.2×10^{-5}	22	6.7×10^{3}
乙醚	60-29-7			0.2		1		1.01×10^{4}	0.71	0.085	9.4×10^{-6}	9.7	6.0×10^{4}
甲基丙烯酸乙酯	97-63-2				0.3	1		1.10×10^{3}	0.91	0.065	8.4×10^{-6}	17	5.4×10^{3}
苯硫磷	2104-64-5			1.0×10^{-5}		1	0.1		1.3	0.022	5.5×10^{-6}	1.5×10^{4}	3.1
乙苯	100-41-4	0.011	2.5×10^{-6}	0.1	1.0	1		480	0.86	0.068	8.5×10^{-6}	450	170
2-氯乙醇	109-78-4			0.07		1	0.1		1.0	0.1	1.2×10^{-5}	1.0	1.0×10^{6}
乙二胺	107-15-3			0.09	0.4	1		1.89×10^{5}	0.9	0.1	1.2×10^{-5}	15	1.0×10^{6}
乙二醇	107-21-1			2.0	1.6	1	0.1		1.1	0.12	1.4×10^{-5}	1.0	1.0×10^{6}
乙二醇单丁醚	111-76-2			0.1		1	0.1		0.9	0.063	8.1×10^{-6}	2.8	1.0×10^{6}
环氧乙烷	75-21-8	0.31	3.0×10^{-3}		0.03	1		1.21×10^{5}	0.88	0.13	1.5×10^{-5}	3.2	1.0×10^{6}

续表

化学品名称	CAS 编号	经口摄入致癌斜率因子 SFO/[mg/(kg·d)]$^{-1}$	呼吸吸入致癌风险因子 IUR /(μg/m³)$^{-1}$	经口摄入参考剂量 RfDo/[mg/(kg·d)]	呼吸吸入参考浓度 RfCi /(mg/m³)	消化道摄入因子 GIABS	皮肤吸收效率因子 ABSd	饱和浓度 C_{sat} /(mg/kg)	密度 /(g/cm³)	空气扩散系数 D_{ia} /(cm²/s)	水中扩散系数 D_{iw} /(cm²/s)	分配系数 K_{oc} /(L/kg)	溶解度 S /(mg/L)
亚乙基硫脲	96-45-7	0.045	1.3×10^{-5}	8.0×10^{-5}		1	0.1			0.087	1.0×10^{-5}	13	2.0×10^{4}
亚乙基硫脲	151-56-4	65	0.019			1		1.54×10^{5}	0.83	0.13	1.4×10^{-5}	9.0	1.0×10^{6}
邻苯二甲酸单乙二醇酯	84-72-0			3.0		1	0.1			0.044	5.2×10^{-6}	1.0×10^{3}	220
苯硫磷	22224-92-6			2.5×10^{-4}		1	0.1		1.2	0.021	5.4×10^{-6}	400	330
甲氰菊酯	39515-41-8			0.025		1	0.1			0.038	4.5×10^{-6}	2.2×10^{4}	0.33
氰戊菊酯	51630-58-1			0.025		1	0.1		1.2	0.018	4.4×10^{-6}	3.2×10^{5}	0.024
伏草隆	2164-17-2			0.013		1	0.1			0.05	5.9×10^{-6}	290	110
氟化物	16984-48-8			0.04	0.013	1							1.7
氟（可溶性氟）	7782-41-4			0.06	0.013	1			1.6				1.7
氟啶酮	59756-60-4			0.08		1	0.1			0.04	4.7×10^{-6}	5.7×10^{4}	12
呋嘧醇	56425-91-3			0.04		1	0.1			0.041	4.8×10^{-6}	2.2×10^{3}	110
氟硅唑	85509-19-9			2.0×10^{-3}		1	0.1			0.041	4.8×10^{-6}	8.1×10^{4}	54
氟酰胺	66332-96-5			0.5		1	0.1			0.04	4.7×10^{-6}	2.6×10^{3}	6.5
氟胺氰菊酯	69409-94-5			0.01		1	0.1			0.03	3.5×10^{-6}	7.3×10^{5}	5.0×10^{-3}
灭菌丹	133-07-3			0.09		1	0.1			0.043	5.0×10^{-6}	18	0.8
氟磺胺草醚	72178-02-0			2.5×10^{-3}		1	0.1		1.3	0.019	4.6×10^{-6}	1.5×10^{3}	50

续表

化学品名称	CAS 编号	经口摄入致癌斜率因子 SFO /[mg/(kg·d)]⁻¹	呼吸吸入致癌风险因子 IUR /(μg/m³)⁻¹	经口摄入参考剂量 RfDo /[mg/(kg·d)]	呼吸吸入参考浓度 RfCi /(mg/m³)	消化道吸收因子 GIABS	皮肤吸收效率因子 ABSd	饱和浓度 C_{sat} /(mg/kg)	密度 /(g/cm³)	空气扩散系数 D_{ia} /(cm²/s)	水中扩散系数 D_{iw} /(cm²/s)	分配系数 K_{oc} /(L/kg)	溶解度 S /(mg/L)
地虫磷	944-22-9			2.0×10^{-3}		1	0.1		1.2	0.024	6.1×10^{-6}	860	16
甲醛	50-00-0	0.021	1.3×10^{-5}	0.2	9.8×10^{-3}	1		4.24×10^{4}	0.82	0.17	1.7×10^{-5}	1.0	4.0×10^{5}
甲酸	64-18-6			0.9	3.0×10^{-4}	1		1.06×10^{5}	1.2	0.15	1.7×10^{-5}	1.0	1.0×10^{6}
乙膦铝	39148-24-8			2.5		1	0.1			0.038	4.4×10^{-6}	6.5×10^{3}	1.1×10^{5}
呋喃													
二苯并呋喃	132-64-9			1.0×10^{-3}		1	0.03	6.22×10^{3}	1.1	0.065	7.4×10^{-6}	9.2×10^{3}	3.1
呋喃	110-00-9			1.0×10^{-3}		1	0.03	1.65×10^{5}	0.95	0.1	1.2×10^{-5}	80	1.0×10^{4}
四氢呋喃	109-99-9			0.9	2.0	1	0.03		0.88	0.099	1.1×10^{-5}	11	1.0×10^{6}
呋喃唑酮	67-45-8	3.8				1	0.1			0.051	6.0×10^{-6}	860	40
呋喃甲醛	98-01-1			3.0×10^{-3}	0.05	1		1.01×10^{4}	1.2	0.085	1.1×10^{-5}	6.1	7.4×10^{4}
2-乙酰氨基-4-(5-硝基-2-呋喃基)噻唑	531-82-8	1.5	4.3×10^{-4}			1	0.1			0.047	5.5×10^{-6}	580	4.2×10^{3}
拌种胺	60568-05-0	0.03	8.6×10^{-6}			1	0.1			0.048	5.6×10^{-6}	430	0.3
草铵膦	77182-82-2			6.0×10^{-3}		1	0.1			0.56	6.5×10^{-6}	10	1.4×10^{6}
戊二醛	111-30-8			10	8.0×10^{-5}	1	0.1			0.088	1.0×10^{-5}	1.0	2.2×10^{5}
缩水甘油醛	765-34-4			4.0×10^{-4}	1.0×10^{-3}	1		1.06×10^{5}	1.1	0.11	1.3×10^{-5}	1.0	1.0×10^{6}

续表

化学品名称	CAS 编号	经口摄入致癌斜率因子 SFO /[mg/(kg·d)]⁻¹	呼吸吸入致癌风险因子 IUR /(μg/m³)⁻¹	经口摄入参考剂量 RfDo /[mg/(kg·d)]	呼吸吸入参考浓度 RfCi /(mg/m³)	消化道吸收因子 GIABS	皮肤吸收效率因子 ABSd	饱和浓度 C_{sat} /(mg/kg)	密度 /(g/cm³)	空气扩散系数 D_{ia} /(cm²/s)	水中扩散系数 D_{iw} /(cm²/s)	分配系数 K_{oc} /(L/kg)	溶解度 S /(mg/L)
草甘膦	1071-83-6			0.1		1	0.1			0.062	7.3×10^{-6}	2.1×10^{3}	1.1×10^{4}
胍	113-00-8			0.01		1			1.6	0.14	1.7×10^{-5}	12	1.8×10^{3}
氯胍	50-01-1			0.02		1	0.1		1.4	0.092	1.2×10^{-5}		1.0×10^{6}
硝酸胍	506-93-4			0.03		1	0.1			0.077	9.0×10^{-6}	23	1.0×10^{6}
氟吡甲禾灵	69806-40-2			5.0×10^{-5}		1	0.1			0.036	4.3×10^{-6}	5.5×10^{3}	9.3
七氯	76-44-8	4.5	1.3×10^{-3}	5.0×10^{-4}		1			1.6	0.022	5.7×10^{-6}	4.1×10^{4}	0.18
环氧七氯	1024-57-3	9.1	2.6×10^{-3}	1.3×10^{-5}		1			1.9	0.024	6.2×10^{-6}	1.0×10^{4}	0.2
正庚醛	111-71-7				3.0×10^{-3}	1		209	0.81	0.062	7.8×10^{-6}	11	1.3×10^{3}
正庚烷	142-82-5			3.0×10^{-4}	0.4	1		57.9	0.68	0.065	7.6×10^{-6}	240	3.4
六溴苯	87-82-1			2.0×10^{-3}		1			3.0	0.025	6.6×10^{-6}	2.8×10^{3}	1.6×10^{-4}
2,2',4,4',5,5'-六溴二苯醚	68631-49-2			2.0×10^{-4}		1	0.1			0.025	3.0×10^{-6}		9.0×10^{-4}
六氯苯	118-74-1	1.6	4.6×10^{-4}	8.0×10^{-4}		1			2.0	0.029	7.8×10^{-6}	6.2×10^{3}	6.2×10^{-3}
六氯丁二烯	87-68-3	0.078	2.2×10^{-5}	1.0×10^{-3}		1		16.8	1.6	0.027	7.0×10^{-6}	850	3.2
α-六氯环己烷	319-84-6	6.3	1.8×10^{-3}	8.0×10^{-3}		1	0.1			0.043	5.1×10^{-6}	2.8×10^{3}	2.0
β-六氯环己烷	319-85-7	1.8	5.3×10^{-4}			1	0.1		1.9	0.028	7.4×10^{-6}	2.8×10^{3}	0.24

化学品名称	CAS 编号	经口摄入致癌斜率因子 SFO/[mg/(kg·d)]$^{-1}$	呼吸吸入致癌风险因子 IUR/(μg/m³)$^{-1}$	经口摄入参考剂量 RfDo/[mg/(kg·d)]	呼吸吸入参考浓度 RfCi/(mg/m³)	消化道吸收因子 GIABS	皮肤吸收效率因子 ABSd	饱和浓度 C_{sat}/(mg/kg)	密度/(g/cm³)	空气扩散系数 D_{ia}/(cm²/s)	水中扩散系数 D_{iw}/(cm²/s)	分配系数 K_{oc}/(L/kg)	溶解度 S/(mg/L)
γ-(1,2,4,5/3,6)-六氯环己烷	58-89-9	1.1	3.1×10^{-4}	3.0×10^{-4}		1	0.04			0.043	5.1×10^{-6}	2.8×10^{3}	7.3
工业六氯环己烷	608-73-1	1.8	5.1×10^{-4}			1	0.1			0.043	5.1×10^{-6}	2.8×10^{3}	8.0
六氯环戊二烯	77-47-4			6.0×10^{-3}	2.0×10^{-4}	1		15.7	1.7	0.027	7.2×10^{-6}	1.4×10^{3}	1.8
六氯乙烷	67-72-1	0.04	1.1×10^{-5}	7.0×10^{-4}	0.03	1			2.1	0.032	8.9×10^{-6}	200	50
六氯酚	70-30-4			3.0×10^{-4}		1	0.1			0.035	4.0×10^{-6}	6.7×10^{5}	140
六氢-1,3,5-三硝基-1,3,5-三嗪	121-82-4	0.08		4.0×10^{-3}		1	0.015		1.8	0.031	8.5×10^{-6}	89	60
1,6-己二异氰酸酯	822-06-0				1.0×10^{-5}	1		3.39×10^{3}	1.1	0.04	7.2×10^{-6}	4.8×10^{3}	120
六甲基磷酰三胺	680-31-9	9.5×10^{-3}		4.0×10^{-4}	4.0×10^{-4}	1	0.1		1.0	0.035	6.9×10^{-6}	10	1.0×10^{6}
正己烷	110-54-3				0.7	1		141	0.66	0.073	8.2×10^{-6}	130	9.5
己二酸	124-04-9			2.0		1	0.1		1.4	0.058	9.2×10^{-6}	24	3.1×10^{4}
2-乙基己醇	104-76-7			0.07	4.0×10^{-4}	1		646	0.83	0.054	7.3×10^{-6}	110	880
2-己酮	591-78-6			5.0×10^{-3}	0.03	1		3.28×10^{3}	0.81	0.07	8.4×10^{-6}	15	1.7×10^{4}
环嗪酮	51235-04-2			0.033		1	0.1			0.025	6.3×10^{-6}	130	3.3×10^{4}
噻螨酮	78587-05-0			0.025		1	0.1		1.3	0.038	4.4×10^{-6}	2.1×10^{3}	0.5

续表

化学品名称	CAS 编号	经口摄入致癌斜率因子 SFO/[mg/(kg·d)]⁻¹	呼吸吸入致癌风险因子 IUR/(μg/m³)⁻¹	经口摄入参考剂量 RfDo/[mg/(kg·d)]	呼吸吸入参考浓度 RfCi/(mg/m³)	消化道收因子 GIABS	皮肤吸收效率因子 ABSd	饱和浓度 C_{sat}/(mg/kg)	密度/(g/cm³)	空气扩散系数 D_{ia}/(cm²/s)	水中扩散系数 D_{iw}/(cm²/s)	分配系数 K_{oc}/(L/kg)	溶解度 S/(mg/L)
氟虫腙	67485-29-4			0.017		1	0.1			0.03	3.6×10^{-6}	1.8×10^{8}	6.0×10^{-3}
无水肼	302-01-2	3.0	4.9×10^{-3}		3.0×10^{-5}	1		1.12×10^{5}	1.0	0.17	1.9×10^{-5}	2.0	1.0×10^{6}
硫酸肼	10034-93-2	3.0	4.9×10^{-3}			1			1.4				3.1×10^{4}
氯化氢	7647-01-0				0.02	1			1.5	0.19	2.3×10^{-5}		6.7×10^{5}
氟化氢	7664-39-3			0.04	0.014	1			0.82	0.22	2.2×10^{-5}		1.0×10^{6}
硫化氢	7783-06-4				2.0×10^{-3}	1			1.4	0.19	2.2×10^{-5}		3.7×10^{3}
对苯二酚	123-31-9	0.06		0.04		1	0.1		1.3	0.08	1.1×10^{-5}	240	7.2×10^{4}
抑霉唑	35554-44-0	0.061		2.5×10^{-3}		1	0.1		1.2	0.022	5.7×10^{-6}	8.5×10^{3}	180
灭草唑	81335-37-7			0.25		1	0.1			0.041	4.8×10^{-6}	2.4×10^{3}	90
咪草烟	81335-77-5			2.5		1	0.1			0.043	5.1×10^{-6}	340	1.4×10^{3}
碘	7553-56-2			0.01		1			4.9				330
异菌脲	36734-19-7			0.04		1	0.1			0.04	4.6×10^{-6}	53	14
铁	7439-89-6			0.7		1			7.9				
异丁醇	78-83-1			0.3		1		1.00×10^{4}	0.8	0.09	1.0×10^{-5}	2.9	8.5×10^{4}
异佛尔酮	78-59-1	9.5×10^{-4}		0.2	2.0	1	0.1		0.93	0.053	7.5×10^{-6}	65	1.2×10^{4}
异乐灵	33820-53-0			0.015		1			1.2	0.021	5.3×10^{-6}	1.1×10^{4}	0.11
异丙醇	67-63-0			2.0	0.2	1		1.09×10^{5}	0.78	0.1	1.1×10^{-5}	1.5	1.0×10^{6}

续表

化学品名称	CAS 编号	经口摄入致癌斜率因子 SFO /[mg/(kg·d)]⁻¹	呼吸吸入致癌风险因子 IUR /(μg/m³)⁻¹	经口摄入参考剂量 RfDo /[mg/(kg·d)]	呼吸吸入参考浓度 RfCi /(mg/m³)	消化道吸收因子 GIABS	皮肤吸收效率因子 ABSd	饱和浓度 C_{sat} /(mg/kg)	密度 /(g/cm³)	空气扩散系数 D_{ia} /(cm²/s)	水中扩散系数 D_{iw} /(cm²/s)	分配系数 K_{oc} /(L/kg)	溶解度 S /(mg/L)
异丙基甲基膦酸酯	1832-54-8			0.1		1	0.1			0.071	8.3×10^{-6}	7.7	5.0×10^{4}
异噁草胺	82558-50-7			0.05		1	0.1			0.04	4.6×10^{-6}	1.3×10^{3}	1.4
7 号航空煤油	E1737665				0.3	1			0.78				10
乳氟禾草灵	77501-63-4			8.0×10^{-3}		1	0.1			0.032	3.7×10^{-6}	2.3×10^{4}	0.1
乳腈	78-97-7			2.0×10^{-4}		1	0.1		0.99	0.1	1.2×10^{-5}	1.0	4.7×10^{5}
镧	7439-91-0			5.0×10^{-5}		1			6.2				
水合醋酸镧	100587-90-4			2.1×10^{-5}		1	0.1			0.039	4.6×10^{-6}		
七水氯化镧	10025-84-0			1.9×10^{-5}		1							9.6×10^{5}
无水氯化镧	10099-58-8			2.8×10^{-5}		1			3.8				9.6×10^{5}
六水硝酸镧	10277-43-7			1.6×10^{-5}		1							2.0×10^{6}
铅化合物													
磷酸铅	7446-27-7	8.5×10^{-3}	1.2×10^{-5}						7.0				0.0
醋酸铅	301-04-2	8.5×10^{-3}	1.2×10^{-5}			1	0.1		3.3	0.033	9.5×10^{-6}	1.0	1.6×10^{3}
铅及其化合物	7439-92-1					1			11				
碱式乙酸铅	1335-32-6	8.5×10^{-3}	1.2×10^{-5}			1	0.1			0.022	2.6×10^{-6}	10	6.3×10^{4}

续表

化学品名称	CAS 编号	经口摄入致癌斜率因子 SFO /[mg/(kg·d)]$^{-1}$	呼吸吸入致癌风险因子 IUR /(μg/m³)$^{-1}$	经口摄入参考剂量 RfDo/[mg/(kg·d)]	呼吸吸入参考浓度 RfCi /(mg/m³)	消化道吸收因子 GIABS	皮肤吸收效率因子 ABSd	饱和浓度 C_{sat} /(mg/kg)	密度 /(g/cm³)	空气扩散系数 D_{ia} /(cm²/s)	水中扩散系数 D_{iw} /(cm²/s)	分配系数 K_{oc} /(L/kg)	溶解度 S /(mg/L)
四乙基铅	78-00-2			$1.0×10^{-7}$		1		2.43	1.7	0.025	$6.4×10^{-6}$	650	0.29
路易氏剂	541-25-3			$5.0×10^{-6}$		1		383	1.9	0.033	$9.1×10^{-6}$	110	500
利谷隆	330-55-2			$7.7×10^{-3}$		1	0.1			0.048	$5.6×10^{-6}$	340	75
锂	7439-93-2			$2.0×10^{-3}$					0.53				
二甲四氯	94-74-6			$5.0×10^{-4}$		1	0.1		1.6	0.031	$8.2×10^{-6}$	30	630
二甲四氯丁酸	94-81-5			$4.4×10^{-3}$		1	0.1			0.051	$5.9×10^{-6}$	98	48
二甲四氯丙酸	93-65-2			$1.0×10^{-3}$		1	0.1		1.3	0.027	$7.0×10^{-6}$	49	620
马拉松	121-75-5			0.02		1	0.1		1.2	0.021	$5.2×10^{-6}$	31	140
马来酸酐	108-31-6			0.1	$7.0×10^{-4}$	1	0.1		1.3	0.088	$1.1×10^{-5}$	1.0	$1.6×10^{5}$
马来酰肼	123-33-1			0.5		1	0.1			0.082	$9.5×10^{-6}$	3.3	$4.5×10^{3}$
丙二腈	109-77-3			$1.0×10^{-4}$		1	0.1		1.2	0.12	$1.4×10^{-5}$	3.3	$1.3×10^{5}$
代森锰锌	8018-01-7			0.03		1	0.1		1.9	0.02	$5.1×10^{-6}$	610	6.2
代森锰	12427-38-2			$5.0×10^{-3}$		1						610	6.0
锰（饮食）	7439-96-5			0.14	$5.0×10^{-5}$	0.04			7.3				
锰（非饮食）	7439-96-5			0.024	$5.0×10^{-5}$	1			7.3	0.043	$5.0×10^{-6}$		
二噻嗪	950-10-7			$9.0×10^{-5}$		1	0.1			0.046	$5.3×10^{-6}$	640	57
助壮素	24307-26-4			0.03		1	0.1			0.067	$7.9×10^{-6}$	66	$5.0×10^{5}$

续表

化学品名称	CAS编号	经口摄入致癌斜率因子 SFO/[mg/(kg·d)]⁻¹	呼吸吸入致癌风险因子 IUR/(μg/m³)⁻¹	经口摄入参考剂量 RfDo/[mg/(kg·d)]	呼吸吸入参考浓度 RfCi/(mg/m³)	消化道吸收因子 GIABS	皮肤吸收效率因子 ABSd	饱和浓度 C_{sat}/(mg/kg)	密度/(g/cm³)	空气扩散系数 D_{ia}/(cm²/s)	水中扩散系数 D_{lw}/(cm²/s)	分配系数 K_{oc}/(L/kg)	溶解度 S/(mg/L)
2-巯基苯并噻唑	149-30-4	0.011		4.0×10^{-3}		1	0.1		1.4	0.047	8.7×10^{-6}	1.4×10^{3}	120
汞及其他汞化合物													
氯化汞（和其他汞盐）	7487-94-7			3.0×10^{-4}	3.0×10^{-4}	0.07			5.6				6.9×10^{4}
汞（元素）	7439-97-6				3.0×10^{-4}			3.13	14	0.031	6.3×10^{-6}		0.06
甲基汞	22967-92-6			1.0×10^{-4}		1							
乙酸苯汞	62-38-4			8.0×10^{-5}		1	0.1			0.039	4.6×10^{-6}	56	4.4×10^{3}
脱叶亚磷	150-50-5			3.0×10^{-5}		1			1.0	0.02	5.0×10^{-6}	4.9×10^{4}	3.5×10^{-3}
脱叶亚磷氧化物	78-48-8			1.0×10^{-4}		1	0.1		1.1	0.02	5.0×10^{-6}	2.4×10^{3}	2.3
甲霜灵	57837-19-1			0.06		1	0.1		0.8	0.044	5.2×10^{-6}	39	8.4×10^{3}
异丁烯腈	126-98-7			1.0×10^{-4}	0.03	1		4.58×10^{3}	1.3	0.096	1.1×10^{-5}	13	2.5×10^{4}
甲胺磷	10265-92-6			5.0×10^{-5}		1	0.1		1.3	0.06	9.2×10^{-6}	5.4	1.0×10^{6}
甲醇	67-56-1			2.0	20	1		1.06×10^{5}	0.79	0.16	1.6×10^{-5}	1.0	1.0×10^{6}
杀扑磷	950-37-8			1.5×10^{-3}		1	0.1			0.042	4.9×10^{-6}	21	190
灭多虫	16752-77-5			0.025		1	0.1		1.3	0.048	8.4×10^{-6}	10	5.8×10^{4}
2-甲基-5-硝基苯胺	99-59-2	0.049	1.4×10^{-5}			1	0.1		1.2	0.043	7.8×10^{-6}	71	120

续表

化学品名称	CAS 编号	经口摄入致癌斜率因子 SFO /[mg/(kg·d)]$^{-1}$	呼吸吸入致癌风险因子 IUR /(μg/m³)$^{-1}$	经口摄入参考剂量 RfDo/[mg/(kg·d)]	呼吸吸入参考浓度 RfCi /(mg/m³)	消化道吸收因子 GIABS	皮肤吸收效率因子 ABSd	饱和浓度 C_{sat} /(mg/kg)	密度 /(g/cm³)	空气扩散系数 D_{ia} /(cm²/s)	水中扩散系数 D_{iw} /(cm²/s)	分配系数 K_{oc} /(L/kg)	溶解度 S /(mg/L)
甲氧氯	72-43-5			5.0×10^{-3}		1	0.1		1.4	0.022	5.6×10^{-6}	2.7×10^{4}	0.1
2-甲氧基乙酸乙酯	110-49-6			8.0×10^{-3}	1.0×10^{-3}	1		1.15×10^{5}	1.0	0.066	8.7×10^{-6}	2.5	1.0×10^{6}
2-甲氧基乙醇	109-86-4			5.0×10^{-3}	0.02	1		1.06×10^{5}	0.96	0.095	1.1×10^{-5}	1.0	1.0×10^{6}
乙酸甲酯	79-20-9			1.0		1		2.90×10^{4}	0.93	0.096	1.1×10^{-5}	3.1	2.4×10^{5}
丙烯酸甲酯	96-33-3				0.02	1		6.75×10^{3}	0.95	0.086	1.0×10^{-5}	5.8	4.9×10^{4}
2-丁酮	78-93-3			0.6	5.0	1		2.84×10^{4}	0.8	0.091	1.0×10^{-5}	4.5	2.2×10^{5}
甲基肼	60-34-4		1.0×10^{-3}	1.0×10^{-3}	2.0×10^{-5}	1		1.80×10^{5}	0.87	0.13	1.4×10^{-5}	13	1.0×10^{6}
4-甲基-2-戊酮	108-10-1				3.0	1		3.36×10^{3}	0.8	0.07	8.3×10^{-6}	13	1.9×10^{4}
异氰酸甲酯	624-83-9				1.0×10^{-3}	1		1.01×10^{4}	0.96	0.12	1.3×10^{-5}	40	2.9×10^{4}
甲基丙烯酸甲酯	80-62-6			1.4	0.7	1		2.36×10^{3}	0.94	0.075	9.2×10^{-6}	9.1	1.5×10^{4}
甲基对硫磷	298-00-0			2.5×10^{-4}		1	0.1		1.4	0.025	6.4×10^{-6}	730	38
甲基膦酸	993-13-5			0.06		1				0.091	1.1×10^{-5}	1.4	2.0×10^{4}
甲基苯乙烯(混合异构体)	25013-15-4			6.0×10^{-3}	0.04	1	0.1	393	0.89	0.017	4.2×10^{-6}	720	89
甲磺酸甲酯	66-27-3	0.099	2.8×10^{-5}			1			1.3	0.079	1.1×10^{-5}	4.3	2.0×10^{5}
甲基叔丁基醚（MTBE）	1634-04-4	1.8×10^{-3}	2.6×10^{-7}		3.0	1	0.1	8.87×10^{3}	0.74	0.075	8.6×10^{-6}	12	5.1×10^{4}

续表

化学品名称	CAS 编号	经口摄入致癌斜率因子 SFO/[mg/(kg·d)]	呼吸吸入致癌风险因子 IUR /(μg/m³)⁻¹	经口摄入参考剂量 RfDo/[mg/(kg·d)]	呼吸吸入参考浓度 RfCi/(mg/m³)	消化道摄入因子 GIABS	皮肤吸收效率因子 ABSd	饱和浓度 C_{sat}/(mg/kg)	密度/(g/cm³)	空气扩散系数 D_{ia}/(cm²/s)	水中扩散系数 D_{iw}/(cm²/s)	分配系数 K_{oc}/(L/kg)	溶解度 S/(mg/L)
2,5-二氨基甲苯二盐酸盐	615-45-2			3.0×10^{-4}		1	0.1			0.056	6.6×10^{-6}	200	1.0×10^{6}
4-甲基-2-戊醇	108-11-2				3.0	1		2.45×10^{3}	0.81	0.069	8.3×10^{-6}	8.2	1.6×10^{4}
2-甲基-5-硝基苯胺	99-55-8	9.0×10^{-3}		0.02		1	0.1			0.067	7.8×10^{-6}	180	1.0×10^{4}
N-甲基-N'-硝基-N-亚硝基胍	70-25-7	8.3	2.4×10^{-3}			1	0.1			0.068	8.0×10^{-6}	72	2.7×10^{5}
2-甲基苯胺盐酸盐	636-21-5	0.13	3.7×10^{-5}			1	0.1			0.069	8.1×10^{-6}	120	8.3×10^{3}
甲胂酸	124-58-3			0.01		1	0.1			0.07	8.2×10^{-6}	44	2.6×10^{5}
2-甲苯-1,4-二胺一盐酸盐	74612-12-7			2.0×10^{-4}		1	0.1			0.065	7.6×10^{-6}		
2-甲苯-1,4-二胺硫酸盐	615-50-9	0.1		3.0×10^{-4}		1	0.1			0.052	6.1×10^{-6}		
3-甲基胆蒽	56-49-5	22	6.3×10^{-3}			1	0.1		1.3	0.024	6.1×10^{-6}	9.6×10^{5}	2.9×10^{-3}
二氯甲烷	75-09-2	2.0×10^{-3}	1.0×10^{-8}	6.0×10^{-3}	0.6	1		3.32×10^{3}	1.3	0.1	1.3×10^{-5}	22	1.3×10^{4}
4,4'-亚甲基双(2-氯苯胺)	101-14-4	0.1	4.3×10^{-4}	2.0×10^{-3}		1	0.1			0.046	5.4×10^{-6}	5.7×10^{3}	14
4,4'-亚甲基双(N,N-二甲基)苯胺	101-61-1	0.046	1.3×10^{-5}			1	0.1			0.047	5.5×10^{-6}	2.7×10^{3}	4.1

续表

化学品名称	CAS编号	经口摄入致癌斜率因子 SFO /[mg/(kg·d)]$^{-1}$	呼吸吸入致癌风险因子 IUR /(μg/m³)$^{-1}$	经口摄入参考剂量 RfDo /[mg/(kg·d)]	呼吸吸入参考浓度 RfCi /(mg/m³)	消化道吸收因子 GIABS	皮肤吸收效率因子 ABSd	饱和浓度 C_{sat} /(mg/kg)	密度 /(g/cm³)	空气扩散系数 D_{ia} /(cm²/s)	水中扩散系数 D_{iw} /(cm²/s)	分配系数 K_{oc} /(L/kg)	溶解度 S /(mg/L)
4,4'-亚甲基双苯胺	101-77-9	1.6	4.6×10^{-4}		0.02	1	0.1			0.056	6.5×10^{-6}	2.1×10^{3}	1.0×10^{3}
二苯基亚甲基二异氰酸酯	101-68-8				6.0×10^{-4}	1	0.1		1.2	0.024	6.2×10^{-6}	2.8×10^{5}	0.83
α-甲基苯乙烯	98-83-9			0.07		1	0.1	500	0.91	0.063	8.2×10^{-6}	700	120
异丙甲草胺	51218-45-2			0.15		1	0.1		1.1	0.022	5.5×10^{-6}	490	530
赛克津	21087-64-9			0.025		1	0.1		1.3	0.027	7.1×10^{-6}	53	1.1×10^{3}
甲磺隆	74223-64-6			0.25		1	0.1			0.036	4.2×10^{-6}	93	9.5×10^{3}
矿物油	8012-95-1			3.0		1		0.342	0.88	0.036	6.4×10^{-6}	4.8×10^{3}	3.7×10^{-3}
灭蚊灵	2385-85-5	18	5.1×10^{-3}	2.0×10^{-4}		1			2.3	0.022	5.6×10^{-6}	3.6×10^{5}	0.085
草达灭	2212-67-1			2.0×10^{-3}		1	0.1		1.1	0.032	6.8×10^{-6}	180	970
钼	7439-98-7			5.0×10^{-3}		1			10				
氯胺	10599-90-3			0.1		1							
甲基苯胺	100-61-8			2.0×10^{-3}		1	0.1		0.99	0.072	9.1×10^{-6}	82	5.6×10^{3}
腈菌唑	88671-89-0			0.025		1	0.1			0.045	5.3×10^{-6}	6.1×10^{3}	140
N,N'-二苯基-1,4-苯二胺	74-31-7			3.0×10^{-4}		1	0.1			0.047	5.4×10^{-6}	5.2×10^{4}	7.4
二溴磷	300-76-5			2.0×10^{-3}		1			2.0	0.025	6.4×10^{-6}	130	1.5

续表

化学品名称	CAS 编号	经口摄入致癌斜率因子 SFO/[mg/(kg·d)]⁻¹	呼吸吸入致癌风险因子 IUR/(μg/m³)⁻¹	经口摄入参考剂量 RfDo[mg/(kg·d)]	呼吸吸入参考浓度 RfCi/(mg/m³)	消化道吸收因子 GIABS	皮肤吸收效率因子 ABSd	饱和浓度 C_{sat}/(mg/kg)	密度/(g/cm³)	空气扩散系数 D_{ia}/(cm²/s)	水中扩散系数 D_{iw}/(cm²/s)	分配系数 K_{oc}/(L/kg)	溶解度 S/(mg/L)
高闪点芳烃石脑油（HFAN）	64742-95-6			0.03	0.1	1							31
2-萘胺	91-59-8	1.8	0.0			1	0.1		1.6	0.064	1.0×10^{-5}	2.5×10^{3}	190
敌草胺	15299-99-7			0.12		1	0.1			0.045	5.3×10^{-6}	3.2×10^{3}	73
醋酸镍	373-02-4		2.6×10^{-4}	0.011	1.4×10^{-5}	1	0.1		1.8	0.046	9.7×10^{-6}	1.0	1.7×10^{5}
碳酸镍	3333-67-3		2.6×10^{-4}	0.011	1.4×10^{-5}	1	0.1			0.079	9.2×10^{-6}		93
羰基镍	13463-39-3		2.6×10^{-4}	0.011	1.4×10^{-5}	1			1.3	0.043	8.2×10^{-6}		180
氢氧化镍	12054-48-7		2.6×10^{-4}	0.011	1.4×10^{-5}	0.04							
氧化镍	1313-99-1		2.6×10^{-4}	0.011	2.0×10^{-5}	0.04			6.7				
精炼镍粉尘	E715532		2.4×10^{-4}	0.011	1.4×10^{-5}	0.04							
可溶性镍盐	7440-02-0		2.6×10^{-4}	0.02	9.0×10^{-5}	0.04			8.9				
碱式硫化镍	12035-72-2	1.7	4.8×10^{-4}	0.011	1.4×10^{-5}	0.04			5.9				
二茂镍	1271-28-9		2.6×10^{-4}	0.011	1.4×10^{-5}	1	0.1			0.058	6.7×10^{-6}		
硝酸盐（以氮计）	14797-55-8			1.6		1							
硝酸盐＋亚硝酸盐（以氮计）	E701177					1							
亚硝酸盐（以氮计）	14797-65-0			0.1		1							

续表

化学品名称	CAS编号	经口摄入致癌斜率因子 SFO[mg/(kg·d)]⁻¹	呼吸吸入致癌风险因子 IUR/(μg/m³)⁻¹	经口摄入参考剂量 RfDo/[mg/(kg·d)]	呼吸吸入参考浓度 RfCi/(mg/m³)	消化道吸收因子 GIABS	皮肤吸收效率因子 ABSd	饱和浓度 C_{sat}/(mg/kg)	密度/(g/cm³)	空气扩散系数 D_{ia}/(cm²/s)	水中扩散系数 D_{iw}/(cm²/s)	分配系数 K_{oc}/(L/kg)	溶解度 S/(mg/L)
2-硝基苯胺	88-74-4			0.01	5.0×10^{-5}	1	0.1		0.9	0.052	7.4×10^{-6}	110	1.5×10^{3}
4-硝基苯胺	100-01-6	0.02		4.0×10^{-3}	6.0×10^{-3}	1	0.1		1.4	0.064	9.8×10^{-6}	110	73
硝基苯	98-95-3		4.0×10^{-5}	2.0×10^{-3}	9.0×10^{-3}	1		3.05×10^{3}	1.2	0.068	9.4×10^{-6}	230	2.1×10^{3}
硝化纤维素	9004-70-0			3.0×10^{3}		1	0.1			0.036	4.2×10^{-6}	10	1.0×10^{6}
呋喃妥因	67-20-9			0.07		1	0.1			0.049	5.8×10^{-6}	120	80
硝呋醛	59-87-0	1.3	3.7×10^{-4}			1	0.1			0.056	6.5×10^{-6}	350	210
硝酸甘油	55-63-0	0.017		1.0×10^{-4}		1	0.1		1.6	0.029	7.7×10^{-6}	120	1.4×10^{3}
硝基脲	556-88-7			0.1		1	0.1		2.0	0.1	1.4×10^{-5}	21	4.4×10^{3}
硝基甲烷	75-52-5		8.8×10^{-6}		5.0×10^{-3}	1		1.80×10^{4}	1.1	0.12	1.4×10^{-5}	10	1.1×10^{5}
2-硝基丙烷	79-46-9		5.8×10^{-4}		0.02	1		4.86×10^{3}	0.98	0.085	1.0×10^{-5}	31	1.7×10^{4}
N-亚硝基-N-乙基脲	759-73-9	27	7.7×10^{-3}			1	0.1			0.079	9.3×10^{-6}	21	1.3×10^{4}
N-亚硝基-N-甲基脲	684-93-5	120	0.034			1	0.1			0.086	1.0×10^{-5}	11	1.4×10^{4}
N-亚硝基二正丁胺	924-16-3	5.4	1.6×10^{-3}			1			0.9	0.042	6.8×10^{-6}	910	1.3×10^{3}
N-亚硝基二正丙胺	621-64-7	7.0	2.0×10^{-3}			1	0.1		0.92	0.056	7.8×10^{-6}	280	1.3×10^{4}
N-亚硝基二乙醇胺	1116-54-7	2.8	8.0×10^{-4}			1	0.1			0.073	8.5×10^{-6}	1.0	1.0×10^{6}

续表

化学品名称	CAS 编号	经口摄入致癌斜率因子 SFO /[mg/(kg·d)]⁻¹	呼吸吸入致癌风险因子 IUR /(μg/m³)⁻¹	经口摄入参考剂量 RfDo/[mg/(kg·d)]	呼吸吸入参考浓度 RfCi /(mg/m³)	消化道吸收因子 GIABS	皮肤吸收效率因子 ABSd	饱和浓度 C_{sat} /(mg/kg)	密度 /(g/cm³)	空气扩散系数 D_{ia} /(cm²/s)	水中扩散系数 D_{iw} /(cm²/s)	分配系数 K_{oc} /(L/kg)	溶解度 S /(mg/L)
N-亚硝基二乙胺	55-18-5	150	0.043				0.1		0.94	0.074	9.1×10^{-6}	83	1.1×10^{5}
N-亚硝基二甲胺	62-75-9	51	0.014	8.0×10^{-6}	4.0×10^{-5}	1		2.37×10^{5}	1.0	0.099	1.1×10^{-5}	23	1.0×10^{6}
N-亚硝基二苯胺	86-30-6	4.9×10^{-3}	2.6×10^{-6}			1	0.1		0.94	0.056	6.5×10^{-6}	2.6×10^{3}	35
N-亚硝基甲乙胺	10595-95-6	22	6.3×10^{-3}			1		1.08×10^{5}	0.94	0.084	1.0×10^{-5}	43	3.0×10^{5}
N-亚硝基吗啉	59-89-2	6.7	1.9×10^{-3}			1	0.1			0.08	9.3×10^{-6}	23	1.0×10^{6}
N-亚硝基哌啶	100-75-4	9.4	2.7×10^{-3}			1	0.1		1.1	0.07	9.2×10^{-6}	170	7.7×10^{4}
N-亚硝基吡咯烷	930-55-2	2.1	6.1×10^{-4}			1	0.1		1.1	0.08	1.0×10^{-5}	92	1.0×10^{6}
间硝基甲苯	99-08-1			1.0×10^{-4}		1	0.1		1.2	0.059	8.7×10^{-6}	360	500
邻硝基甲苯	88-72-2	0.22		9.0×10^{-4}		1	0.1	1.51×10^{3}	1.2	0.059	8.7×10^{-6}	370	650
对硝基甲苯	99-99-0	0.016		4.0×10^{-3}		1	0.1		1.1	0.057	8.4×10^{-6}	360	440
正壬烷	111-84-2			3.0×10^{-4}	0.02	1		6.86	0.72	0.051	6.8×10^{-6}	800	0.22
达草灭	27314-13-2			0.015		1	0.1			0.042	4.9×10^{-6}	3.1×10^{3}	34
八溴联苯醚	32536-52-0			3.0×10^{-3}		1	0.1			0.022	2.6×10^{-6}	9.9×10^{4}	1.1×10^{-8}
环四亚甲基四硝胺	2691-41-0			0.05		1	0.006			0.043	5.0×10^{-6}	530	5.0

续表

化学品名称	CAS 编号	经口摄入致癌斜率因子 SFO/[mg/(kg·d)]⁻¹	呼吸吸入致癌风险因子 IUR/(μg/m³)⁻¹	经口摄入量参考剂量 RfDo/[mg/(kg·d)]	呼吸吸入参考浓度 RfCi/(mg/m³)	消化道吸收因子 GIABS	皮肤吸收效率因子 ABSd	饱和浓度 C_{sat}/(mg/kg)	密度/(g/cm³)	空气扩散系数 D_{ia}/(cm²/s)	水中扩散系数 D_{iw}/(cm²/s)	分配系数 K_{oc}/(L/kg)	溶解度 S/(mg/L)
八甲基焦磷酰胺	152-16-9			2.0×10^{-3}		1	0.1		1.1	0.022	5.4×10^{-6}	20	1.0×10^{6}
安磺灵	19044-88-3	7.8×10^{-3}		0.14		1	0.1			0.039	4.5×10^{-6}	830	2.5
噁草酮	19666-30-9			5.0×10^{-3}		1	0.1			0.039	4.5×10^{-6}	5.0×10^{3}	0.7
杀线威	23135-22-0			0.025		1	0.1		0.97	0.023	5.9×10^{-6}	10	2.8×10^{5}
乙氧氟草醚	42874-03-3	0.073		0.03		1	0.1		1.4	0.021	5.3×10^{-6}	4.0×10^{4}	0.12
多效唑	76738-62-0			0.013		1	0.1		1.2	0.022	5.7×10^{-6}	920	26
二氯草枯	1910-42-5			4.5×10^{-3}		1	0.1			0.047	5.5×10^{-6}	6.8×10^{3}	6.2×10^{5}
对硫磷	56-38-2			6.0×10^{-3}		1	0.1		1.3	0.023	5.8×10^{-6}	2.4×10^{3}	11
克草猛	1114-71-2			0.05		1			0.95	0.024	6.1×10^{-6}	300	100
二甲戊乐灵	40487-42-1			0.3		1	0.1		1.2	0.023	5.7×10^{-6}	5.6×10^{3}	0.33
五溴二苯醚	32534-81-9			2.0×10^{-3}		1		0.312		0.028	3.2×10^{-6}	2.2×10^{4}	2.4×10^{-3}
2,2',4,4',5-五溴二苯醚(BDE-99)	60348-60-9			1.0×10^{-4}		1	0.1		2.3	0.022	5.6×10^{-6}	2.2×10^{4}	7.9×10^{-5}
五氯苯	608-93-5			8.0×10^{-4}		1			1.8	0.029	7.9×10^{-6}	3.7×10^{3}	0.83
五氯乙烷	76-01-7	0.09				1		457	1.7	0.032	8.6×10^{-6}	140	490
五氯硝基苯	82-68-8	0.26		3.0×10^{-3}		1			1.7	0.026	6.9×10^{-6}	6.0×10^{3}	0.44

续表

化学品名称	CAS编号	经口摄入致癌斜率因子 SFO/[mg/(kg·d)]⁻¹	呼吸吸入致癌风险因子 IUR/(μg/m³)⁻¹	经口摄入参考剂量 RfDo/[mg/(kg·d)]	呼吸吸入参考浓度 RfCi/(mg/m³)	消化道吸收因子 GIABS	皮肤吸收效率因子 ABSd	饱和浓度 C_{sat}/(mg/kg)	密度/(g/cm³)	空气扩散系数 D_{ia}/(cm²/s)	水中扩散系数 D_{iw}/(cm²/s)	分配系数 K_{oc}/(L/kg)	溶解度 S/(mg/L)
五氯酚	87-86-5	0.4	5.1×10^{-6}	5.0×10^{-3}		1	0.25		2.0	0.03	8.0×10^{-6}	590	14
季戊四醇四硝酸酯（PETN）	78-11-5	4.0×10^{-3}		2.0×10^{-3}		1	0.1		1.8	0.026	6.8×10^{-6}	650	43
正戊烷	109-66-0				1.0	1		388	0.63	0.082	8.8×10^{-6}	72	38
高氯酸盐													
高氯酸铵	7790-98-9			7.0×10^{-4}		1			2.0				2.5×10^{5}
高氯酸锂	7791-03-9			7.0×10^{-4}		1			2.4				5.9×10^{5}
高氯酸盐	14797-73-0			7.0×10^{-4}		1							2.5×10^{5}
高氯酸钾	7778-74-7			7.0×10^{-4}		1			2.5				1.5×10^{4}
高氯酸钠	7601-89-0			7.0×10^{-4}		1			2.5				2.1×10^{6}
全氟丁烷磺酸（PFBS）	375-73-5			0.02		1	0.1		1.8	0.027	7.2×10^{-6}	62	5.7×10^{4}
全氟丁磺酸	45187-15-3			0.02		1	0.1		1.8	0.027	7.2×10^{-6}	62	5.7×10^{4}
氯菊酯	52645-53-1			0.05		1	0.1		1.2	0.019	4.8×10^{-6}	1.2×10^{5}	6.0×10^{-3}
非那西丁	62-44-2	2.2×10^{-3}	6.3×10^{-7}			1	0.1			0.06	7.0×10^{-6}	41	770
甜菜宁	13684-63-4			0.24		1	0.1			0.042	5.0×10^{-6}	2.6×10^{3}	4.7
苯酚	108-95-2			0.3	0.2	1	0.1		1.1	0.083	1.0×10^{-5}	190	8.3×10^{4}
残杀威	114-26-1			4.0×10^{-3}		1	0.1		1.1	0.026	6.6×10^{-6}	60	1.9×10^{3}

续表

化学品名称	CAS 编号	经口摄入致癌斜率因子 SFO /[mg/(kg·d)]$^{-1}$	呼吸吸入致癌风险因子 IUR /(μg/m³)$^{-1}$	经口摄入参考剂量 RfDo/[mg/(kg·d)]	呼吸吸入参考浓度 RfCi /(mg/m³)	消化道吸收因子 GIABS	皮肤吸收效率因子 ABSd	饱和浓度 C_{sat} /(mg/kg)	密度 /(g/cm³)	空气扩散系数 D_{ia} /(cm²/s)	水中扩散系数 D_{iw} /(cm²/s)	分配系数 K_{oc} /(L/kg)	溶解度 S /(mg/L)
硫化二苯胺	92-84-2			5.0×10^{-4}		1	0.1		1.3	0.029	7.5×10^{-6}	1.5×10^3	1.6
异硫氰酸苯酯	103-72-0			2.0×10^{-4}		1	0.1	129	1.1	0.059	8.6×10^{-6}	220	90
间苯二胺	108-45-2			6.0×10^{-3}		1	0.1		1.0	0.072	9.2×10^{-6}	34	2.4×10^5
邻苯二胺	95-54-5	0.12		4.0×10^{-3}		1	0.1			0.084	9.8×10^{-6}	35	4.0×10^4
对苯二胺	106-50-3			1.0×10^{-3}		1	0.1			0.084	9.8×10^{-6}	34	3.7×10^4
2-苯基苯酚	90-43-7	1.9×10^{-3}				1	0.1		1.2	0.042	7.8×10^{-6}	6.7×10^3	700
甲拌磷	298-02-2			2.0×10^{-4}		1	0.1		1.2	0.023	5.9×10^{-6}	460	50
碳酰氯	75-44-5				3.0×10^{-4}	1		1.61×10^3	1.4	0.089	1.2×10^{-5}	1.0	6.8×10^3
亚胺硫磷	732-11-6			0.02		1	0.1			0.041	4.8×10^{-6}	10	24
无机磷酸盐													
偏磷酸铝	13776-88-0			49		1			2.8				
聚磷酸铵	68333-79-9			49		1							
焦磷酸钙	7790-76-3			49		1			3.1				
磷酸氢二铵	7783-28-0			49		1							
磷酸氢二钙	7757-93-9			49		1							
磷酸二氢镁	7782-75-4			49		1			2.1				
磷酸氢二钾	7758-11-4			49		1							

续表

化学品名称	CAS 编号	经口摄入致癌斜率因子 SFO/[mg/(kg·d)]⁻¹	呼吸吸入致癌风险因子 IUR/(μg/m³)⁻¹	经口摄入参考剂量 RfDo/[mg/(kg·d)]	呼吸吸入参考浓度 RfCi/(mg/m³)	消化道吸收因子 GIABS	皮肤吸收效率因子 ABSd	饱和浓度 C_{sat}/(mg/kg)	密度/(g/cm³)	空气扩散系数 D_{ia}/(cm²/s)	水中扩散系数 D_{fw}/(cm²/s)	分配系数 K_{oc}/(L/kg)	溶解度 S/(mg/L)
磷酸氢二钠	7558-79-4			49		1							
磷酸一铝	13530-50-2			49		1							
磷酸一铵	7722-76-1			49		1							
磷酸一钙	7758-23-8			49		1							
磷酸镁	7757-86-0			49		1							
磷酸一钾	7778-77-0			49		1							
磷酸一钠	7558-80-7			49		1							4.9×10^5
多聚磷酸	8017-16-1			49		1							
三聚磷酸钾	13845-36-8			49		1							
焦磷酸钠	7758-16-9			49		1							
磷酸铝钠（酸性）	7785-88-8			49									
磷酸铝钠（无水）	10279-59-1			49		1							
磷酸铝钠（四水）	10305-76-7			49		1							
六偏磷酸钠	10124-56-8			49		1							
聚磷酸钠	68915-31-1			49		1							

续表

化学品名称	CAS 编号	经口摄入致癌斜率因子 SFO/[mg/(kg·d)]⁻¹ $/[\mathrm{mg/(kg \cdot d)}]^{-1}$	呼吸吸入致癌风险因子 IUR $/[(\mu\mathrm{g/m^3})^{-1}]$	经口摄入参考剂量 RfDo $/[\mathrm{mg/(kg \cdot d)}]$	呼吸吸入参考浓度 RfCi $/(\mathrm{mg/m^3})$	消化道吸收因子 GIABS	皮肤吸收效率因子 ABSd	饱和浓度 C_{sat} $/(\mathrm{mg/kg})$	密度 $/(\mathrm{g/cm^3})$	空气扩散系数 D_{ia} $/(\mathrm{cm^2/s})$	水中扩散系数 D_{iw} $/(\mathrm{cm^2/s})$	分配系数 K_{oc} $/(\mathrm{L/kg})$	溶解度 S $/(\mathrm{mg/L})$
三偏磷酸钠	7785-84-4			49		1							
三聚磷酸钠	7758-29-4			49		1							
磷酸四钾	7320-34-5			49		1							
焦磷酸四钠	7722-88-5			49		1							8.1×10^4
四氢磷酸三铝钠（二水）	15136-87-5			49		1							
磷酸三钙	7758-87-4			49		1				3.1				
磷酸三镁	7757-87-1			49	0.01	1							
磷酸三钾	7778-53-2			49		1							
磷酸三钠	7601-54-9			49		1							
磷化氢	7803-51-2			3.0×10^{-4}	3.0×10^{-4}	1			1.4	0.19	2.2×10^{-5}		2.6×10^5
磷酸	7664-38-2			49	0.01	1			1.8				5.5×10^6
磷、白色	7723-14-0			2.0×10^{-5}		1			1.8	0.22	2.8×10^{-5}	1.1×10^3	3.0
邻苯二甲酸盐													
邻苯二甲酸二(2-乙基己)酯	117-81-7	0.014	2.4×10^{-6}	0.02		1	0.1		0.98	0.017	4.2×10^{-6}	1.2×10^5	0.27

续表

化学品名称	CAS 编号	经口摄入致癌斜率因子 SFO/[mg/(kg·d)]^{-1}	呼吸吸入致癌风险因子 IUR/[(μg/m³)^{-1}]	经口摄入参考剂量 RfDo/[mg/(kg·d)]	呼吸吸入参考浓度 RfCi/(mg/m³)	消化道吸收因子 GIABS	皮肤吸收效率因子 ABSd	饱和浓度 C_{sat}/(mg/kg)	密度/(g/cm³)	空气扩散系数 D_{ia}/(cm²/s)	水中扩散系数 D_{rw}/(cm²/s)	分配系数 K_{oc}/(L/kg)	溶解度 S/(mg/L)
邻苯二甲酸丁苄酯	85-68-7	1.9×10^{-3}		0.2		1	0.1		1.1	0.021	5.2×10^{-6}	7.2×10^{3}	2.7
丁基邻苯二甲酰羟乙酸丁酯	85-70-1			1.0		1	0.1		1.1	0.02	4.9×10^{-6}	1.1×10^{4}	8.8
邻苯二甲酸二丁酯	84-74-2			0.1		1	0.1		1.0	0.021	5.3×10^{-6}	1.2×10^{3}	11
邻苯二甲酸二乙酯	84-66-2			0.8		1	0.1		1.2	0.026	6.7×10^{-6}	100	1.1×10^{3}
对苯二甲酸二甲酯	120-61-6			0.1		1			1.1	0.029	6.7×10^{-6}	31	19
邻苯二甲酸二正辛酯	117-84-0			0.01		1	0.1			0.036	4.2×10^{-6}	1.4×10^{5}	0.022
对苯二甲酸	100-21-0			1.0		1	0.1		1.5	0.049	9.0×10^{-6}	79	15
邻苯二甲酸酐	85-44-9			2.0	0.02	1	0.1		1.5	0.059	9.8×10^{-6}	10	6.2×10^{3}
毒莠定	1918-02-1			0.07		1	0.1			0.049	5.7×10^{-6}	39	430
苦氨酸（4,6-二硝基-2-氨基苯酚）	96-91-3			1.0×10^{-4}		1	0.1			0.056	6.5×10^{-6}	230	1.4×10^{3}

续表

化学品名称	CAS 编号	经口摄入致癌斜率因子 SFO/[mg/(kg·d)]⁻¹	呼吸吸入致癌风险因子 IUR/(μg/m³)⁻¹	经口摄入参考剂量 RfDo/[mg/(kg·d)]	呼吸吸入参考浓度 RfCi/(mg/m³)	消化道吸收因子 GIABS	皮肤吸收效率因子 ABSd	饱和浓度 C_{sat}/(mg/kg)	密度/(g/cm³)	空气扩散系数 D_{ia}/(cm²/s)	水中扩散系数 D_{iw}/(cm²/s)	分配系数 K_{oc}/(L/kg)	溶解度 S/(mg/L)
苦味酸（2,4,6-三硝基苯酚）	88-89-1			9.0×10^{-4}		1	0.1		1.8	0.03	8.2×10^{-6}	2.3×10^{3}	1.3×10^{4}
甲基嘧啶磷	29232-93-7			7.0×10^{-5}		1	0.1		1.2	0.022	5.4×10^{-6}	370	8.6
多溴联苯	59536-65-1	30	8.6×10^{-3}	7.0×10^{-6}		1	0.1						
多氯联苯													
多氯联苯 1016	12674-11-2	0.07	2.0×10^{-5}	7.0×10^{-5}		1	0.14		1.4	0.025	6.6×10^{-6}	4.8×10^{4}	0.42
多氯联苯 1221	11104-28-2	2.0	5.7×10^{-4}			1	0.14		1.2	0.032	7.2×10^{-6}	8.4×10^{3}	15
多氯联苯 1232	11141-16-5	2.0	5.7×10^{-4}			1	0.14		1.3	0.033	7.5×10^{-6}	8.4×10^{3}	1.5
多氯联苯 1242	53469-21-9	2.0	5.7×10^{-4}			1	0.14		1.4	0.024	6.1×10^{-6}	7.8×10^{4}	0.28
多氯联苯 1248	12672-29-6	2.0	5.7×10^{-4}			1	0.14		1.4	0.024	6.2×10^{-6}	7.7×10^{4}	0.1
多氯联苯 1254	11097-69-1	2.0	5.7×10^{-4}	2.0×10^{-5}		1	0.14		1.5	0.024	6.1×10^{-6}	1.3×10^{5}	0.043
多氯联苯	11096-82-5	2.0	5.7×10^{-4}			1	0.14		1.6	0.022	5.6×10^{-6}	3.5×10^{5}	0.014
多氯联苯	11126-42-4			6.0×10^{-4}		1	0.14		1.5	0.018	4.4×10^{-6}	8.1×10^{4}	0.053
2,3,3',4,4',5,5'-七氯联苯（PCB189）	39635-31-9	3.9	1.1×10^{-3}	2.3×10^{-5}	1.3×10^{-3}	1	0.14		1.7	0.042	5.7×10^{-6}	3.5×10^{5}	7.5×10^{-4}

化学品名称	CAS 编号	经口摄入致癌斜率因子 SFO/[mg/(kg·d)]⁻¹	呼吸吸入致癌风险因子 IUR/(μg/m³)⁻¹	经口摄入参考剂量 RfDo/[mg/(kg·d)]	呼吸吸入参考浓度 RfCi/(mg/m³)	消化道吸收因子 GIABS	皮肤吸收效率因子 ABSd	饱和浓度 C_{sat}/(mg/kg)	密度/(g/cm³)	空气扩散系数 D_{ia}/(cm²/s)	水中扩散系数 D_{rw}/(cm²/s)	分配系数 K_{oc}/(L/kg)	溶解度 S/(mg/L)
2,3',4,4' 5,5'-六氯联苯（PCB 167）	52663-72-6	3.9	1.1×10^{-3}	2.3×10^{-5}	1.3×10^{-3}	1	0.14		1.6	0.044	5.9×10^{-6}	2.1×10^{5}	2.2×10^{-3}
2,3,3',4,4',5-六氯联苯（PCB 157）	69782-90-7	3.9	1.1×10^{-3}	2.3×10^{-5}	1.3×10^{-3}	1	0.14		1.6	0.044	5.9×10^{-6}	2.1×10^{5}	1.6×10^{-3}
2,3,3',4,4',5-六氯联苯（PCB 156）	38380-08-4	3.9	1.1×10^{-3}	2.3×10^{-5}	1.3×10^{-3}	1	0.14		1.6	0.044	5.9×10^{-6}	2.1×10^{5}	5.3×10^{-3}
3,3',4,4' 5,5'-六氯联苯（PCB 169）	32774-16-6	3.9×10^{3}	1.1	2.3×10^{-8}	1.3×10^{-6}	1	0.14		1.6	0.044	5.9×10^{-6}	2.1×10^{5}	5.1×10^{-4}
2',3,4,4',5-五氯联苯（PCB 123）	65510-44-3	3.9	1.1×10^{-3}	2.3×10^{-5}	1.3×10^{-3}	1	0.14		1.5	0.047	6.1×10^{-6}	1.3×10^{5}	0.016
2,3',4,4',5-五氯联苯（PCB 118）	31508-00-6	3.9	1.1×10^{-3}	2.3×10^{-5}	1.3×10^{-3}	1	0.14		1.5	0.047	6.1×10^{-6}	1.3×10^{5}	0.013

化学品名称	CAS 编号	经口摄入致癌斜率因子 SFO/[mg/(kg·d)]$^{-1}$	呼吸吸入致癌风险因子 IUR/(μg/m³)$^{-1}$	经口摄入参考剂量 RfDo/[mg/(kg·d)]	呼吸吸入参考浓度 RfCi/(mg/m³)	消化道吸收因子 GIABS	皮肤吸收效率因子 ABSd	饱和浓度 C_{sat}/(mg/kg)	密度/(g/cm³)	空气扩散系数 D_{ia}/(cm²/s)	水中扩散系数 D_{iw}/(cm²/s)	分配系数 K_{oc}/(L/kg)	溶解度 S/(mg/L)
2,3,3,4,4-五氯二苯酚（PCB 105）	32598-14-4	3.9	1.1×10^{-3}	2.3×10^{-5}	1.3×10^{-3}	1	0.14		1.5	0.047	6.1×10^{-6}	1.3×10^{5}	3.4×10^{-3}
2,3,4,4',5-五氯联苯（PCB 114）	74472-37-0	3.9	1.1×10^{-3}	2.3×10^{-5}	1.3×10^{-3}	1	0.14		1.5	0.047	6.1×10^{-6}	1.3×10^{5}	0.016
3,3',4,4',5-五氯联苯（PCB 126）	57465-28-8	1.3×10^{4}	3.8	7.0×10^{-9}	4.0×10^{-7}	1	0.14		1.5	0.047	6.1×10^{-6}	1.3×10^{5}	7.3×10^{-3}
多氯联苯（高风险）	1336-36-3	2.0	5.7×10^{-4}			1	0.14		1.4	0.024	6.3×10^{-6}	7.8×10^{4}	0.7
多氯联苯（低风险）	1336-36-3	0.4	1.0×10^{-4}			1	0.14		1.4	0.024	6.3×10^{-6}	7.8×10^{4}	0.7
多氯联苯（最低风险）	1336-36-3	0.07	2.0×10^{-5}			1	0.14		1.4	0.024	6.3×10^{-6}	7.8×10^{4}	0.7
3,3,4,4-四氯联苯（PCB 77）	32598-13-3	13	3.8×10^{-3}	7.0×10^{-6}	4.0×10^{-4}	1	0.14		1.4	0.049	5.0×10^{-6}	7.8×10^{4}	5.7×10^{-4}

续表

化学品名称	CAS 编号	经口摄入致癌斜率因子 SFO/[mg/(kg·d)]⁻¹	呼吸吸入致癌风险因子 IUR/(μg/m³)⁻¹	经口摄入参考剂量 RfDo/[mg/(kg·d)]	呼吸吸入参考浓度 RfCi/(mg/m³)	消化道吸收因子 GIABS	皮肤吸收效率因子 ABSd	饱和浓度 C_{sat}/(mg/kg)	密度/(g/cm³)	空气扩散系数 D_{ia}/(cm²/s)	水中扩散系数 D_{tw}/(cm²/s)	分配系数 K_{oc}/(L/kg)	溶解度 S/(mg/L)
3,4,4´,5-四氯联苯（PCB 81）	70362-50-4	39	0.011	2.3×10^{-6}	1.3×10^{-4}	1	0.14		1.4	0.049	6.3×10^{-6}	7.8×10^{4}	0.032
聚二苯基亚甲基二异氰酸酯（PMDI）	9016-87-9				6.0×10^{-4}	1	0.1			0.03	3.5×10^{-6}	1.0×10^{10}	1.8×10^{-6}
多环芳烃													
苊	83-32-9			0.06		1	0.13		1.2	0.051	8.3×10^{-6}	5.0×10^{3}	3.9
蒽	120-12-7			0.3		1	0.13		1.3	0.039	7.9×10^{-6}	1.6×10^{4}	0.043
苯并[a]蒽	56-55-3	0.1	6.0×10^{-5}			1	0.13		1.3	0.026	6.7×10^{-6}	1.8×10^{5}	9.4×10^{-3}
苯并[j]荧蒽	205-82-3	1.2	1.1×10^{-4}			1	0.13			0.048	5.6×10^{-6}	6.0×10^{5}	2.5×10^{-3}
苯并[a]芘	50-32-8	1.0	6.0×10^{-4}	3.0×10^{-4}	2.0×10^{-6}	1	0.13			0.048	5.6×10^{-6}	5.9×10^{5}	1.6×10^{-3}
苯并[b]荧蒽	205-99-2	0.1	6.0×10^{-5}			1	0.13			0.048	5.6×10^{-6}	6.0×10^{5}	1.5×10^{-3}
苯并[k]荧蒽	207-08-9	0.01	6.0×10^{-6}			1	0.13			0.048	5.6×10^{-6}	5.9×10^{5}	8.0×10^{-4}
β-氯萘	91-58-7			0.08		1	0.13		1.1	0.045	7.7×10^{-6}	2.5×10^{3}	12
䓛	218-01-9	1.0×10^{-3}	6.0×10^{-7}			1	0.13		1.3	0.026	6.7×10^{-6}	1.8×10^{5}	2.0×10^{-3}
二苯并[a,h]蒽	53-70-3	1.0	6.0×10^{-4}			1	0.13			0.045	5.2×10^{-6}	1.9×10^{6}	2.5×10^{-3}
二苯并[a,e]芘	192-65-4	12	1.1×10^{-3}			1	0.13			0.042	4.9×10^{-6}	6.5×10^{6}	8.0×10^{-5}

续表

化学品名称	CAS 编号	经口摄入致癌斜率因子 SFO/[mg/(kg·d)]⁻¹	呼吸吸入致癌风险因子 IUR/(μg/m³)⁻¹	经口摄入参考剂量 RfDo/[mg/(kg·d)]	呼吸吸入参考浓度 RfCi/(mg/m³)	消化道吸收因子 GIABS	皮肤吸收效率因子 ABSd	饱和浓度 C_{sat}/(mg/kg)	密度/(g/cm³)	空气扩散系数 D_{ia}/(cm²/s)	水中扩散系数 D_{tw}/(cm²/s)	分配系数 K_{oc}/(L/kg)	溶解度 S/(mg/L)
7,12-二甲基苯并蒽	57-97-6	250	0.071			1	0.13			0.047	5.5×10^{-6}	4.9×10^{5}	0.061
荧蒽	206-44-0			0.04		1	0.13		1.3	0.028	7.2×10^{-6}	5.5×10^{4}	0.26
芴	86-73-7			0.04		1	0.13		1.2	0.044	7.9×10^{-6}	9.2×10^{3}	1.7
茚并[1,2,3-cd]芘	193-39-5	0.1	6.0×10^{-5}			1	0.13			0.045	5.2×10^{-6}	2.0×10^{6}	1.9×10^{-4}
1-甲基萘	90-12-0	0.029		0.07		1	0.13	394	1.0	0.053	7.8×10^{-6}	2.5×10^{3}	26
2-甲基萘	91-57-6			4.0×10^{-3}		1	0.13		1.0	0.052	7.8×10^{-6}	2.5×10^{3}	25
萘	91-20-3		3.4×10^{-5}	0.02	3.0×10^{-3}	1	0.13		1.0	0.06	8.4×10^{-6}	1.5×10^{3}	31
4-硝基甲苯	57835-92-4	1.2	1.1×10^{-4}	0.03		1	0.13			0.048	5.6×10^{-6}	8.6×10^{4}	0.068
芘	129-00-0			0.03		1	0.13		1.3	0.028	7.2×10^{-6}	5.4×10^{4}	0.14
全氟丁基磺酸钾	29420-49-3			0.02		1	0.1			0.039	4.6×10^{-6}		4.6×10^{4}
咪鲜胺	67747-09-5	0.15		9.0×10^{-3}		1	0.1			0.036	4.3×10^{-6}	2.4×10^{3}	34
环丙氟灵	26399-36-0			6.0×10^{-3}		1	0.1		1.4	0.022	5.5×10^{-6}	3.1×10^{4}	0.1
扑灭通	1610-18-0			0.015		1	0.1			0.051	6.0×10^{-6}	140	750
扑草净	7287-19-6			0.04		1	0.1		1.2	0.024	6.2×10^{-6}	660	33
戊炔草胺	23950-58-5			0.075		1	0.1			0.047	5.5×10^{-6}	400	15
毒草胺	1918-16-7			0.013		1	0.1		1.2	0.027	7.0×10^{-6}	200	580

续表

化学品名称	CAS 编号	经口摄入致癌斜率因子 SFO/[mg/(kg·d)]⁻¹	呼吸吸入致癌风险因子 IUR/(μg/m³)⁻¹	经口摄入参考剂量 RfDo/[mg/(kg·d)]	呼吸吸入参考浓度 RfCi/(mg/m³)	消化道吸收因子 GIABS	皮肤吸收效率因子 ABSd	饱和浓度 C_{sat}/(mg/kg)	密度 /(g/cm³)	空气扩散系数 D_{ia}/(cm²/s)	水中扩散系数 D_{tw}/(cm²/s)	分配系数 K_{oc}/(L/kg)	溶解度 S/(mg/L)
敌稗	709-98-8			5.0×10^{-3}		1	0.1		1.3	0.027	6.9×10^{-6}	180	150
克螨特	2312-35-8	0.19		0.04		1	0.1		1.1	0.019	4.8×10^{-6}	3.7×10^{4}	0.22
炔丙醇	107-19-7			2.0×10^{-3}		1		1.11×10^{5}	0.95	0.12	1.3×10^{-5}	1.9	1.0×10^{6}
扑灭津	139-40-2			0.02		1	0.1		1.2	0.025	6.4×10^{-6}	340	8.6
苯胺灵	122-42-9			0.02		1	0.1		1.1	0.036	7.1×10^{-6}	220	180
丙环唑	60207-90-1			0.1		1	0.1		1.3	0.021	5.3×10^{-6}	1.6×10^{3}	110
丙醛	123-38-6				8.0×10^{-3}	1		3.26×10^{4}	0.87	0.11	1.2×10^{-5}	1.0	3.1×10^{5}
丙苯	103-65-1			0.1	1.0	1		264	0.86	0.06	7.8×10^{-6}	810	52
丙烯	115-07-1				3.0	1		349	0.51	0.11	1.1×10^{-5}	22	200
丙二醇	57-55-6			20		1	0.1		1.0	0.098	1.2×10^{-5}	1.0	1.0×10^{6}
丙二醇二硝酸酯	6423-43-4				2.7×10^{-4}	1	0.1			0.063	7.3×10^{-6}	61	3.3×10^{3}
丙二醇单甲醚	107-98-2			0.7	2.0	1		1.06×10^{5}	0.96	0.083	1.0×10^{-5}	1.0	1.0×10^{6}
环氧丙烷	75-56-9	0.24	3.7×10^{-6}		0.03	1		7.77×10^{4}	0.83	0.11	1.2×10^{-5}	5.2	5.9×10^{5}
吡啶	110-86-1			1.0×10^{-3}		1		5.30×10^{5}	0.98	0.093	1.1×10^{-5}	72	1.0×10^{6}
嗪硫磷	13593-03-8			5.0×10^{-4}		1	0.1			0.043	5.0×10^{-6}	4.2×10^{3}	22
喹啉	91-22-5	3.0				1	0.1		1.1	0.062	8.7×10^{-6}	1.5×10^{3}	6.1×10^{3}
喹禾灵	76578-14-8			9.0×10^{-3}		1	0.1			0.037	4.3×10^{-6}	7.7×10^{3}	0.3

续表

化学品名称	CAS 编号	经口摄入致癌斜率因子 SFO/[mg/(kg·d)]⁻¹	呼吸吸入致癌风险因子 IUR/(μg/m³)⁻¹	经口摄入参考剂量 RfDo/[mg/(kg·d)]	呼吸吸入参考浓度 RfCi/(mg/m³)	消化道吸收因子 GIABS	皮肤吸收效率因子 ABSd	饱和浓度 C_{sat}/(mg/kg)	密度/(g/cm³)	空气扩散系数 D_{ia}/(cm²/s)	水中扩散系数 D_{iw}/(cm²/s)	分配系数 K_{oc}/(L/kg)	溶解度 S/(mg/L)
耐火陶瓷纤维（纤维单位）	E715557				3.0×10^4	1							
苯吡菊酯	10453-86-8			0.03		1	0.1			0.039	4.6×10^{-6}	3.1×10^5	0.038
皮蝇磷	299-84-3			0.05		1			1.4	0.023	5.9×10^{-6}	4.5×10^3	1.0
鱼藤酮	83-79-4			4.0×10^{-3}		1	0.1			0.035	4.1×10^{-6}	2.6×10^5	0.2
黄樟素	94-59-7	0.22	6.3×10^{-5}	5.0×10^{-3}		1	0.1		1.1	0.044	7.6×10^{-6}	210	120
亚硒酸	7783-00-8			5.0×10^{-3}		1			3.0				9.0×10^5
硒	7782-49-2			5.0×10^{-3}	0.02	1			4.8				
硫化硒	7446-34-6			5.0×10^{-3}	0.02	1							
稀禾定	74051-80-2			0.14		1	0.1		1.0	0.02	4.8×10^{-6}	4.4×10^3	25
二氧化硅（结晶，可吸入）	7631-86-9				3.0×10^{-3}	1			2.3				
银	7440-22-4			5.0×10^{-3}		0.04			11				
西玛津	122-34-9	0.12		5.0×10^{-3}		1	0.1		1.3	0.028	7.4×10^{-6}	150	6.2
三氟羧草醚钠盐	62476-59-9			0.013		1	0.1			0.036	4.2×10^{-6}	3.9×10^3	2.5×10^5
叠氮化钠	26628-22-8			4.0×10^{-3}		1			1.8				4.1×10^5

续表

化学品名称	CAS 编号	经口摄入致癌斜率因子 SFO/[mg/(kg·d)]⁻¹	呼吸吸入致癌风险因子 IUR/(µg/m³)⁻¹	经口摄入参考剂量 RfDo/[mg/(kg·d)]	呼吸吸入参考浓度 RfCi/(mg/m³)	消化道吸收因子 GIABS	皮肤吸收效率因子 ABSd	饱和浓度 C_{sat}/(mg/kg)	密度/(g/cm³)	空气扩散系数 D_{ia}/(cm²/s)	水中扩散系数 D_{iw}/(cm²/s)	分配系数 K_{oc}/(L/kg)	溶解度 S/(mg/L)
二乙基二硫代氨基甲酸钠	148-18-5	0.27		0.03		1	0.1			0.061	7.2×10^{-6}	200	3.6×10^{5}
氟化钠	7681-49-4			0.05	0.013	1			2.8				4.2×10^{4}
氟乙酸钠	62-74-8			2.0×10^{-5}		1	0.1			0.088	1.0×10^{-5}	1.4	1.1×10^{6}
偏钒酸钠	13718-26-8			1.0×10^{-3}		1							2.1×10^{5}
钒酸钠	13472-45-2			8.0×10^{-4}		1			4.2				7.4×10^{5}
二水合钨酸钠	10213-10-2			8.0×10^{-4}		1			3.3				7.4×10^{5}
杀虫畏（四氯乙烯磷）	961-11-5	0.024		0.03		1	0.1			0.037	4.3×10^{-6}	1.4×10^{3}	11
锶（稳定）	7440-24-6			0.6		1			2.6				
马钱子碱	57-24-9			3.0×10^{-4}		1	0.1		1.4	0.022	5.6×10^{-6}	5.4×10^{3}	160
苯乙烯	100-42-5			0.2	1.0	1		867	0.9	0.071	8.8×10^{-6}	450	310
苯乙烯-丙烯腈(SAN)三聚体（THNA异构体）	57964-39-3			3.0×10^{-3}		1	0.1		1.1	0.026	6.5×10^{-6}		85

续表

化学品名称	CAS 编号	经口摄入致癌斜率因子 SFO/[mg/(kg·d)]$^{-1}$	呼吸吸入致癌风险因子 IUR/(μg/m³)$^{-1}$	经口摄入参考剂量 $RfDo$/[mg/(kg·d)]	呼吸吸入参考浓度 $RfCi$/(mg/m³)	消化道吸收因子 $GIABS$	皮肤吸收效率因子 $ABSd$	饱和浓度 C_{sat}/(mg/kg)	密度 /(g/cm³)	空气扩散系数 D_{ia}/(cm²/s)	水中扩散系数 D_{iw}/(cm²/s)	分配系数 K_{oc}/(L/kg)	溶解度 S/(mg/L)
苯乙烯-丙烯腈(SAN)三聚体(THNP异构体)	57964-40-6			3.0×10^{-3}		1	0.1		1.1	0.026	6.5×10^{-6}		85
环丁砜	126-33-0			1.0×10^{-3}	2.0×10^{-3}	1	0.1		1.3	0.072	9.9×10^{-6}	9.1	1.0×10^{6}
1,1'-磺酰双(4-氯苯)	80-07-9			8.0×10^{-4}		1	0.1			0.044	5.1×10^{-6}	2.9×10^{3}	2.4
三氧化硫	7446-11-9				1.0×10^{-3}	1			1.9	0.12	1.6×10^{-5}		
硫酸	7664-93-9				1.0×10^{-3}	1			1.8				1.0×10^{6}
杀螨特	140-57-8	0.025	7.1×10^{-6}	0.05		1	0.1		1.1	0.02	5.0×10^{-6}	5.6×10^{3}	0.59
苯噻清	21564-17-0			0.03		1	0.1			0.049	5.8×10^{-6}	3.4×10^{3}	130
丁噻隆	34014-18-1			0.07		1	0.1			0.051	5.9×10^{-6}	42	2.5×10^{3}
双硫磷	3383-96-8			0.02		1	0.1		1.3	0.018	4.5×10^{-6}	9.5×10^{4}	0.27
特草定	5902-51-2			0.013		1	0.1		1.3	0.027	7.2×10^{-6}	50	710
特丁磷	13071-79-9			2.5×10^{-5}				30.9	1.1	0.022	5.4×10^{-6}	1.0×10^{3}	5.1
去草净	886-50-0			1.0×10^{-3}		1	0.1		1.1	0.024	6.0×10^{-6}	610	25
乙酸叔丁酯	540-88-5	5.0×10^{-3}	1.3×10^{-6}			1				0.08	9.3×10^{-6}	12	8.3×10^{3}

续表

化学品名称	CAS 编号	经口摄入致癌斜率因子 SFO/[mg/(kg·d)]⁻¹	呼吸吸入致癌风险因子 IUR/[(μg/m³)⁻¹]	经口摄入参考剂量 RfDo/[mg/(kg·d)]⁻¹	呼吸吸入参考浓度 RfCi/(mg/m³)	消化道吸收因子 GIABS	皮肤吸收效率因子 ABSd	饱和浓度 C_{sat}/(mg/kg)	密度/(g/cm³)	空气扩散系数 D_{ia}/(cm²/s)	水中扩散系数 D_{iw}/(cm²/s)	分配系数 K_{oc}/(L/kg)	溶解度 S/(mg/L)
2,2,4,4-四溴联苯醚	5436-43-1			1.0×10^{-4}		1	0.1			0.031	3.6×10^{-6}	1.3×10^{4}	1.5×10^{-3}
1,2,4,5-四氯苯	95-94-3			3.0×10^{-4}		1			1.9	0.032	8.8×10^{-6}	2.2×10^{3}	0.6
1,1,1,2-四氯乙烷	630-20-6	0.026	7.4×10^{-6}	0.03		1		680	1.5	0.048	9.1×10^{-6}	86	1.1×10^{3}
1,1,2,2-四氯乙烷	79-34-5	0.2	5.8×10^{-5}	0.02		1		1.90×10^{3}	1.6	0.049	9.3×10^{-6}	95	2.8×10^{3}
四氯乙烯	127-18-4	2.1×10^{-3}	2.6×10^{-7}	6.0×10^{-3}	0.04	1		166	1.6	0.05	9.5×10^{-6}	95	210
2,3,4,6-四氯苯酚	58-90-2			0.03		1	0.1			0.05	5.9×10^{-6}	280	23
对氯三氯甲苯	5216-25-1	16		6.0×10^{-5}		1			1.4	0.028	7.3×10^{-6}	1.6×10^{3}	4.0
二硫代焦磷酸四乙酯	3689-24-5			5.0×10^{-4}		1	0.1		1.2	0.021	5.3×10^{-6}	270	30
1,1,1,2-四氟乙烷	811-97-2				80	1		2.05×10^{3}	1.2	0.082	1.1×10^{-5}	86	2.0×10^{3}
2,4,6-三硝基苯甲硝胺	479-45-8			2.0×10^{-3}		1	0.00065		1.6	0.026	6.7×10^{-6}	4.6×10^{3}	74
氧化铊	1314-32-5			2.0×10^{-5}		1			10				
硝酸铊	10102-45-1			1.0×10^{-5}		1			5.6				9.6×10^{4}

续表

化学品名称	CAS 编号	经口摄入致癌斜率因子 SFO /[mg /(kg·d)]⁻¹	呼吸吸入致癌风险因子 IUR /(μg/m³)⁻¹	经口摄入参考剂量 RfDo/[mg /(kg·d)]	呼吸吸入参考浓度 RfCi /(mg/m³)	消化道吸收因子 GIABS	皮肤吸收效率因子 ABSd	饱和浓度 C_{sat} /(mg/kg)	密度 /(g/cm³)	空气扩散系数 D_{ia} /(cm²/s)	水中扩散系数 D_{iw} /(cm²/s)	分配系数 K_{oc} /(L/kg)	溶解度 S /(mg/L)
铊（可溶性盐）	7440-28-0			1.0×10^{-5}		1			12				
醋酸铊	563-68-8			1.0×10^{-5}		1			3.7	0.039	1.2×10^{-5}	1.5	2.8×10^4
碳酸铊	6533-73-9			2.0×10^{-5}		1			7.1	0.039	1.2×10^{-5}	2.9	5.2×10^4
氯化铊	7791-12-0			1.0×10^{-5}		1			7.0	0.052	1.8×10^{-5}		2.9×10^3
亚硒酸铊	12039-52-0			1.0×10^{-5}		1							
硫酸铊	7446-18-6			2.0×10^{-5}		1			6.8				5.5×10^4
噻吩磺隆	79277-27-3			0.043		1	0.1			0.036	4.2×10^{-6}	51	2.2×10^3
杀草丹	28249-77-6			0.01		1	0.1		1.2	0.023	5.9×10^{-6}	1.6×10^3	28
硫双乙醇	111-48-8			0.07		1	0.0075		1.2	0.068	9.4×10^{-6}	1.0	1.0×10^6
久效威	39196-18-4			3.0×10^{-4}		1	0.1			0.052	6.1×10^{-6}	72	5.2×10^3
甲基托布津	23564-05-8	0.012		0.027		1	0.1			0.039	4.5×10^{-6}	330	27
福美双	137-26-8			0.015		1	0.1		1.3	0.026	6.6×10^{-6}	610	30
锡	7440-31-5			0.6		1			7.3				
四氯化钛	7550-45-0				1.0×10^{-4}	1			1.7	0.038	9.1×10^{-6}		
甲苯	108-88-3			0.08	5.0	1		818	0.86	0.078	9.2×10^{-6}	230	530
甲苯-2,4-二异氰酸酯	584-84-9	0.039	1.1×10^{-5}		8.0×10^{-6}	1			1.2	0.04	7.8×10^{-6}	7.4×10^3	38
甲苯-2,5-二胺	95-70-5	0.18		2.0×10^{-4}		1	0.1			0.077	9.0×10^{-6}	55	7.7×10^4

续表

化学品名称	CAS 编号	经口摄入致癌斜率因子 SFO/[mg/(kg·d)]⁻¹	呼吸吸入致癌风险因子 IUR/(μg/m³)⁻¹	经口摄入参考剂量 RfDo/[mg/(kg·d)]	呼吸吸入参考浓度 RfCi/(mg/m³)	消化道吸收因子 GIABS	皮肤吸收效率因子 ABSd	饱和浓度 C_{sat}/(mg/kg)	密度/(g/cm³)	空气扩散系数 D_{ia}/(cm²/s)	水中扩散系数 D_{iw}/(cm²/s)	分配系数 K_{oc}/(L/kg)	溶解度 S/(mg/L)
甲苯-2,6-二异氰酸酯	91-08-7	0.039	1.1×10^{-5}		8.0×10^{-6}	1		1.71×10^{3}		0.061	7.1×10^{-6}	7.6×10^{3}	38
对甲基苯甲酸	99-94-5			5.0×10^{-3}		1	0.1		1.2	0.061	9.0×10^{-6}	27	340
邻甲苯胺（2-甲基苯胺）	95-53-4	0.016	5.1×10^{-5}			1	0.1		1.0	0.072	9.2×10^{-6}	120	1.7×10^{4}
对甲基苯胺	106-49-0	0.03		4.0×10^{-3}		1	0.1		0.96	0.071	9.0×10^{-6}	110	6.5×10^{3}
总石油烃（高碳脂肪烃）	E1790670			3.0		1		0.342	0.88	0.036	6.4×10^{-6}	4.8×10^{3}	3.7×10^{-3}
总石油烃（低碳脂肪烃）	E1790666				0.6	1		141	0.66	0.073	8.2×10^{-6}	130	9.5
总石油烃（脂肪烃）	E1790668			0.01	0.10	1		6.86	0.72	0.051	6.8×10^{-6}	800	0.22
总石油烃（高碳芳香烃）	E1790676			0.04		1	0.13		1.3	0.028	7.2×10^{-6}	5.5×10^{4}	0.26
总石油烃（低碳芳香烃）	E1790672			4.0×10^{-3}	0.03	1		1.82×10^{3}	0.88	0.09	1.0×10^{-5}	150	1.8×10^{3}
总石油烃（芳香烃）	E1790674			4.0×10^{-3}	3.0×10^{-3}	1	0.13		1.0	0.056	8.1×10^{-6}	2.0×10^{3}	28

続表 / 续表

化学品名称	CAS 编号	经口摄入致癌斜率因子 SFO/[mg·d)/kg]⁻¹	呼吸吸入致癌风险因子 IUR/(μg/m³)⁻¹	经口摄入参考剂量 RfDo/[mg/(kg·d)]⁻¹	呼吸吸入参考浓度 RfCi/(mg/m³)	消化道吸收因子 GIABS	皮肤吸收效率因子 ABSd	饱和浓度 C_{sat}/(mg/kg)	密度/(g/cm³)	空气扩散系数 D_{ia}/(cm²/s)	水中扩散系数 D_{iw}/(cm²/s)	分配系数 K_{oc}/(L/kg)	溶解度 S/(mg/L)
毒杀芬	8001-35-2	1.1	3.2×10^{-4}	9.0×10^{-5}		1	0.1		1.7	0.021	5.3×10^{-6}	7.7×10^{4}	0.55
毒杀芬（空气）	E184160			3.0×10^{-5}		1	0.1		1.7	0.021	5.3×10^{-6}	7.7×10^{4}	0.55
四溴菊酯	66841-25-6			7.5×10^{-3}		1	0.1			0.025	2.9×10^{-6}	1.9×10^{5}	0.08
三丁基锡	688-73-3			3.0×10^{-4}		1			1.1	0.021	5.4×10^{-6}	8.1×10^{3}	7.3×10^{-3}
三乙酸甘油酯	102-76-1			80		1	0.1		1.2	0.026	6.5×10^{-6}	41	5.8×10^{4}
三唑酮	43121-43-3			0.034		1	0.1		1.2	0.022	5.7×10^{-6}	300	72
野麦畏	2303-17-5	0.072		0.025		1			1.3	0.022	5.7×10^{-6}	1.0×10^{3}	4.0
醚苯磺隆	82097-50-5			0.01		1	0.1			0.035	4.1×10^{-6}	430	32
苯磺隆	101200-48-0			8.0×10^{-3}		1	0.1			0.035	4.1×10^{-6}	95	50
1,2,4-三溴苯	615-54-3			5.0×10^{-3}		1			2.3	0.029	7.9×10^{-6}	610	4.9
2,4,6-三溴苯酚	118-79-6			9.0×10^{-3}		1	0.1		2.6	0.03	8.2×10^{-6}	810	70
磷酸三丁酯	126-73-8	9.0×10^{-3}		0.01		1	0.1		0.97	0.021	5.2×10^{-6}	2.4×10^{3}	280
三丁基锡化合物	E1790678			3.0×10^{-4}		1	0.1						
三丁基氧化锡	56-35-9			3.0×10^{-4}		1	0.1		1.2	0.015	3.6×10^{-6}	2.6×10^{7}	20
三氯胺	10025-85-1												

续表

化学品名称	CAS编号	经口摄入致癌斜率因子 SFO /[mg/(kg·d)]⁻¹	呼吸吸入致癌风险因子 IUR /(μg/m³)⁻¹	经口摄入参考剂量 RfDo /[mg/(kg·d)]	呼吸吸入参考浓度 RfCi /(mg/m³)	消化道吸收因子 GIABS	皮肤吸收效率因子 ABSd	饱和浓度 C_{sat} /(mg/kg)	密度 /(g/cm³)	空气扩散系数 D_{ia} /(cm²/s)	水中扩散系数 D_{iw} /(cm²/s)	分配系数 K_{oc} /(L/kg)	溶解度 S /(mg/L)
1,1,2-三氯-1,2,2-三氟乙烷	76-13-1			30	5.0	1		910	1.6	0.038	8.6×10^{-6}	200	170
三氯乙酸	76-03-9	0.07		0.02		1	0.1		1.6	0.052	9.5×10^{-6}	3.2	5.5×10^{4}
2,4,6-三氯苯胺盐酸盐	33663-50-2	0.029				1	0.1			0.05	5.9×10^{-6}	1.3×10^{3}	21
2,4,6-三氯苯胺	634-93-5	7.0×10^{-3}		3.0×10^{-5}		1	0.1			0.056	6.6×10^{-6}	4.4×10^{3}	40
1,2,3-三氯苯	87-61-6			8.0×10^{-4}		1			1.5	0.04	8.4×10^{-6}	1.4×10^{3}	18
1,2,4-三氯苯	120-82-1	0.029		0.01	2.0×10^{-3}	1		404	1.5	0.04	8.4×10^{-6}	1.4×10^{3}	49
1,1,1-三氯乙烷	71-55-6			2.0	5.0	1		640	1.3	0.065	9.6×10^{-6}	44	1.3×10^{3}
1,1,2-三氯乙烷	79-00-5	0.057	1.6×10^{-5}	4.0×10^{-3}	2.0×10^{-4}	1		2.16×10^{3}	1.4	0.067	1.0×10^{-5}	61	4.6×10^{3}
三氯乙烯	79-01-6	0.046	4.1×10^{-6}	5.0×10^{-4}	2.0×10^{-3}	1		692	1.5	0.069	1.0×10^{-5}	61	1.3×10^{3}
三氯一氟甲烷	75-69-4			0.3		1		1.23×10^{3}	1.5	0.065	1.0×10^{-5}	44	1.1×10^{3}
2,4,5-三氯苯酚	95-95-4			0.1		1	0.1		1.5	0.031	8.1×10^{-6}	1.6×10^{3}	1.2×10^{3}
2,4,6-三氯苯酚	88-06-2	0.011	3.1×10^{-6}	1.0×10^{-3}		1	0.1		1.5	0.031	8.1×10^{-6}	380	800
2,4,5-三氯苯氧乙酸	93-76-5			0.01		1	0.1		1.8	0.029	7.8×10^{-6}	110	280
2-(2,4,5-三氯苯氧基)丙酸	93-72-1			8.0×10^{-3}		1	0.1		1.2	0.023	5.9×10^{-6}	180	71

续表

化学品名称	CAS 编号	经口摄入致癌斜率因子 SFO/[mg/(kg·d)]⁻¹	呼吸吸入致癌风险因子 IUR/(μg/m³)⁻¹	经口摄入参考剂量 RfDo/[mg/(kg·d)]	呼吸吸入参考浓度 RfCi/(mg/m³)	消化道吸收因子 GIABS	皮肤吸收效率因子 ABSd	饱和浓度 C_{sat}/(mg/kg)	密度/(g/cm³)	空气扩散系数 D_{ia}/(cm²/s)	水中扩散系数 D_{rw}/(cm²/s)	分配系数 K_{oc}/(L/kg)	溶解度 S/(mg/L)
1,1,2-三氯丙烷	598-77-6			5.0×10^{-3}		1		1.28×10^{3}	1.4	0.057	9.2×10^{-6}	95	1.9×10^{3}
1,2,3-三氯丙烷	96-18-4	30		4.0×10^{-3}	3.0×10^{-4}	1		1.40×10^{3}	1.4	0.057	9.2×10^{-6}	120	1.8×10^{3}
1,2,3-三氯丙烯	96-19-5			3.0×10^{-3}	3.0×10^{-4}	1		311	1.4	0.059	9.4×10^{-6}	120	330
磷酸三甲苯酯	1330-78-5			0.02		1	0.1		1.2	0.019	4.8×10^{-6}	4.7×10^{4}	0.36
灭草环	58138-08-2			3.0×10^{-3}		1	0.1			0.041	4.7×10^{-6}	3.4×10^{3}	1.1
三乙胺	121-44-8				7.0×10^{-3}	1		2.79×10^{4}	0.73	0.066	7.9×10^{-6}	51	6.9×10^{4}
三甘醇	112-27-6			2.0		1			1.1	0.051	8.1×10^{-6}	10	1.0×10^{6}
1,1,1-三氟乙烷	420-46-2			7.5×10^{-3}	20	1	0.1	4.81×10^{3}		0.099	1.2×10^{-5}	44	760
氟乐灵	1582-09-8	7.7×10^{-3}				1			1.4	0.022	5.6×10^{-6}	1.6×10^{4}	0.18
磷酸三甲酯	512-56-1	0.02		0.01		1	0.1		1.2	0.058	8.8×10^{-6}	11	5.0×10^{5}
1,2,3-三甲基苯	526-73-8			0.01	0.06	1		293	0.89	0.061	8.0×10^{-6}	630	75
1,2,4-三甲基苯	95-63-6			0.01	0.06	1		219	0.88	0.061	7.9×10^{-6}	610	57
1,3,5-三甲基苯	108-67-8			0.01	0.06	1		182	0.86	0.06	7.8×10^{-6}	600	48
2,4,4-三甲基戊烯	25167-70-8			0.01		1		29.6	0.72	0.06	7.3×10^{-6}	240	4.0
1,3,5-三硝基苯	99-35-4			0.03		1	0.019		1.5	0.029	7.7×10^{-6}	1.7×10^{3}	280
2,4,6-三硝基甲苯	118-96-7	0.03		5.0×10^{-4}		1	0.032		1.7	0.03	7.9×10^{-6}	2.8×10^{3}	120
三苯基氧化膦	791-28-6			0.02		1	0.1		1.2	0.023	5.8×10^{-6}	2.0×10^{3}	63

续表

化学品名称	CAS 编号	经口摄入致癌斜率因子 SFO /[mg/(kg·d)]$^{-1}$	呼吸吸入致癌风险因子 IUR /(μg/m³)$^{-1}$	经口摄入参考剂量 RfDo /[mg/(kg·d)]	呼吸吸入参考浓度 RfCi /(mg/m³)	消化道吸收因子 GIABS	皮肤吸收效率因子 ABSd	饱和浓度 C_{sat} /(mg/kg)	密度 /(g/cm³)	空气扩散系数 D_{ia} /(cm²/s)	水中扩散系数 D_{iw} /(cm²/s)	分配系数 K_{oc} /(L/kg)	溶解度 S /(mg/L)
磷酸三(1,3-二氯-2-丙基)酯	13674-87-8			0.02		1	0.1			0.033	3.9×10^{-6}	1.1×10^{4}	7.0
磷酸三(2-氯丙基)酯	13674-84-5			0.01		1	0.1			0.04	4.7×10^{-6}	1.6×10^{3}	1.2×10^{3}
磷酸三(2,3-二溴丙基)酯	126-72-7	2.3	6.6×10^{-4}	7.0×10^{-3}		1	0.1	467	2.3	0.019	4.9×10^{-6}	9.7×10^{3}	8.0
磷酸三(2-氯乙基)酯	115-96-8	0.02				1			1.4	0.024	6.2×10^{-6}	390	7.0×10^{3}
三(2-乙基己基)磷酸酯	78-42-2	3.2×10^{-3}		0.1		1	0.1		0.99	0.016	3.9×10^{-6}	2.5×10^{6}	0.6
钨	7440-33-7			8.0×10^{-4}		1			19				
铀	7440-61-1			2.0×10^{-4}	4.0×10^{-5}	1			19				
乌拉坦	51-79-6	1.0	2.9×10^{-4}			1	0.1		0.99	0.085	1.0×10^{-5}	12	4.8×10^{5}
五氧化二钒	1314-62-1		8.3×10^{-3}	9.0×10^{-3}	7.0×10^{-6}	0.026			3.4				700
钒及其他化合物	7440-62-2			5.0×10^{-3}	1.0×10^{-4}	0.026			6.0				
灭草猛	1929-77-7			1.0×10^{-3}		1			0.95	0.024	6.1×10^{-6}	300	90
农利灵	50471-44-8			1.2×10^{-3}		1	0.1		1.5	0.025	6.5×10^{-6}	280	2.6
醋酸乙烯酯	108-05-4			1.0	0.2	1		2.75×10^{3}	0.93	0.085	1.0×10^{-5}	5.6	2.0×10^{4}
溴乙烯	593-60-2		3.2×10^{-5}		3.0×10^{-3}	1		2.47×10^{3}	1.5	0.086	1.2×10^{-5}	22	7.6×10^{3}

续表

化学品名称	CAS 编号	经口摄入致癌斜率因子 SFO/[mg/(kg·d)]⁻¹	呼吸吸入致癌风险因子 IUR/(μg/m³)⁻¹	经口摄入参考剂量 RfDo/[mg/(kg·d)]	呼吸吸入参考浓度 RfCi/(mg/m³)	消化道吸收因子 GIABS	皮肤吸收效率因子 ABSd	饱和浓度 C_{sat}/(mg/kg)	密度/(g/cm³)	空气扩散系数 D_{ia}/(cm²/s)	水中扩散系数 D_{iw}/(cm²/s)	分配系数 K_{oc}/(L/kg)	溶解度 S/(mg/L)
氯乙烯	75-01-4	0.72	4.4×10^{-6}	3.0×10^{-3}	0.1	1		3.92×10^{3}	0.91	0.11	1.2×10^{-5}	22	8.8×10^{3}
杀鼠灵	81-81-2			3.0×10^{-4}		1	0.1			0.042	4.9×10^{-6}	430	17
间二甲苯	108-38-3			0.2	0.1	1		388	0.86	0.068	8.4×10^{-6}	380	160
邻二甲苯	95-47-6			0.20	0.1	1		434	0.88	0.069	8.5×10^{-6}	380	180
对二甲苯	106-42-3			0.2	0.1	1		390	0.86	0.068	8.4×10^{-6}	380	160
二甲苯	1330-20-7			0.2	0.1	1		260	0.86	0.069	8.5×10^{-6}	380	110
磷化锌	1314-84-7			3.0×10^{-4}		1			4.6				
锌及化合物	7440-66-6			0.3		1			7.1				
代森锌	12122-67-7			0.05		1	0.1			0.045	5.2×10^{-6}	1.3×10^{3}	10
锆	7440-67-7			8.0×10^{-5}		1			6.5